Les Maths pour les Nuls

Les Maths POUR LES NULS

Jean-Louis Boursin

FIRST Editions

Les Maths pour les Nuls

ISBN : 2-75400-093-3
Dépôt légal : 3e trimestre 2005

Ouvrage dirigé par Benjamin Arranger
Production : Emmanuelle Clément
Mise en page : Marie Housseau
Illustrations : Marc Chalvin

Imprimé en France

Nous nous efforçons de publier des ouvrages qui correspondent à vos attentes et votre satisfaction est pour nous une priorité. En avant-première, nos prochaines parutions, des résumés de tous les ouvrages du catalogue. Alors, n'hésitez pas à nous faire part de vos commentaires :

Éditions First
27, rue Cassette
75006 Paris – France
Tél. : 01 45 49 60 00
Fax : 01 45 49 60 01
E-mail : firstinfo@efirst.com
Site internet : www.efirst.com

À propos de l'auteur

Jean-Louis Boursin, agrégé de mathématiques, est l'auteur de plus de cent cinquante manuels scolaires, cassettes et DVD de mathématiques. Professeur à l'Institut d'études politiques de Paris, il intervient régulièrement auprès de publics non spécialisés.

Il est notamment l'auteur de *La Forme scientifique du mensonge* (Tchou, 1978), *Les Structures du hasard* (Points-Seuil, 1986), *Les Dés et les Urnes, les calculs de la démocratie* (Seuil, 1990), *Convaincre avec des chiffres* (Chotard), *Les Indices de prix* (« Que-sais-je ? »), *La Statistique du quotidien* (Vuibert), *Mathématiques, case départ* (Ellipses, 1998) et *Les Paradoxes du vote* (Odile Jacob, 2004).

Remerciements

Je souhaite dédier cet ouvrage à mes étudiants, anciens et présents, de l'Université Paris-Sorbonne où j'ai eu, et ai encore le privilège et le plaisir de m'adresser à deux types de publics.

Le premier était constitué de jeunes adultes, étudiants en lettres d'un niveau culturel élevé (bac + 3 en moyenne), mais ayant abandonné les mathématiques depuis le lycée. Ils les croyaient absconses, techniques, incompréhensibles. Cependant, comme ils se destinaient au métier de professeur des écoles, ils découvraient qu'ils allaient passer le tiers de leur carrière à enseigner les mathématiques, d'où leur curiosité et leur intérêt pour une présentation non scolaire des bases de l'esprit mathématique.

Le second, au sein de l'Université Inter-Âges, est plutôt un public de seniors. Exigeants, ayant parfois des connaissances très étendues dans des domaines voisins, curieux de tout, ils m'ont appris à modeler mon discours d'une façon qui n'a plus rien de scolaire : les messages passent tellement mieux lorsqu'ils s'accompagnent d'éléments d'histoire des sciences, d'anecdotes ou de situations concrètes, toutes choses qui, au collège ou au lycée, sont parfois considérées comme une perte de temps.

À chacun, j'adresse mes plus vifs remerciements.

Sommaire

Deuxième partie : Arithmétique : le compte est bon........117

Introduction

Imaginez quatre convives dans un restaurant.

On entend des bribes de conversation : « Moi, au lycée, j'ai toujours été nul en… » Et là, grand bruit d'assiettes. Quel est le mot manquant ? Vous pouvez parier sans risque, c'est sans doute « mathématiques », la seule discipline qu'on se vante de n'avoir jamais comprise !

Mais ces vantardises ne sont pas éternelles et vient le jour où les regrets prennent le dessus. Jeunes frères, enfants ou petits-enfants à aider, déclaration de revenus à remplir, emprunts, placements, achat d'une moquette ou de la quantité exacte de peinture, les occasions sont innombrables d'utiliser les mathématiques « élémentaires », disons du niveau du collège ou de la classe de seconde.

C'est ce champ-là que nous vous proposons d'explorer d'une manière non scolaire, mêlant quelques éléments d'histoire des sciences à de nombreuses applications concrètes, et bien entendu, tout ce qu'un ancien collégien doit savoir sans oser le demander.

À propos de ce livre

Les Maths pour les Nuls décortique pour vous les prétendus mystères des mathématiques scolaires. Moins stressés que par un programme strict à respecter en classe, nous pourrons aller sur les traces des Mésopotamiens et des anciens Égyptiens mesurer les champs et le mouvement des étoiles, nous chercherons pourquoi un parallélogramme est déformable et pas un triangle, comment un gâteau peut se découper et d'où vient la beauté de certaines figures. Nous admirerons le cercle et ce célèbre nombre π qui n'a pas, au XXIe siècle, livré tous ses mystères. Quant aux théorèmes qui paraissent si abstraits à certains de nos collégiens, les Thalès, les Pythagore, nous explorerons leur richesse et leurs conséquences. Nous tenterons de comprendre le rôle de la démonstration, cette démarche de l'esprit que nous devons aux philosophes grecs et qui a imprégné la pensée occidentale jusqu'à nos jours.

Comment ce livre est organisé

Les Maths pour les nuls comporte six parties, décomposées en chapitres consacrés chacun à un sujet précis. Vous pourrez lire chaque chapitre indépendamment des autres, même si, à l'intérieur d'une partie, il y a une unité et une progression des centres d'intérêt qui rend préférable la lecture ordonnée.

Première partie : La mesure du monde : la géométrie

La première partie de ce livre est consacrée à la géométrie. On dit même « la géométrie euclidienne » pour impressionner ses voisins de train. Il s'agit bien de l'héritage de ce philosophe et mathématicien grec, Euclide, auteur du premier manuel scolaire de mathématiques, recopié, puis imprimé pendant une centaine de générations. C'est n'est donc pas parce qu'il est ancien qu'il est exemplaire, mais parce qu'il est exemplaire qu'il a traversé les siècles. Faire de la géométrie à la suite d'Euclide, c'est devenir expert pour distinguer ce qui se constate, ce qui se postule et ce qui se démontre.

Deuxième partie : Arithmétique : le compte est bon

La deuxième partie est consacrée aux nombres. Une fois encore à la suite d'Euclide, nous explorerons les nombres entiers : comment ils s'additionnent et se multiplient, comment parfois ils se divisent. C'est l'aventure des nombres premiers, indispensables aux puces de nos cartes bancaires. « Dieu a créé les entiers, disait le mathématicien Kronecker, tout le reste est l'œuvre de l'homme. » Pour ce « reste », pour des fractions, pour des nombres incommensurables, pour des nombres négatifs, des hommes se sont insultés, se sont déchirés, certains se sont suicidés.

Troisième partie : Opération algèbre

La troisième partie est consacrée à l'algèbre. Celle-ci utilise un langage nettement plus récent : il a à peine quinze siècles ! Des nombres qui n'en sont pas, ou plutôt qui se cachent sous des lettres, les x et les y, se laissent additionner, soustraire, diviser, multiplier comme de « vrais » nombres, fournissant les outils puissants dont toutes les sciences se servent aujourd'hui : les équations, les inéquations. Certaines relations simples, comme la proportionnalité, recèlent des instruments de la vie courante dont chacun à besoin.

Quatrième partie : Les statistiques... sans risque

La quatrième partie est consacrée à la statistique, celle qui hante nos journaux et nos gouvernants, science (ou art ?) des dénombrements. Pourquoi Disraeli l'a-t-il appelée « la forme scientifique du mensonge » ? Jeune professeur, l'auteur a déployé des trésors d'explications pour faire comprendre à ses étudiants la différence entre corrélation et causalité. Jusqu'à ce qu'il remplace ces explications par une simple anecdote, celle de la mamie qui fait un voyage en avion et qui demande à l'équipage de ne pas allumer les voyants *Fasten seat belts* car, à chaque fois, l'avion se met à tressauter. Les étudiants n'ont plus jamais confondu.

Cinquième partie : Vers l'analyse

La cinquième partie est la seule qui déborde un peu le programme du collège, mais les premiers éléments de cette branche qu'on appelle l'analyse ne peuvent pas être passés sous silence, tant ils imprègnent notre vie quotidienne, depuis les compteurs de nos automobiles jusqu'aux rentes perpétuelles. Archimède en avait pressenti l'importance et ce sont les savants de la Renaissance et du siècle qui a suivi qui ont exploité cette voie.

Sixième partie : La partie des dix

Nous concluons ce livre, comme il est d'usage dans cette collection, avec « La partie des dix » : un ensemble de chapitres courts comportant dix idées ou repères utiles pour donner sa cohérence à l'ensemble de l'ouvrage. Vous pouvez la garder pour la fin ou, au contraire, la prendre en apéritif.

Les icônes utilisées dans ce livre

Évocation historique utile pour comprendre l'origine d'une idée, d'une méthode, d'une théorie.

Ce point particulier requiert toute votre attention.

Rien de tel qu'un exemple bien choisi pour assimiler une notion parfois difficile !

Une définition que, dans un manuel scolaire, on demanderait d'apprendre par cœur. Rien de tel n'est demandé ici mais, si le terme réapparaît dans la suite, il est quand même utile de savoir ce qu'il signifie.

Calcul ou raisonnement exigeant un (petit) effort pour s'en imprégner et y adhérer. On peut sauter le passage en première lecture, quitte à y revenir ensuite.

Par où commencer

Il n'est nullement besoin de lire ce livre de A à Z. Une certaine logique est bien sûr nécessaire pour assimiler les notions clés des mathématiques, mais le lecteur pourra à l'envi commencer par l'algèbre ou la géométrie, la statistique ou l'analyse, et même se balader dans le livre à la manière d'un flâneur guidé par sa seule curiosité. Des encadrés et des icônes servent de balises et permettent d'entrer à tout endroit du livre, ainsi que l'index alphabétique placé en fin d'ouvrage. Bonne route !

Première partie

La mesure du monde : la géométrie

Dans cette partie...

Pour commencer, comment ne pas évoquer l'un des plus grands best-sellers de tous les temps, le champion toutes catégories des manuels scolaires ayant servi aux étudiants pendant près de deux mille ans : *Les Éléments* d'Euclide ? Euclide a fait de la géométrie une science aussi logique et déductive que possible, ouvrant les portes aux arpenteurs, aux astronomes, aux bâtisseurs de temples, de ponts et de châteaux. C'est sur ces traces que nous marcherons ici, en étudiant des figures élémentaires de la géométrie, comme le triangle, les quadrilatères et le cercle.

Chapitre 1

Tous géomètres !

Dans ce chapitre :

- De l'Égypte à la Grèce
- La géométrie d'Euclide
- La règle, le compas et autres instruments
- Une ascension par la face nord
- Le cinquième postulat

Les avis des historiens de l'Antiquité divergent largement sur la naissance des mathématiques. Il y a cependant quelques points d'accord : deux localisations, en Chine et en Mésopotamie, et une origine, sociale. Ce sont en effet des bâtisseurs qui les premiers se sont intéressés à la géométrie. Ils voulaient construire des habitations et, plus encore, des temples dont l'harmonie des formes devait se manifester aux yeux des hommes et des divinités. Le roi qui veut bâtir une tour n'improvise pas, l'Évangile de Luc (14.28) nous le dit : « Qui de vous en effet, s'il veut bâtir une tour, ne commence par s'asseoir pour calculer la dépense et voir s'il a de quoi aller jusqu'au bout ? » Il doit y avoir des plans, c'est-à-dire des représentations géométriques dans lesquelles, pour de simples raisons esthétiques, les cercles et les droites s'imposent dès l'origine.

De l'Égypte à la Grèce

On dispose d'assez nombreux documents mathématiques du IIe millénaire. Pour l'Égypte, nous avons le papyrus Rhind et celui de Moscou, pour la Mésopotamie, d'abondantes tablettes d'argile. La démarche n'y est en aucune façon déductive : il s'agit de « trucs » pour calculer une longueur, une aire, un volume. Aucun nom de « géomètre » ne nous est parvenu de cette époque.

Thalès (600 av. J.-C.) est considéré comme le pionnier d'une nouvelle étape. Selon Plutarque, « Thalès fut apparemment le seul dont la réflexion s'échappa des limites de l'utilité pratique ». On sait peu de choses sur lui : Proclus (412-485) l'évoque en citant un résumé de l'*Histoire des mathématiques* d'Eudème de Rhodes (300 av. J.-C.), élève d'Aristote. À la suite de Proclus, on attribue à Thalès des « démonstrations », même si certains résultats sont utilisés longtemps avant lui.

Les « démonstrations » attribuées à Thalès

- Les angles à la base d'un triangle isocèle sont égaux.
- Des angles opposés par le sommet sont égaux.
- Si des triangles ont un côté égal et deux angles respectivement égaux, ils sont égaux.
- Un diamètre partage un cercle en parties de même longueur.
- Un angle inscrit dans un demi-cercle est droit.

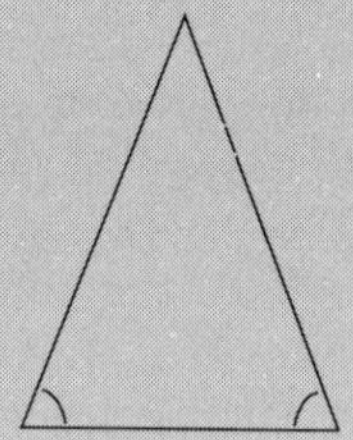

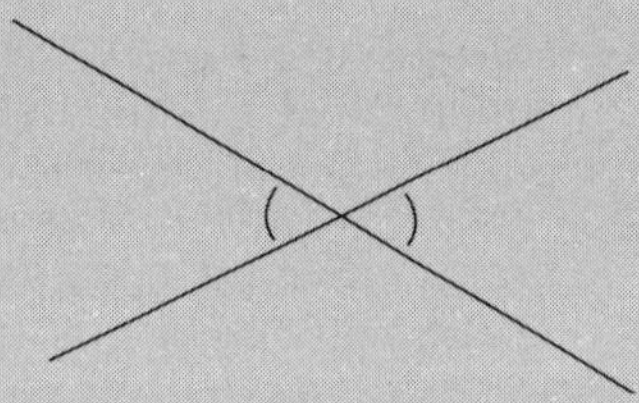

Pythagore, cinquante ans plus tard, nous est un peu mieux connu. Le travail de mise en ordre et de diffusion de nombreux éléments par l'école pythagoricienne est généralement reconnu. Qu'on puisse situer à ce siècle l'émergence du souci déductif en géométrie résulte d'un écrit d'un des pythagoriciens tardifs, Archytas de Tarente, selon lequel, avant Pythagore, « des preuves satisfaisantes étaient possibles en arithmétique, mais pas en géométrie ».

Mais c'est avec Euclide, deux siècles et demi plus tard, que ce souci de rigueur est réellement pris en charge : il commence avec un nombre réduit de définitions et de postulats et, appliquant une méthode strictement déductive, il en tire de nouvelles propositions. Il récuse ainsi la méthode du simple constat ou, du moins, la circonscrit aux postulats de départ. Naturellement, la notion même de rigueur évolue de siècle en siècle et la tâche de pourchasser toute trace d'intuition n'a été achevée qu'avec David Hilbert et ses *Fondements de la géométrie*, publiés en 1899.

La géométrie d'Euclide

Euclide pose d'abord quelques définitions. Ainsi :

JARGON

- Le point est ce qui n'a pas d'étendue.
- La ligne est ce qui a une longueur, mais pas d'épaisseur.
- Les extrémités de la ligne sont des points.
- La droite est la ligne qui s'étend régulièrement entre ses points.
- L'angle est l'inclinaison de deux droites qui se coupent, sans être confondues, etc.

Il est probable que ces « définitions » remontent à Platon. Il faut garder à l'esprit que l'œuvre principale d'Euclide, les *Éléments*, est un manuel scolaire et que son ambition est de mettre en forme les connaissances de son époque. On ne s'attachera pas excessivement au caractère illusoire de ces définitions. (Par exemple, « inclinaison » n'est pas défini et, s'il avait tenté de le définir, Euclide aurait probablement utilisé le mot angle dans cette définition !) Ceci est largement inévitable au commencement d'un discours structuré.

D'autres définitions, toujours au livre I des *Éléments*, sont encore plus riches de sous-entendus. Ainsi, Euclide définit un angle droit en disant : « Lorsqu'une droite en rencontre une autre en formant des angles égaux, chacun de ces angles est appelé angle droit. » Cette définition sous-entend une définition de l'égalité, considérée comme intuitive par Euclide, bien qu'elle soulève une question à l'époque très controversée, celle du déplacement.

Euclide pose ensuite des demandes (postulats), affirmations sans démonstrations, qu'il veut que le lecteur tienne pour évidentes. Elles sont au nombre de cinq :

ATTENTION !

- Il est possible de tracer une ligne droite et une seule d'un point donné vers un point donné.
- Il est possible de prolonger une ligne droite en une ligne droite.
- Il est possible de tracer un cercle dont on donne le centre et le rayon.
- Tous les angles droits sont égaux.
- Si une droite qui en coupe deux autres forme avec elles et du même côté des angles intérieurs moindres que deux angles droits, ces droites, si on les prolonge de ce côté, finiront par se rencontrer.

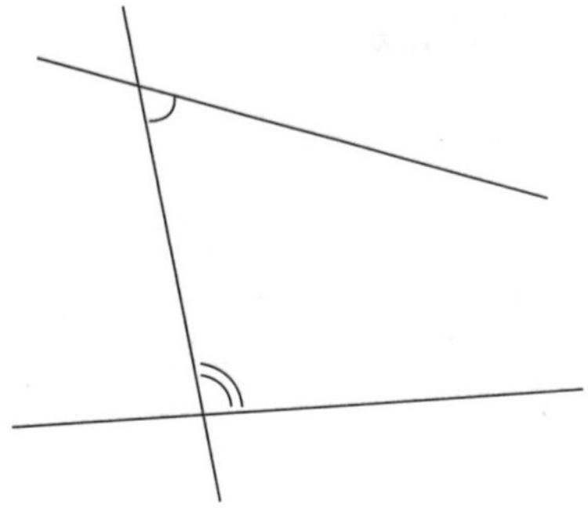

Figure 1.1 : Les droites « finiront » par se rencontrer.

Les trois premiers postulats donnent un rôle prééminent à deux instruments : la règle (non graduée) et le compas. Aujourd'hui encore, lorsqu'un énoncé scolaire demande de « construire le point qui… », il y a un sous-entendu : cette construction doit être faite à l'aide de la règle et du compas seulement. Plus généralement, une telle construction est appelée une construction euclidienne.

La règle, le compas et autres instruments

Les Grecs utilisaient de nombreux instruments de dessin, au-delà de la règle qui permet de tracer des lignes droites et du compas qui permet de tracer des cercles. L'un d'eux, parmi les plus rudimentaires, est encore familier aujourd'hui, c'est le procédé du jardinier pour construire une ellipse. On peut en effet prouver que si l'on attache une ficelle à deux piquets et qu'on déplace un bâton qui tende la ficelle, la pointe de ce bâton décrit une ellipse.

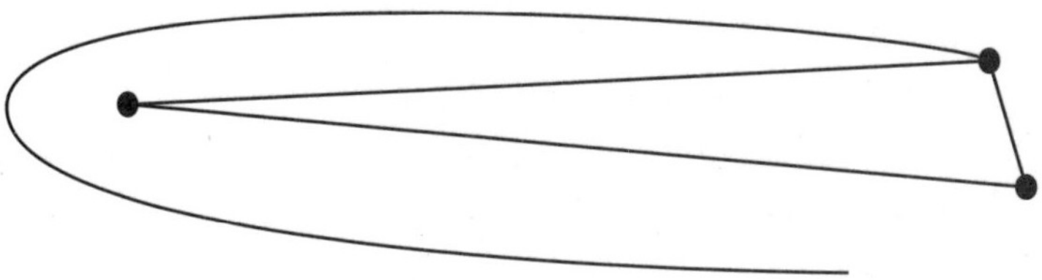

Figure 1.2 : Le tracé du jardinier.

UN PEU D'HISTOIRE

D'autres instruments sont encore d'usage courant : la règle graduée, le rapporteur, l'équerre, etc. Les musées d'arts et techniques présentent de nombreux instruments de dessin. Citons, parce qu'il résout un problème fameux, le trisecteur, qui permet de partager un angle en trois angles égaux.

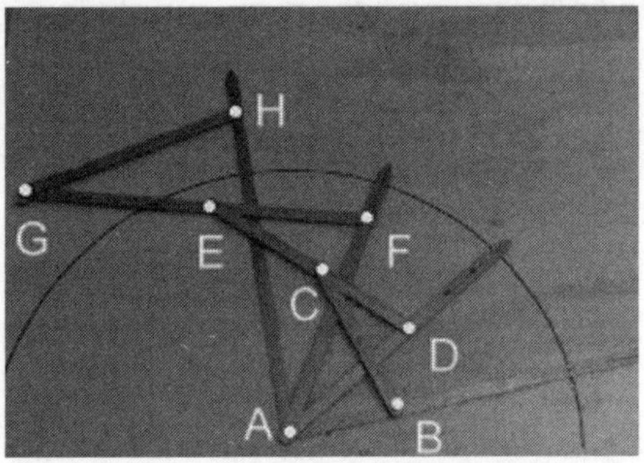

Figure 1.3 : Le trisecteur DR.

Le trisecteur de Bergery est encore plus rudimentaire : c'est une pièce de bois telle que :

- A, B, C et D sont alignés ;
- AB = BC = CD ;
- [BD] est le diamètre du demi-cercle ;
- (BZ) est perpendiculaire à (AD).

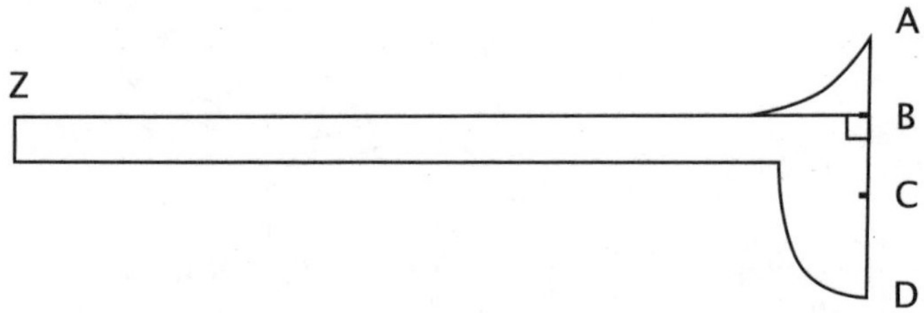

Figure 1.4 : Le trisecteur de Bergery.

Pour partager en trois l'angle xOy, on place l'appareil en sorte que A soit sur [Oy) et O sur le côté [BE]. Puis, on le déplace en sorte que [Ox) soit tangent au demi-cercle. [OB] et [OC] sont les trisectrices demandées.

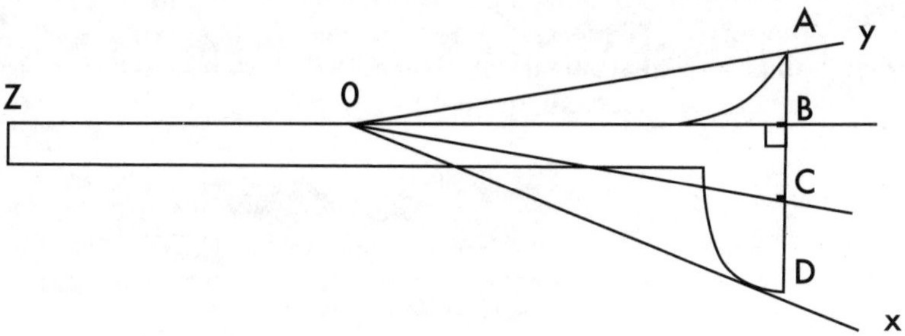

Figure 1.5: Trisection d'un angle xOy.

Très tôt, on a observé qu'une figure tracée à l'avance pouvait faciliter certaines constructions géométriques. C'est ainsi qu'Archimède s'est fait l'avocat d'une courbe, qu'on nomme aujourd'hui spirale d'Archimède, dont la description mécanique est très simple : une demi-droite tourne à vitesse constante autour de son origine, cependant qu'un de ses points s'éloigne de cette origine avec une vitesse constante.

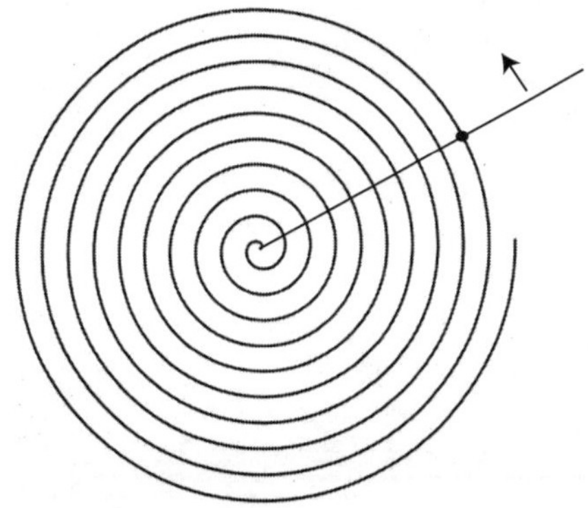

Figure 1.6: La spirale d'Archiméde.

Cette spirale peut être utilisée pour diviser un angle en un nombre quelconque d'angles égaux. Voici comment Archimède lui-même proposait de diviser un angle en trois parties.

La trisection d'un angle à l'aide de la spirale

Plaçons le sommet de l'angle au centre de la spirale et observons l'un des arcs (n'importe lequel) qu'il découpe sur cette courbe. Reportons à l'aide d'un compas la longueur OA sur OB. Toujours à l'aide d'un compas, on sait diviser le segment [A'B] en trois segments de même longueur, [A'M], [MN], [NB]. Les arcs de cercle centrés en O et passant respectivement par M et N recoupent l'arc de spirale en X et Y et il ne reste qu'à tracer (OX) et (OY). On vérifie aisément que l'angle donné a ainsi été divisé en trois parties.

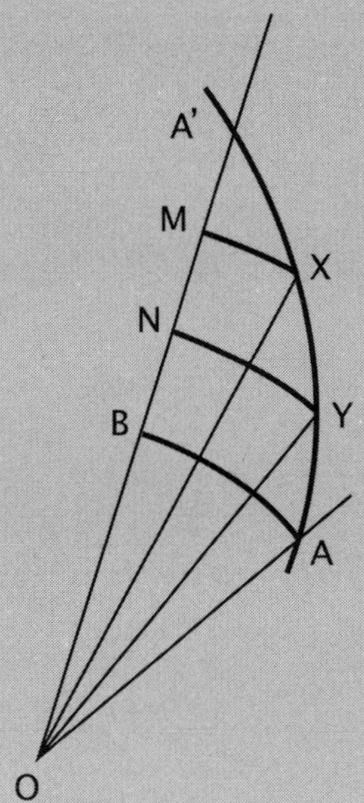

Bien entendu, si on dispose d'un rapporteur, la construction est encore plus rapide : on mesure l'angle et on divise par trois !

Un siècle plus tard, Nicomède mit en évidence une courbe, la conchoïde de Nicomède, qui permet aussi cette construction. On se donne un point P (appelé le pôle de la courbe), une droite D (appelée la directrice de la courbe) et une distance *d*. Sur toute droite passant par P et coupant la directrice en un point M, on marque les deux points A et B à distance *d* de M. Lorsque cette droite varie, les points A et B décrivent chacun une branche d'une courbe appelée conchoïde de Nicomède.

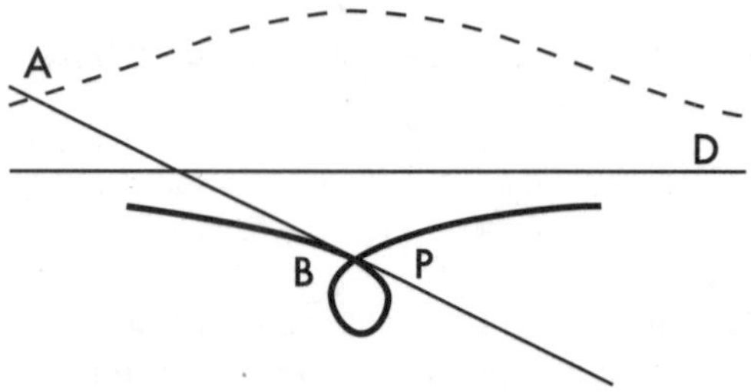

Figure 1.7 : La conchoïde.

Trisection d'un angle à l'aide de la conchoïde

Soit un angle ABC. De A, traçons une perpendiculaire à (BC) et une parallèle à (BC), soit (Ax).

On utilise une conchoïde ayant B pour pôle, (AD) pour directrice et la distance d = 2 AB.

L'intersection de la conchoïde et de (Ax) détermine une trisectrice BH de l'angle ABC. (On le vérifie sans peine en marquant le milieu F de {GH] et en examinant les triangles isocèles AFH et AFB).

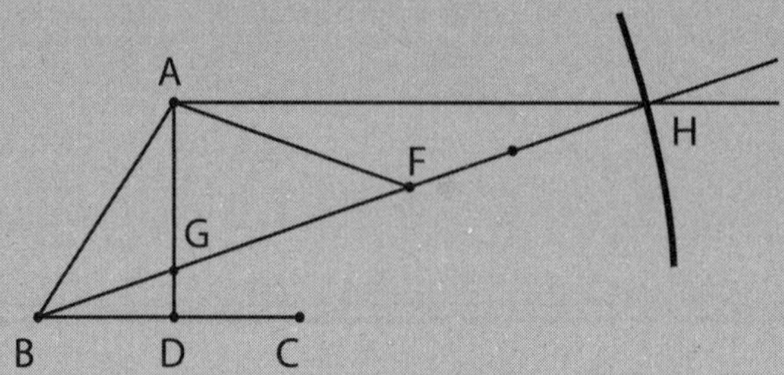

L'ascension de la face nord...

... l'hiver

Il est de la nature de l'homme d'élever constamment la barre de ses défis. Après avoir conquis un sommet, un alpiniste voudra le conquérir par la face nord, plus difficile, puis en hiver, plus rigoureux. Si c'est dans l'Himalaya, il voudra le conquérir sans oxygène... La Grèce a connu une telle escalade dans les défis mathématiques. Les instruments de dessin, les courbes prétracées sont apparues comme des facilités, le compas et la règle ayant seuls la pureté digne d'un vrai géomètre. Si bien qu'Euclide lui-même proposa de très nombreuses constructions utilisant seulement ces deux instruments, en précisant bien que la règle n'est pas graduée et permet seulement de marquer des points alignés.

Un exemple élémentaire suffit à montrer l'esprit de la démarche. Il concerne la bissectrice d'un angle, demi-droite qui le partage en deux angles égaux.

La construction d'une bissectrice par Euclide

Traçons du sommet de l'angle un arc de cercle qui coupe en A et B les côtés de l'angle. Avec la même ouverture de compas, traçons les cercles passant par O et centrés respectivement en A et en B. Ils se recoupent en un point P et il est immédiatement possible de vérifier, par exemple en notant que OAPB est un losange, que (OP) est la bissectrice de l'angle donné.

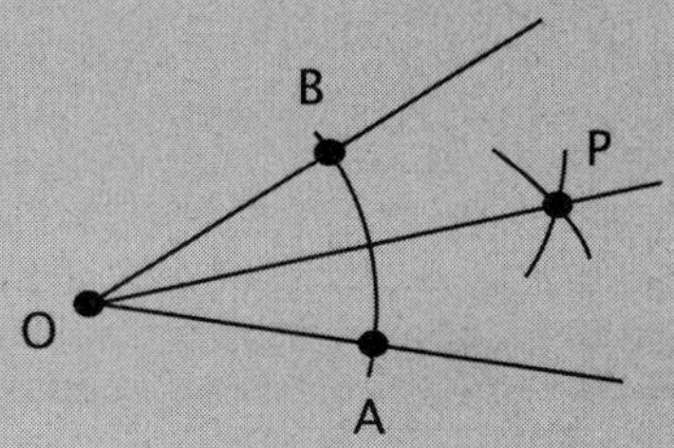

Mais, malgré l'activité et l'ingéniosité de nombreux géomètres, trois problèmes restaient rebelles à ces constructions, au point qu'on les a appelés les trois défis de la géométrie antique. Le premier a déjà été évoqué : la trisection de l'angle. Le second, le plus célèbre, est la quadrature du cercle : construire un carré dont l'aire soit égale à l'aire d'un cercle donné. Le troisième est la duplication du cube. Nous les savons aujourd'hui impossibles, mais il a fallu deux mille ans pour qu'on en ait la preuve. C'est en 1637 que Descartes montra l'impossibilité de la duplication du cube, en 1837 que Wantzel publia la démonstration de l'impossibilité de la trisection de l'angle (et, en même temps, de la duplication du cube) et il fallut attendre 1882 pour que Lindemann prouve l'impossibilité de la quadrature du cercle. Cela n'empêche pas de nombreux mathématiciens amateurs d'adresser encore régulièrement à des universitaires, ou à des auteurs de livres, de prétendues

« démonstrations ». C'est un phénomène curieux qui tient sans doute à une ambiguïté du mot « impossible ». Cela ne signifie pas, comme en langage courant, que nul n'a pu le faire jusqu'à ce jour : ce qu'ont prouvé Descartes, Wantzel et Lindemann, c'est que toute construction prétendue à la règle et au compas est erronée. C'est une perte de temps que d'y chercher l'erreur.

La duplication du cube

Une épidémie de peste s'étant déclarée à Délos, l'oracle d'Apollon demanda qu'on doublât le volume de l'autel de ce dieu, un cube d'or. On construisit un cube de dimensions doublées, mais l'oracle n'en fut pas satisfait, car le volume était multiplié par 8.

En fait, il aurait fallu multiplier la longueur des arêtes par $\sqrt[3]{2}$, ce qui est impossible à la règle et au compas. En revanche, comme pour la trisection de l'angle, l'utilisation d'appareils plus ou moins ingénieux ou de courbes comme la conchoïde permet ces tracés, mais il ne s'agit plus de constructions euclidiennes.

... et sans oxygène

Une fois cernées les constructions réalisables à l'aide d'une règle et d'un compas, plusieurs « perfectionnements » de ce défi furent proposés.

Au xe siècle, un astronome persan, Abul Wefa, plus connu sous le nom de Muhammad ibn Muhammad ibn Yahya ibn Isma'il ibn al-'Abbas Abu'l-Wafa'al-Buzjani publia un ouvrage où il présentait de nombreuses constructions géométriques réalisées à l'aide d'une règle et d'un compas à ouverture fixe (ce que les géomètres appellent familièrement un compas rouillé) : c'est d'ailleurs ainsi que nous avons construit la bissectrice d'un angle un peu plus haut.

En 1672, George Mohr prouva que tout point qu'on peut construire à la règle et au compas peut être construit à l'aide du seul compas. Son livre n'a été retrouvé qu'en 1928, si bien que Mascheroni, qui redécouvrit en 1797 le même résultat, lui a donné son nom : une construction de Mascheroni est une construction faite à l'aide du seul compas.

En 1822, le mathématicien Jean Victor Poncelet suggéra que toute construction euclidienne peut être faite à l'aide de la seule règle, pourvu que soient tracés d'avance un cercle et son centre. C'est le suisse Joseph Steiner qui en donna une preuve rigoureuse onze ans plus tard.

Il s'agit davantage désormais de récréations mathématiques. On doit par exemple à T.R. Dawson, célèbre pour ses problèmes au jeu d'échecs, un des plus amusants théorèmes de la série : toute construction euclidienne est possible en utilisant seulement des allumettes (identiques et en nombre illimité).

Construction à la Dawson du milieu d'un segment [AB]

Elle permet aussi la construction de la bissectrice d'un angle, ici ACB.

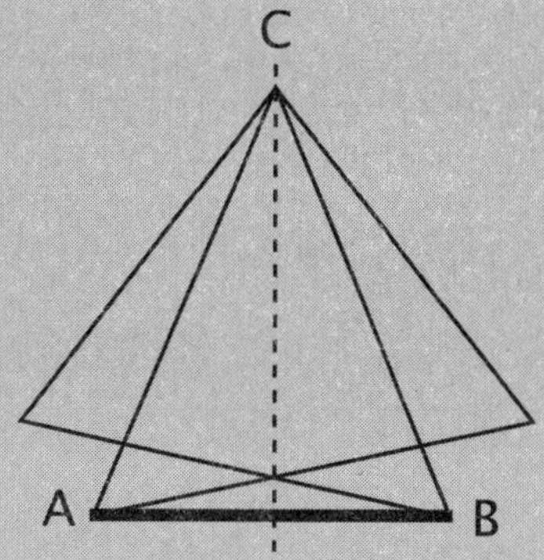

Le cinquième postulat

Il y a peu d'affirmations mathématiques qui aient fait, au cours des siècles, couler autant d'encre que le cinquième postulat d'Euclide. Rappelons-en la formulation :

> *Si une droite qui en coupe deux autres forme avec elles et du même côté des angles intérieurs dont la somme est moindre que deux angles droits, ces droites, si on les prolonge de ce côté, finiront par se rencontrer.*

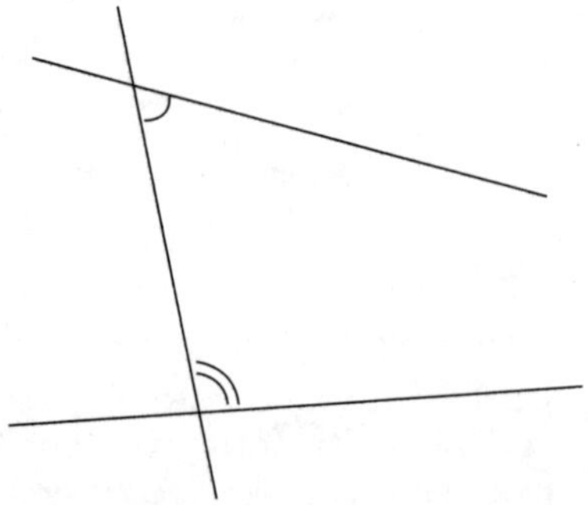

Figure 1.8 : Le cinquiéme postulat.

Dès l'époque d'Euclide, le cinquième postulat a souvent été tenu pour trop complexe pour un simple postulat (il fait de plus appel à une notion de somme de mesures d'angles) et de nombreux géomètres ont tenté soit de le démontrer, soit de le remplacer par un énoncé plus simple. Deux formulations particulièrement simples ont été proposées, dont on a prouvé l'équivalence avec le cinquième postulat :

- Par un point extérieur à une droite, on peut tracer une droite qui lui est parallèle, et une seule.
- La somme des mesures des angles d'un triangle est égale à deux angles droits.

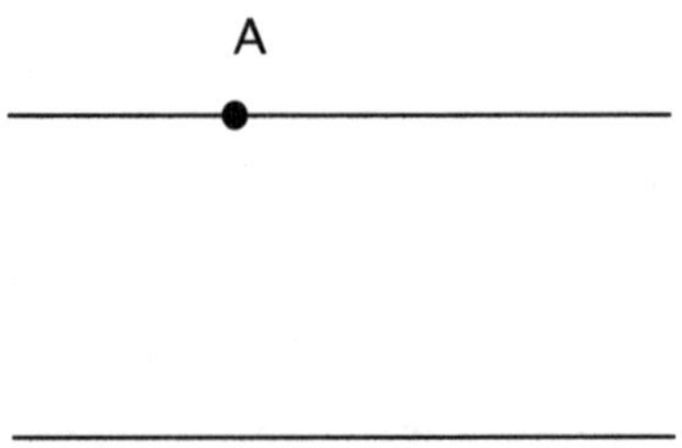

Figure 1.9 : L'unique parallèle.

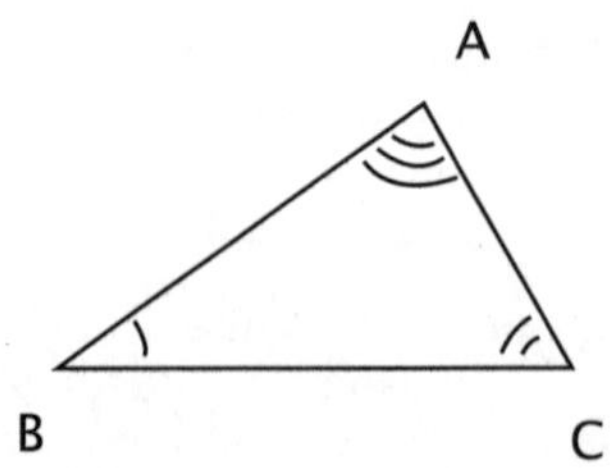

Figure 1.10 : $\hat{A}+\hat{B}+\hat{C}=$ 2 droits.

Mais on en connaissait bien d'autres formes, parfois depuis fort longtemps. Par exemple :

- Si un point se déplace en restant à distance constante d'une droite, il décrit une droite parallèle à cette droite. (ibn al Haitham, dit Alhazen, Xe siècle)
- Tout quadrilatère ayant trois angles droits (quadrilatère de Lambert) a son quatrième angle droit. (Omar Khayyam, XIe siècle)
- Si un quadrilatère a deux côtés opposés de même longueur, perpendiculaires à un autre côté (quadrilatère de Saccheri), on prouve, sans le postulat d'Euclide, que les deux autres angles sont égaux. Les supposer droits implique ce cinquième postulat. (Omar Khayyam)
- Pour tout segment, il existe un carré dont il est l'un des côtés. (Legendre, XVIIIe siècle)
- Il existe une paire de triangles semblables mais non égaux. (Wallis, XVIIIe siècle)
- Pour tout triangle, il existe un cercle passant par ses trois sommets. (Legendre)
- Il existe un triangle rectangle d'aire arbitrairement grande. (Gauss)

Pendant une vingtaine de siècles, les mathématiciens se sont escrimés, tentant de démontrer l'un ou l'autre de ces énoncés. En vain. Nous arrivons au XVIIIe siècle, lorsque le jésuite Jérôme Saccheri publie un livre, *Euclide débarrassé de ses défauts*, dans lequel il analyse le cinquième postulat. Son ambition est d'en donner une démonstration à l'aide des quatre premiers, mais il n'aboutit pas et, implicitement, il en montre l'indépendance, préparant le chemin à d'autres géométries qui refusent le cinquième postulat. La formulation choisie par Saccheri se prêtait mieux, pensait-il, à une démonstration rigoureuse : c'est celle qui concerne les angles d'un triangle.

Mais en réalité, Saccheri ouvrait la voie à des constructions rigoureuses de géométries nouvelles, non euclidiennes, en ce sens qu'elles récusaient le cinquième postulat et postulaient à la place l'un ou l'autre des deux « contraires » suivants :

- Par un point pris hors d'une droite, on ne peut mener aucune parallèle à cette droite (ou ce qui s'avère être équivalent : la somme des angles d'un triangle surpasse deux angles droits).
- Par un point pris hors d'une droite, on peut mener une infinité de parallèles à cette droite (ou ce qui s'avère être équivalent : la somme des angles d'un triangle est inférieure à deux angles droits).

Il s'avère, comme l'ont prouvé un siècle plus tard Gauss et Riemann, Bolyai et Lobatchevsky, que, en choisissant l'un de ces énoncés, on peut développer une « géométrie » parfaitement logique et cohérente. Dans une lettre à Bolyai datée de 1813, Gauss écrivait : « J'ai à coup sûr prouvé des résultats qui sembleraient à beaucoup des démonstrations du cinquième postulat, mais qui, selon moi, ne prouvent rien du tout. » Il eut même la tentation d'une vérification expérimentale en mesurant la somme des angles d'un triangle formé par trois sommets montagneux, mais l'écart avec 180° ne dépassait pas les erreurs attendues des mesures.

Dans la réalité, trois géométries sont condamnées à la coexistence :

- celle qui accepte le cinquième postulat, la géométrie euclidienne ;
- celle qui le refuse en posant que la somme des angles d'un triangle surpasse deux angles droits, qu'on appelle la géométrie de Riemann ;
- celle qui le refuse en posant que la somme des angles d'un triangle est inférieure à deux angles droits, qu'on appelle la géométrie hyperbolique, ou géométrie de Lobatchevsky.

La géométrie de Riemann a une illustration très simple : la géométrie sur la sphère, où les grands cercles jouent le rôle des droites. Le cinquième postulat est bien sûr en défaut, puisque deux « droites » ont toujours deux points communs. Un triangle peut avoir trois angles droits.

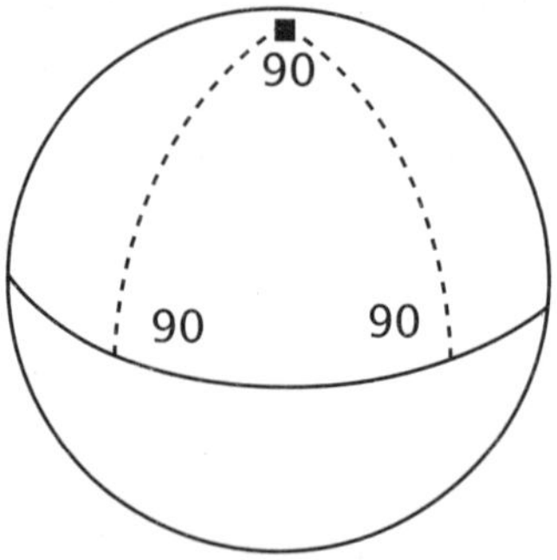

Figure 1.11 : Un triangle avec trois angles droits.

La géométrie hyperbolique a, elle aussi, des illustrations euclidiennes simples. Une des plus connues est le disque de Poincaré, où l'univers se limite à l'intérieur d'un disque, les « droites » étant soit les rayons, soit les arcs de cercle coupant la frontière à angle droit. Poincaré a donné une image de son univers en imaginant que tout objet se contracte en s'approchant de la frontière, se raccourcissant dans la proportion r^2/R^2, où r^2 désigne le carré de sa distance au centre et R^2 le rayon de l'univers.

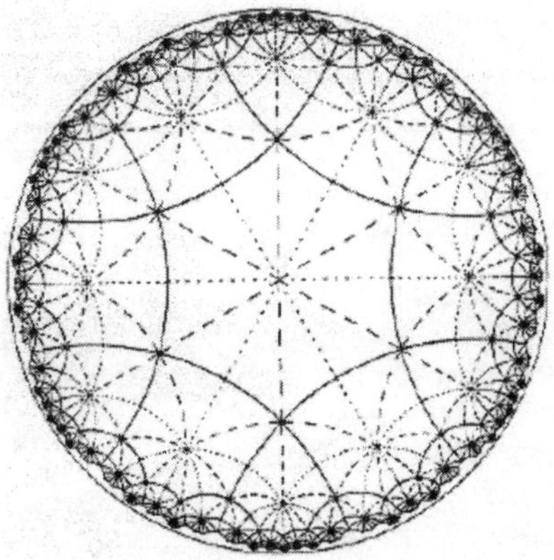

Figure 1.12 : Escher, Le Disque de Poincaré, DR.

Chapitre 2

Les bons côtés du triangle

Dans ce chapitre :

- « Téléphoner » un triangle
- L'inégalité triangulaire
- Des triangles pas comme les autres
- Des triangles ressemblants
- Les angles d'un triangle
- Les médianes

L'une des figures les plus simples de la géométrie est le triangle : trois points (les sommets), trois segments qui les joignent deux à deux (les côtés), trois angles. Les géomètres grecs lui ont consacré des centaines de pages, au point qu'on aurait pu penser que, après les pythagoriciens, plus rien d'intéressant ne pouvait s'écrire sur le sujet. Visitant le temple de Poséidon, au cap Sounion, l'auteur a eu la surprise d'entendre le guide s'extasier que ce temple, associé au temple d'Égide et au Parthénon, formait une figure géométrique parfaite, un triangle ! Trois points constituent toujours un triangle (sauf s'ils sont alignés et ce serait alors encore plus remarquable).

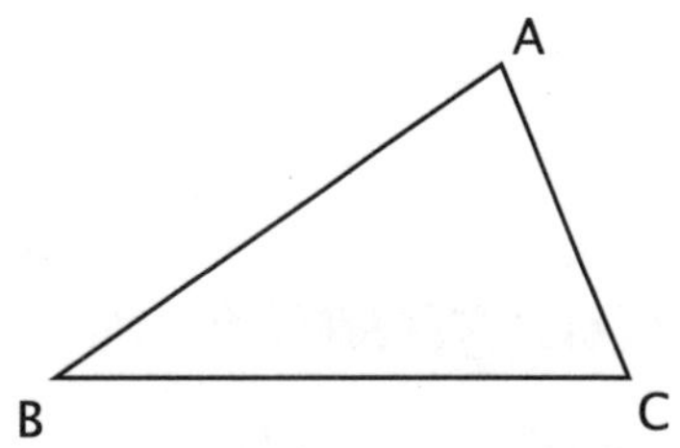

Figure 2.1 : Le triangle.

Une des caractéristiques majeures du triangle est que les longueurs de ses trois côtés suffisent à en fixer la forme : un triangle est indéformable. C'est le coup de génie, il y a un demi-siècle, des inventeurs du pneu X de Michelin : alors que les trames étaient traditionnellement faites de croisillons rectangulaires, comme la trame d'un tissu, ils eurent l'idée de faire des croisillons triangulaires, qui donnaient au pneu son indéformabilité.

« Téléphoner » un triangle

Si je raisonne sur un triangle dessiné sur ma feuille et que je souhaite obtenir de l'aide d'un ami lointain, je peux lui indiquer par téléphone trois nombres, les longueurs des côtés. Là-bas, il pourra construire son triangle et nous pourrons dialoguer. C'est même une construction euclidienne, une construction à la règle et au compas. Posons par exemple que je lui ai donné les longueurs 7 cm, 5 cm et 4 cm. Il trace un segment [AB], par exemple de la plus grande des longueurs que je lui ai indiquées, soit 7 cm, puis, avec pour centre A un cercle dont le rayon soit la deuxième longueur, soit 5 cm, et pour centre B, un cercle dont le rayon soit la troisième longueur, soit 4 cm. Certes, il aura pu construire deux triangles, mais ils ne sont guère différents, comme une image et son reflet dans un miroir, et, pour la plupart des questions dont nous aurons à discuter, cela n'a pas d'importance.

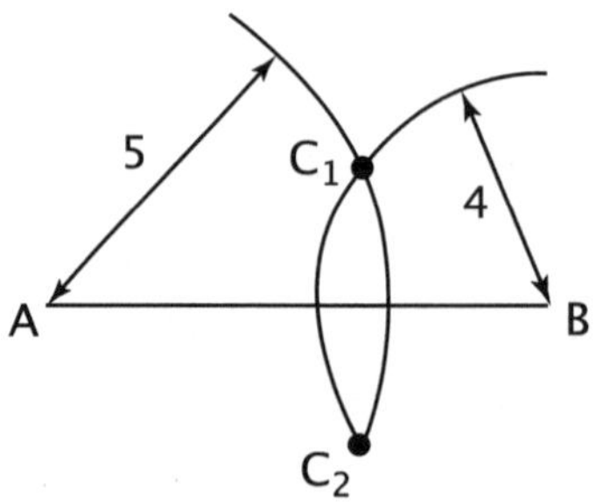

Figure 2.2 : Le triangle téléphoné.

L'inégalité triangulaire

Cela ne veut pas dire que je puisse tricher et lui téléphoner trois nombres pris au hasard : si je lui dit que mon triangle a des côtés dont les longueurs sont 5 cm, 2 cm et 2 cm, il ne pourra pas réaliser la construction (les cercles ne se coupent pas) et pourra à bon droit m'accuser d'erreur ou de mensonge. Dans tout triangle, la longueur d'un côté, quel qu'il soit, est inférieure à la somme des longueurs des deux autres côtés. C'est la fameuse inégalité triangulaire. Euclide la démontre, ce que Proclus trouvait ridicule : « Même un âne trouve plus court de se diriger tout droit vers sa nourriture que de faire un détour ! »

La seule donnée des longueurs des côtés d'un triangle permet d'énoncer et de démontrer de très nombreuses propriétés. Certes, l'enseignement français a pris pour habitude d'y associer très rapidement les angles, mais ce n'est pas une nécessité. Un très bel exemple est la formule de Héron, que l'on nomme ainsi en l'honneur du géomètre Héron d'Alexandrie, même si certains historiens l'attribuent plutôt, deux siècles auparavant, à Archimède.

EXEMPLE

La formule de Héron

On donne les longueurs *a, b, c* des côtés d'un triangle. Le carré S^2 de son aire S est donné par la formule :

$$S^2 = p(p-a)(p-b)(p-c)$$

dans laquelle *p* désigne le demi-périmètre du triangle.

$$p = \frac{1}{2}(a+b+c)$$

Si on veut éviter d'utiliser une quatrième lettre *p*, on peut remarquer que :

$$p - a = \frac{1}{2}(2p - 2a) = \frac{1}{2}(b + c - a)$$

et en procédant de même pour *b* et *c*, on obtient :

$$S^2 = \frac{1}{16}(a+b+c)(b+c-a)(a-b+c)(a+b-c)$$

Exemple :

Les côtés d'un triangle mesurent 5 cm, 5 cm et 6 cm. Le demi-périmètre est :

$$\frac{1}{2}(5+5+6) = 8$$

et la formule de Héron donne :

$$S^2 = 8(8-5)(8-5)(8-6) = 16 \times 9$$

S est donc égale à 4 X 3 = 12.

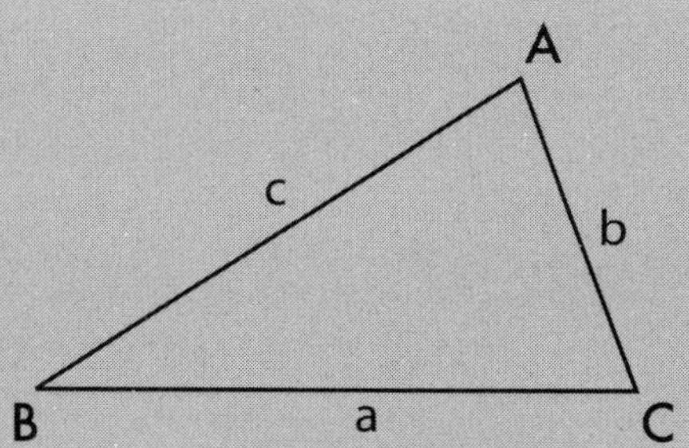

Des triangles pas comme les autres

Toujours avec à l'esprit les seules longueurs des côtés, on peut mettre en évidence des triangles particuliers, qu'on rencontre souvent dans les œuvres d'art ou même dans des symboles plus ou moins mystérieux.

Le triangle équilatéral

On désigne ainsi, de façon parfaitement conforme à l'étymologie latine de ce mot, tout triangle dont les trois côtés ont la même longueur.

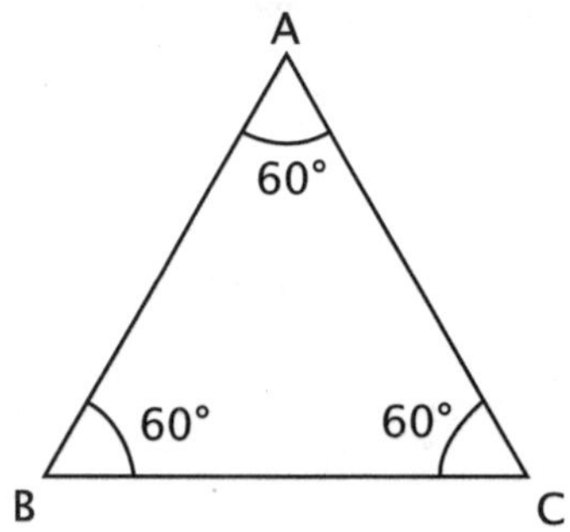

Figure 2.3: Triangle équilatéral.

Nous verrons plus loin que, pour un tel triangle, les trois angles ont la même mesure, 60°. D'autres calculs sont faciles, par exemple celui de l'aire par la formule de Héron.

Notons a la longueur du côté d'un triangle équilatéral. Le périmètre est $3a$ et le demi-périmètre $1{,}5a$. La formule de Héron donne immédiatement :

$$S^2 = 1{,}5a\,(0{,}5a)\,(0{,}5a)\,(0{,}5a) = \frac{3a^4}{16}$$

Le triangle isocèle

Bien que « isocèle » soit l'exact équivalent avec les racines grecques d'« équilatéral » avec les racines latines, on désigne ainsi tout triangle qui a deux côtés de même longueur.

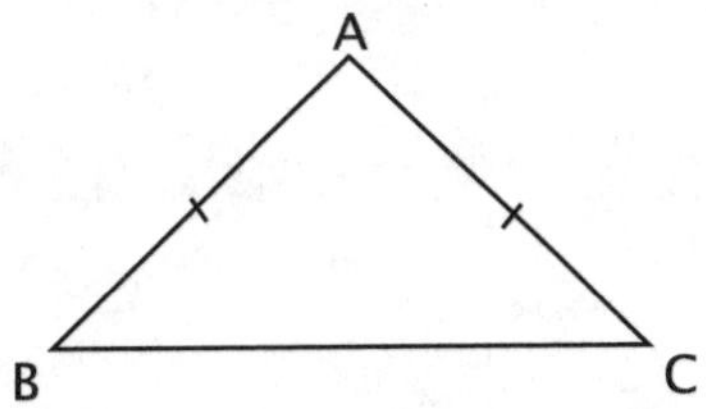

Figure 2.4 : Triangle isocèle.

S'il n'est pas en plus équilatéral, un triangle isocèle a un côté particulier, celui qui est de longueur différente et qu'on appelle la base. Quant au sommet opposé à la base, c'est lui qu'on appelle **le** sommet. Ainsi, lorsqu'on écrit « triangle ABC isocèle de sommet A », cela signifie que AB = AC.

Nous verrons plus loin qu'un tel triangle a deux angles qui ont même mesure, ceux qui « encadrent » la base.

Le triangle de Pythagore

Observons le triangle ci-dessous, dont les côtés mesurent respectivement 3, 4 et 5 unités. Il est facile d'observer que 25 est la somme de 9 et de 16, autrement dit, que :

$$5^2 = 3^2 + 4^2$$

ou encore que l'aire du carré construit sur le plus grand côté est égale à la somme des aires des carrés construits sur les deux autres.

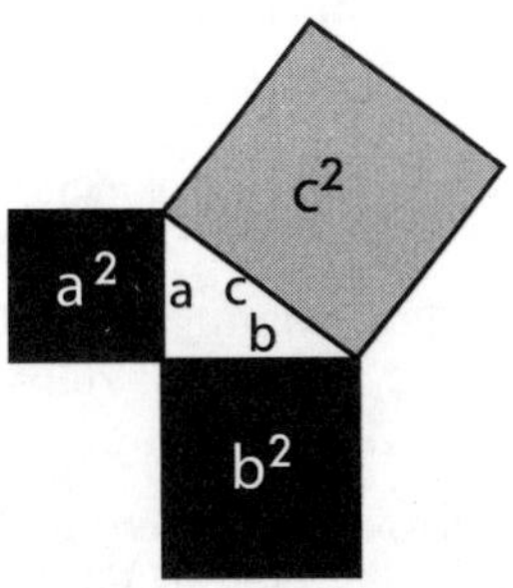

Figure 2.5 : Le triangle de Pythagore.

Nous verrons plus loin qu'un tel triangle a un angle droit (triangle rectangle). La formule de Héron prend une forme particulièrement agréable dans ce cas.

La formule de Héron pour un triangle de Pythagore

Reprenons la formule de Héron sous la forme :

$$16S^2 = (a + b + c)(b + c - a)(a - b + c)(a + b - c)$$

Moyennant quelques calculs ennuyeux mais faciles, ceci se réduit successivement en :

$$2a^2b^2 + 2a^2c^2 + 2b^2c^2 - (a^4 + b^4 + c^4)$$

$$c^2(2a^2 + 2b^2 - c^2) - (a^4 - 2a^2b^2 + b^4)$$

Il est temps de tenir compte de la relation de Pythagore $a^2 + b^2 = c^2$ pour obtenir :

$$c^4 - (a^2 - b^2)^2$$

soit :

$$(a^2 + b^2)^2 - (a^2 - b^2)^2 = 4a^2b^2$$

et donc :

$$16S^2 = 4a^2b^2$$

et :

$$S = \frac{1}{2}ab$$

Ainsi, l'aire d'un triangle de Pythagore est égale au demi-produit des longueurs de ses deux plus petits côtés. Nous retrouverons plus loin une interprétation évidente de ce résultat.

Les entiers de Pythagore

Les triplets d'entiers qui vérifient la relation de Pythagore, $c^2 = a^2 + b^2$, font l'objet d'une littérature abondante et ancienne. L'exemple (3, 4, 5) est certainement connu depuis quatre millénaires. Bien entendu, en multipliant les trois nombres par un même entier, on obtient un triplet tel que (6, 8, 10) qui vérifie la même relation mais cela n'a guère d'intérêt. On s'attache plutôt aux triplets d'entiers sans diviseur commun (autre que 1). Un tel triplet est appelé triplet de Pythagore. Un deuxième exemple est (5, 12, 13) puisque :

$$169 = 144 + 25$$

De tels triplets étaient connus bien avant Pythagore ; une tablette de l'époque d'Hammurabi, dix-huit siècles avant notre ère, la tablette Plimpton 322, en recense plusieurs dizaines.

Euclide connaissait la formule, vraie quels que soient les nombres u et v :

$$(u + v)^2 = (u - v)^2 + 4uv$$

Il en résulte que si u et v sont des carrés d'entiers ($u = m^2$ et $v = n^2$), alors les nombres $m^2 - n^2$, $2mn$, $m^2 + n^2$ vérifient la relation de Pythagore :

$$(m^2 + n^2)^2 = (m^2 - n^2)^2 + 4m^2n^2$$

Si l'on choisit m et n sans diviseur commun autre que 1, il en est de même de u, v et w. Euler a démontré la réciproque : tout triplet de Pythagore est de la forme $(m^2 + n^2)$, $(m^2 - n^2)$, $2mn$.

Des triangles ressemblants

Le téléphone ne peut pas tout. Revenons à notre tout premier exemple, dans lequel le message est : les longueurs des côtés sont 7 cm, 5 cm, et 4 cm. Mais imaginons que mon interlocuteur est en vacances et qu'il n'a pas d'instruments de mesure des longueurs, règle graduée ou autres. Ou encore que mon interlocuteur est un martien qui n'a aucune idée de ce qu'est un centimètre. Avec son unité à lui, le marsomètre (qui s'abrège en Mm), il peut parfaitement appliquer le mode de construction décrit pour dessiner un triangle dont les côtés mesurent 7 Mm, 5 Mm et 4 Mm.

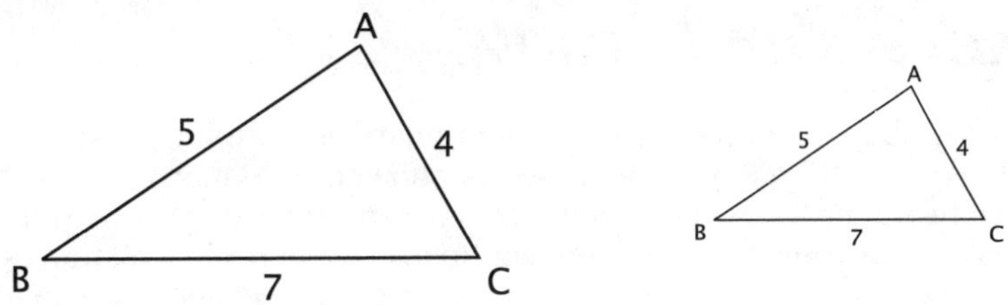

Figure 2.6 : Mon triangle sur Mars.

Mon triangle et le sien se ressemblent ; le nom officiel pour décrire cette situation est précisément : triangles semblables.

Si un jour, il devenait possible de comparer les étalons terrestre et martien, on pourrait avoir une idée plus précise de la ressemblance de nos triangles. Par exemple :

- si 1 Mn mesure 2 cm, son triangle a pour dimensions 14 cm, 10 cm, 8 cm ;
- si 1 Mn mesure 3 cm, son triangle a pour dimensions 21 cm, 15 cm, 12 cm ;
- si 1 Mn mesure 5 cm, son triangle a pour dimensions 35 cm, 25 cm, 20 cm.

La ressemblance entre nos triangles peut s'énoncer autrement. Il suffit de multiplier les mesures des côtés du premier (7, 5, 4) par un facteur constant :

- facteur 2 pour obtenir 14, 10, 8 ;
- facteur 3 pour obtenir 21, 15, 12 ;
- facteur 5 pour obtenir 35, 25, 20.

Autrement dit, et dans de nombreux manuels, ceci sert de définition :

Des triangles semblables sont des triangles dont les côtés ont des longueurs proportionnelles.

Cette définition rend immédiates quelques remarques, que nous retrouverons au prochain chapitre :

- Tout triangle semblable à un triangle équilatéral est lui-même équilatéral.
- Tout triangle semblable à un triangle isocèle est lui-même isocèle.
- Tout triangle semblable à un triangle de Pythagore est lui-même un triangle de Pythagore.

Les angles d'un triangle

Le jeu est amusant, mais on ne peut guère éluder plus longtemps les angles du triangle. Car si un triangle a bien trois côtés, il a aussi trois angles. « À quoi servent les angles ? », peuvent demander certains. L'histoire de la géométrie nous donne la réponse : à calculer certaines distances entre des points inaccessibles, comme la hauteur d'une pyramide, le diamètre du soleil ou sa distance à la Terre. Mais, contrairement aux côtés, les angles ne suffisent pas à caractériser complètement un triangle : si, sur un triangle, on effectue des agrandissements ou des réductions, les angles restent inchangés.

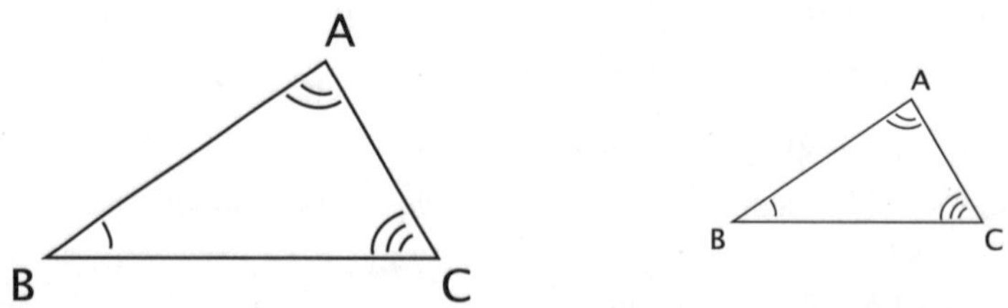

Figure 2.7 : Triangles semblables.

Inversement d'ailleurs, si des triangles ont leurs angles respectivement de même mesure, l'un est obtenu à partir de l'autre par un agrandissement: toutes les longueurs des côtés sont multipliées par un même facteur. Ce résultat figurait déjà dans les *Éléments* d'Euclide. Ce dernier avait donné des conditions pour qu'on puisse affirmer l'égalité (la « superposabilité ») de deux triangles et les angles n'y suffisent pas. Ce sont les fameux cas d'égalité. La tendance actuelle est plutôt d'évoquer la possibilité de construire sans ambiguïté un triangle connaissant certains de ses éléments. Nous l'avons fait plus haut lorsque les longueurs des trois côtés sont données. Euclide avait donné deux autres cas.

Premier cas: on connaît la longueur d'un côté et les mesures des angles qui encadrent ce côté. La construction est alors très simple: on trace un segment de la longueur donnée et, à ses extrémités, on trace les angles de mesures données. Certes, il y a encore deux cas de figure, mais un simple retournement permet de faire coïncider les triangles obtenus.

Figure 2.8: Un côté et les angles qui l'encadrent.

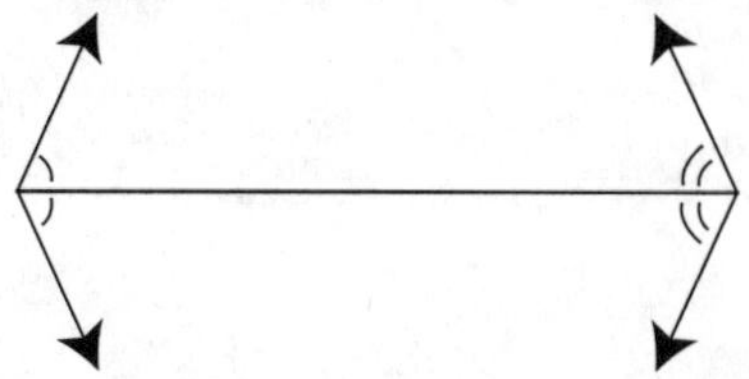

Second cas: on connaît la mesure d'un angle et les longueurs des côtés de cet angle. La construction est encore très simple: on trace un angle de la mesure donnée et, sur ses côtés, on porte les longueurs données. Une fois de plus, il y a encore deux cas de figures, mais un simple retournement permet de faire coïncider les triangles obtenus.

Figure 2.9: Un angle et ses côtés.

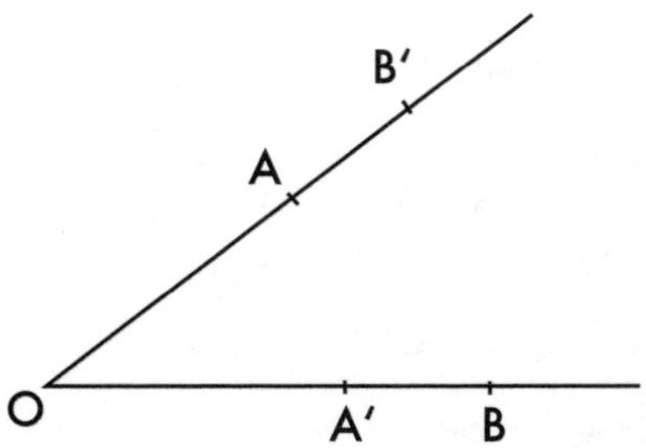

Une curiosité

Deux triangles peuvent avoir cinq éléments donnés, les trois angles et les mesures de deux côtés, et cependant n'être pas superposables. En voici un exemple :

La clé du mystère réside dans le fait que les côtés de mêmes longueurs données ne sont pas ceux d'un angle de même mesure donnée.

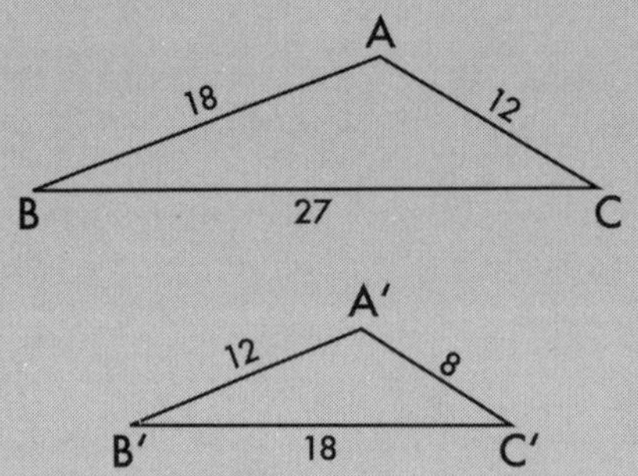

Les médianes

Prenons un triangle arbitraire ABC et marquons successivement :

- le point C', milieu du segment [AB] ;
- le point A', milieu du segment [BC] ;
- le point B', milieu du segment [CA] ;
- les droites (AA'), (BB') et (CC').

Si la figure est faite avec un peu de soin, une propriété inattendue apparaît : les trois droites tracées semblent passer par un même point. Cette propriété peut être démontrée, elle était déjà connue d'Euclide.

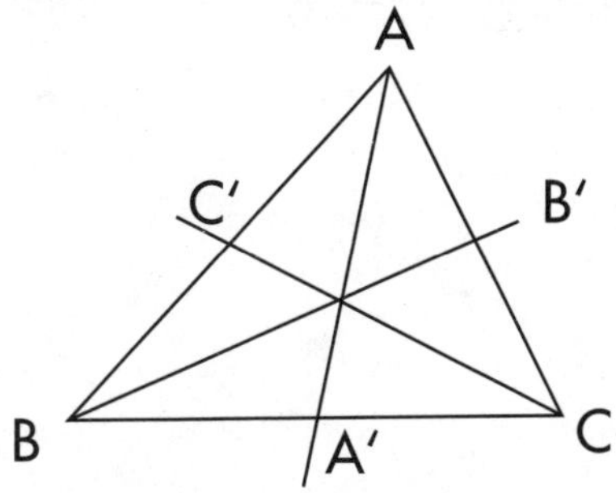

Figure 2.10 : Les médianes.

Les droites tracées sont appelées les médianes du triangle donné et leur point commun est le centre de gravité du triangle. Ce n'est pas un hasard si ce terme emprunté à la physique est utilisé : si l'on découpe un triangle dans une plaque de carton et qu'on y marque le centre de gravité G, le carton tient (en principe) en équilibre sur une pointe d'aiguille placée en G.

La démonstration géométrique de l'existence d'un point commun aux trois médianes repose sur les propriétés du parallélogramme. En effet, AC'A'B'et BC'B'A' sont des parallélogrammes, ce qui permet de démontrer que deux médianes quelconques se coupent en un point situé aux deux tiers de chacune à partir du sommet : autrement dit, si l'on isole par la pensée une des trois médianes, chacune des autres la coupe en ce même point ainsi situé.

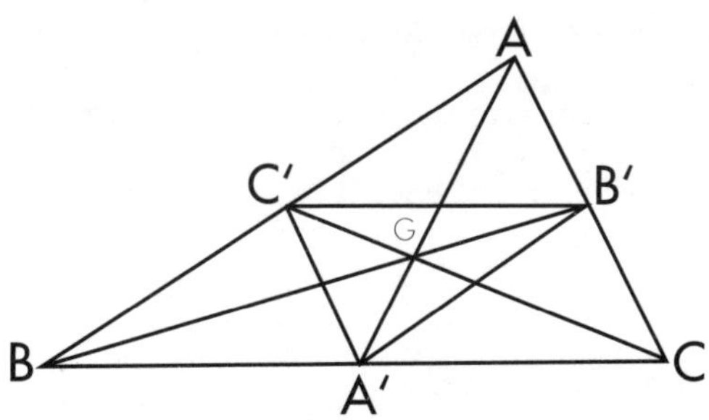

Figure 2.11 : Le centre de gravité.

Chapitre 3

Les angles sous tous les angles

Dans ce chapitre :

- L'angle droit
- Des angles pour se repérer
- Les cousins du savant cosinus
- Angles et formes

À quoi servent les angles ? Le 30 octobre 1990, lorsque les tunneliers français et britanniques se rejoignirent au milieu du tunnel sous la Manche, il n'y avait que quelques centimètres d'écart entre les deux forages, pour un forage de 38 km. Les équipes avaient été guidées par des rayons laser, calés sur les angles que les géomètres avaient calculés dans ce but. Dès le IIIe siècle avant notre ère, Ératosthène avait noté que, à l'emplacement de la ville actuelle d'Assouan, le jour du solstice d'été, le soleil atteignait le fond d'un puits profond. Au même instant, à Alexandrie, qui est sur le même méridien, il mesure l'angle des rayons solaires avec la verticale, trouve un cinquantième de cercle. Connaissant la distance Assouan-Alexandrie, il en déduit la première estimation du rayon terrestre.

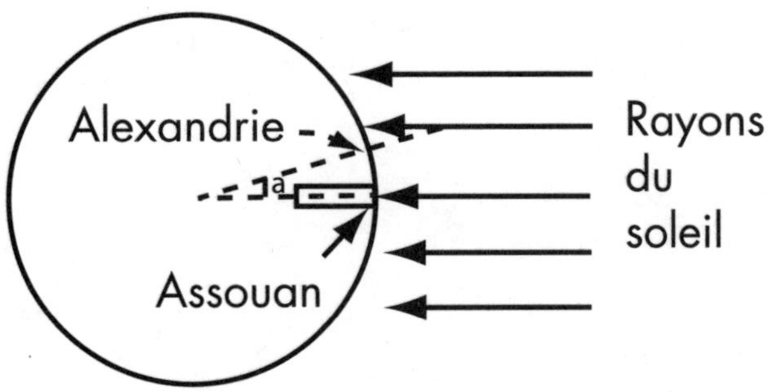

Légende :
3.1 : La mesure d'Ératosthène.

Dans tous ces exemples, le moyen utilisé est le même : des angles. C'est en somme un moyen de calculer des distances entre deux points dont un au moins est inaccessible.

L'angle droit

Dans une présentation parfaitement déductive des commencements de la géométrie, l'angle droit est le premier à définir. Euclide observe une droite « tombant » sur une autre et, lorsque les angles ainsi formés sont égaux, il les appelle angles droits. Il postule ensuite (c'est-à-dire : il demande qu'on lui accorde comme une évidence, sans démonstration) :

Tous les angles droits sont égaux entre eux.

Nous avons évoqué ce postulat au chapitre 1 (voir p. 9). Naturellement, l'angle droit était connu depuis bien longtemps, tant les exemples en sont nombreux dans la nature. On savait même le diviser en 90 degrés, pour mesurer avec plus de précision certains angles.

La médiatrice

La figure d'Euclide d'une droite « tombant » perpendiculairement sur une autre est particulièrement riche dans le cas d'un segment [AB] : la droite perpendiculaire à la droite qui porte un segment et qui contient le milieu de ce segment en est appelée la médiatrice.

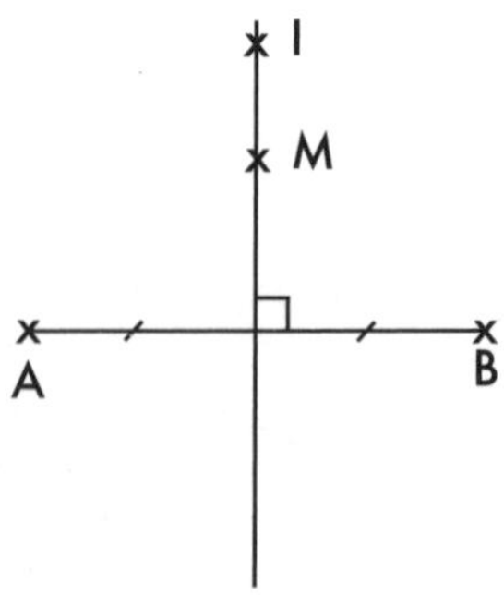

Figure 3.2 : Médiatrice de [AB].

Les points de la médiatrice d'un segment ont une propriété remarquable : ils sont équidistants des extrémités de ce segment. Sur la figure ci-dessus, M est un point arbitraire de la droite D et les distances MA et MB sont égales. On peut d'ailleurs démontrer la réciproque : si un point est équidistant de A et de B, alors il est situé sur la médiatrice du segment [AB]. Autrement dit, la médiatrice d'un segment est l'ensemble des points équidistants des extrémités de ce segment.

Dans un triangle

Les médiatrices des côtés

Cette caractérisation a une conséquence immédiate en ce qui concerne les médiatrices des côtés d'un triangle ABC. Traçons la médiatrice de [AB] et celle de [AC] et nommons I leur point commun.

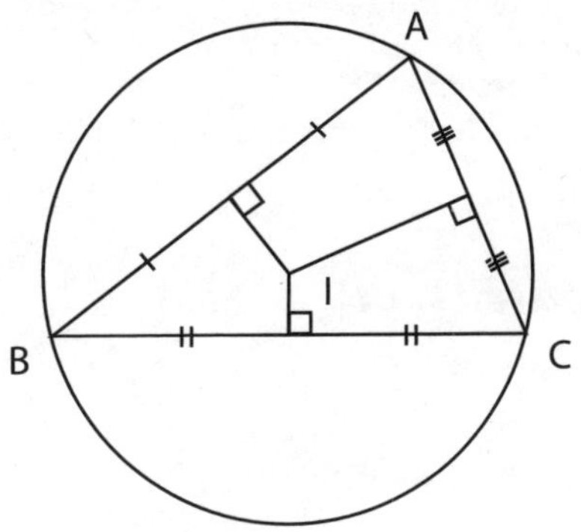

Figure 3.3: Les trois médiatrices.

I appartient à la médiatrice de [AB] et donc IA = IB.

I appartient à la médiatrice de [AC] et donc IA = IC.

On en déduit que IB = IC et donc que I appartient à la médiatrice de [BC].

D'ailleurs, puisque IA = IB = IC, le cercle de centre I et de rayon IA passe par B et C.

Le résultat ainsi prouvé est d'usage fréquent :

Les médiatrices des trois côtés d'un triangle passent par un même point. Ce point est le centre d'un cercle passant par les trois sommets du triangle (cercle circonscrit).

Les hauteurs

Cette propriété des médiatrices permet de démontrer immédiatement une propriété des hauteurs d'un triangle.

Rappelons qu'on appelle hauteur d'un triangle la droite contenant un sommet et perpendiculaire au côté opposé. Il y a donc trois hauteurs dans un triangle, une issue de chaque sommet. Par un abus de langage commode, on appelle aussi hauteur le segment d'une telle droite compris entre un sommet et le côté opposé, ou même la longueur de ce segment.

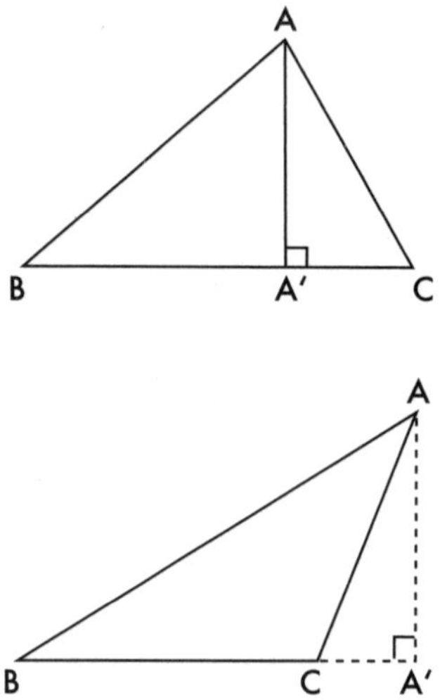

Figure 3.4 : Hauteur d'un triangle.

Une hauteur n'est pas nécessairement tracée à l'intérieur du triangle, comme le montre la seconde figure.

La propriété promise des hauteurs résulte d'une construction très simple. Étant donné un triangle ABC, on trace par chaque sommet la parallèle au côté opposé, définissant ainsi un triangle A'B'C'. En observant les parallélogrammes tracés, on voit que AB' = AC', si bien que la hauteur issue de A dans le « petit triangle » est une médiatrice du « grand triangle ». Il en est de même pour les deux autres hauteurs.

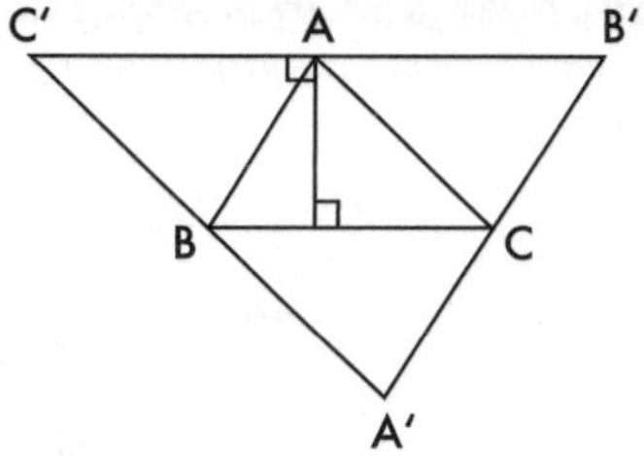

Figure 3.5: Hauteur ou médiatrice ?

Comme ces trois médiatrices passent par un même point, le centre du cercle circonscrit au triangle A'B'C', on a prouvé que les trois hauteurs du triangle ABC passent par un même point.

Les trois hauteurs d'un triangle passent par un même point. Ce point est appelé l'orthocentre du triangle.

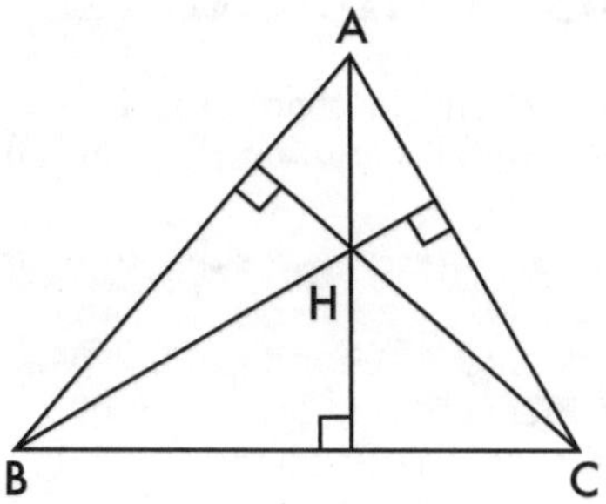

Figure 3.6: Orthocentre.

Il suffit d'observer les droites perpendiculaires sur la figure pour remarquer que, si H est l'orthocentre du triangle ABC, alors :

- C est l'orthocentre du triangle HAB ;
- A est l'orthocentre du triangle BCH ;
- B est l'orthocentre du triangle AHC.

Quatre points ainsi disposés forment une configuration riche de propriétés, qu'on appelle un quadrilatère orthocentrique.

Les bissectrices

Les bissectrices des trois angles d'un triangle sont appelées simplement bissectrices du triangle. Par un procédé analogue à celui qui a été utilisé pour les médiatrices, on peut prouver que :

Les trois bissectrices d'un triangle passent par un même point. Ce point est situé à égales distances des trois côtés du triangle. On l'appelle le centre du cercle inscrit.

Figure 3.7 : Le cercle inscrit.

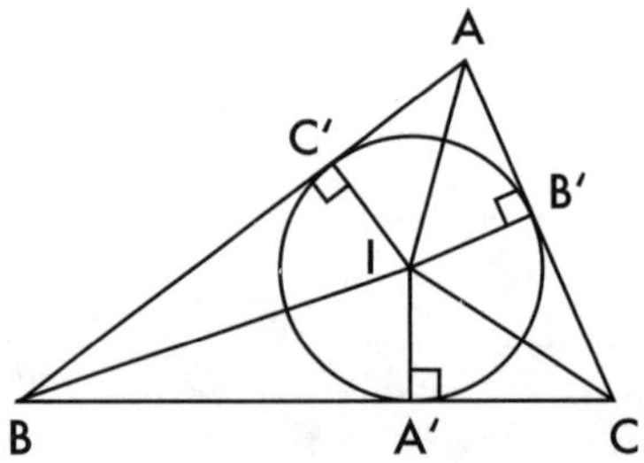

Les angles du triangle

Nous avons déjà cité la proposition XX d'Euclide, une des plus célèbres, dont il a été prouvé qu'elle équivaut au cinquième postulat :

La somme des mesures des angles d'un triangle est égale à 180°.

Dans l'enseignement secondaire français, on déduit cette propriété de l'égalité des mesures de certains angles formés par deux droites parallèles et une sécante. Ce qui peut se formuler de la manière suivante :

Lorsqu'une droite coupe deux droites parallèles, les angles correspondants ont même mesure et les angles alternes internes ont même mesure.

Figure 3.8 : Angles correspondants.

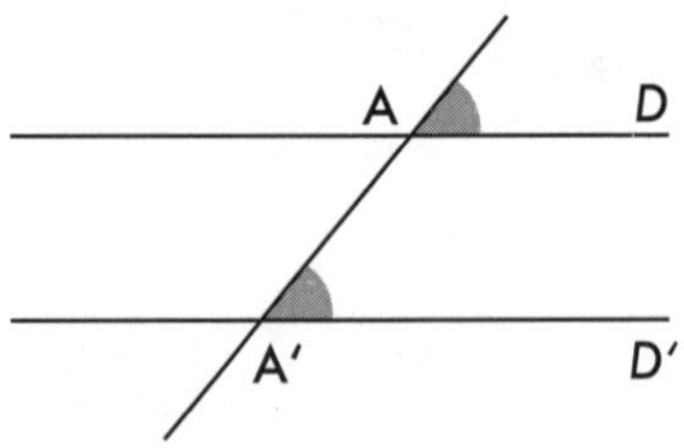

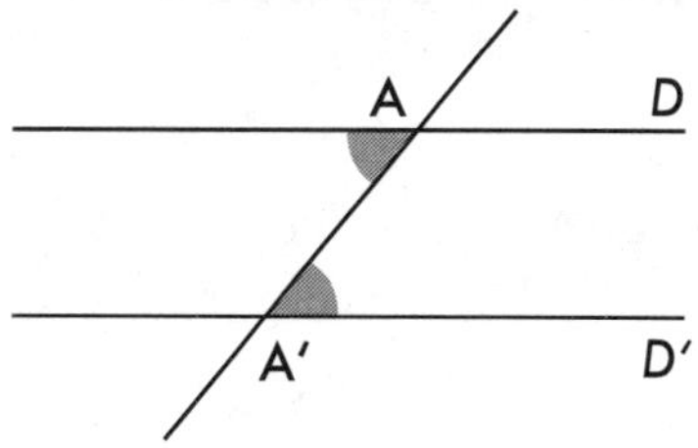

Figure 3.9: Angles alternes internes.

Pour un triangle arbitraire ABC, on trace alors la parallèle à (BC) contenant A (encore le cinquième postulat) et on note, d'après la propriété ci-dessus, les angles de même mesure, marqués de la même manière sur la figure. Il en résulte immédiatement que la somme des mesures du triangle ABC est 180°.

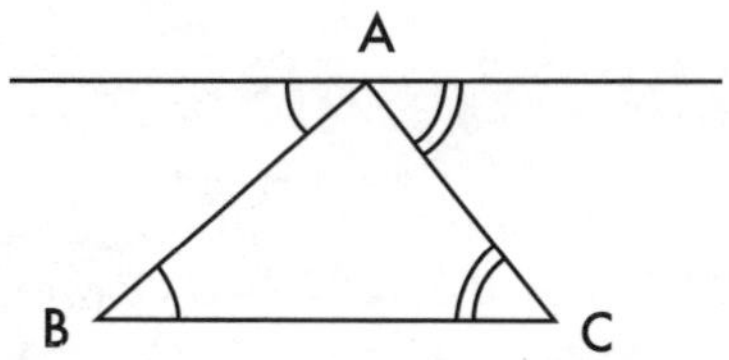

Figure 3.10: La somme des angles d'un triangle.

Il en résulte que les trois angles d'un triangle équilatéral mesurent 60°.

Le triangle rectangle

Il résulte de la propriété précédente qu'un triangle ne peut pas avoir deux angles droits : le troisième angle aurait une mesure nulle ! En revanche, il est possible qu'un triangle admette un angle droit : on l'appelle triangle rectangle et le côté opposé à l'angle droit est appelé l'hypoténuse.

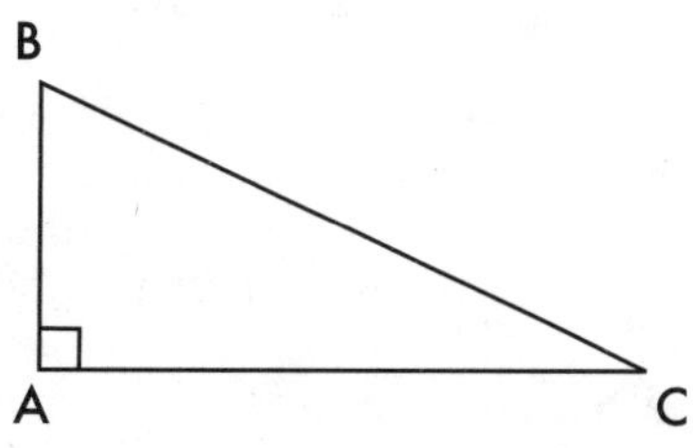

Figure 3.11: Le triangle rectangle.

Les deux autres angles sont aigus et la somme de leurs mesures est 180-90, soit 90°.

Lorsque les deux angles aigus ont la même mesure, cette mesure est la moitié de 90°, soit 45°, et le triangle est isocèle (on le dit rectangle isocèle). On le reconnaît souvent comme la moitié d'un carré.

La médiane d'un triangle rectangle

Comme pour tout triangle, on peut tracer trois médianes dans un triangle rectangle. L'une d'elle, qui joint le sommet de l'angle droit au milieu de l'hypoténuse, a une propriété intéressante : sa longueur est la moitié de celle de l'hypoténuse.

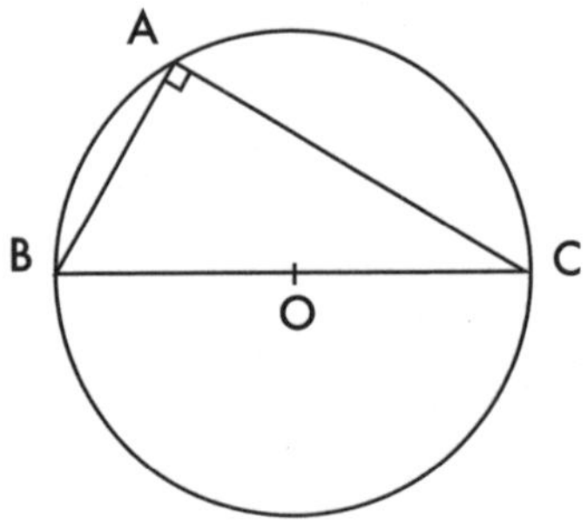

Figure 3.12 : Cercle circonscrit au triangle rectangle.

On peut l'énoncer d'une autre façon, utile pour de nombreuses applications :

> *Le cercle ayant pour diamètre l'hypoténuse d'un triangle rectangle passe par le sommet de l'angle droit.*

Le théorème de Pythagore

Le lecteur n'arrive pas d'une autre planète : il a eu peut-être quelques soupçons lorsque, au chapitre précédent, nous avons évoqué les triangles de Pythagore. Ils ne sont rien d'autres que les triangles rectangles, et ce résultat était connu plus de dix siècles avant Pythagore.

Il existe plusieurs centaines de démonstrations du théorème de Pythagore. Nous n'en citerons que deux, l'une d'un mathématicien arabe du XIIe siècle et l'autre parce que son auteur est célèbre, non comme mathématicien mais parce qu'il a été président des États-Unis.

Le pont au ânes
(surnom familier du théorème de Pythagore)

Dans un triangle rectangle, le carré de l'hypoténuse est égal à la somme des carrés des deux autres côtés.

Les anciens, qui ne distinguaient pas le nombre sous la longueur, énonçait ce théorème ainsi:

L'aire du carré construit sur l'hypoténuse d'un triangle rectangle est égale à la somme des aires des carrés construits sur les deux autres côtés.

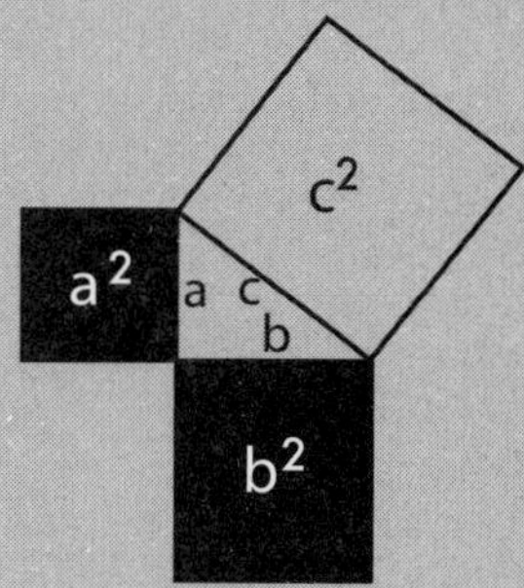

La preuve de Baashi

Prenons un triangle rectangle ABC et notons a, b et c les longueurs de ses côtés.

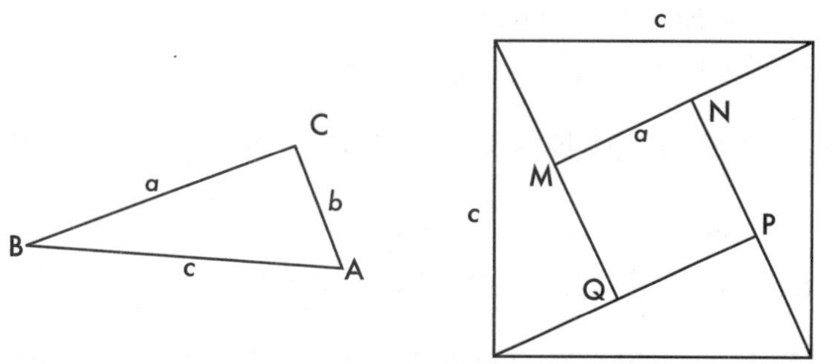

Figure 3.13: Le puzzle de Baashi.

Dans un carré de côté c, plaçons quatre exemplaires de ce triangle, comme indiqué sur la figure. Le quadrilatère MNPQ a quatre angles droits et ses quatre côtés ont la même longueur $b- a$. Son aire est $(b-a)^2$, l'aire du grand carré est c^2 et l'aire de chaque triangle $\frac{1}{2}\, ab$. On en déduit l'égalité:

$$c^2 = (b-a)^2 + 2ab$$

En développant le carré de la différence, on obtient:

$$c^2 = a^2 + b^2$$

La parole au président Garfield

UN PEU D'HISTOIRE

On doit à Abraham Garfield (1831-1881), qui fut le vingtième président des États-Unis, une démonstration du théorème de Pythagore, basée sur la figure suivante :

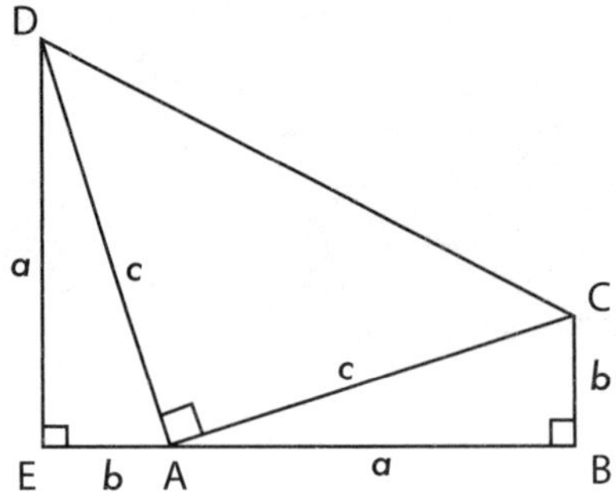

Figure 3.14 : Le puzzle de Garfield.

L'aire du trapèze BCDE est : $\frac{1}{2}(a+b)\times(a+b)=\frac{a^2}{2}+\frac{b^2}{2}+ab$. *Mais l'aire du quadrilatère BCDE est aussi la somme de l'aire des trois triangles ABC, ACD, ADE. Or :*

- l'aire de ABC est : $\frac{ab}{2}$;
- l'aire de ACD est : $\frac{c^2}{2}$;
- l'aire de ADE est : $\frac{ab}{2}$.

En comparant les deux calculs, on trouve $a^2+b^2=c^2$.

Les cousins du savant cosinus

Appliquons à des triangles rectangles nos observations du chapitre précédent sur les triangles semblables (voir p. 29). Les triangles OAA', OBB', OCC'... ont chacun un angle droit et leurs angles respectifs en O sont égaux : ils sont semblables. Par conséquent, les rapports $\frac{AA'}{OA'}$, $\frac{BB'}{OB'}$, $\frac{CC'}{OC'}$... sont tous égaux : dès qu'on connaît la mesure *s* de l'angle, on peut connaître ce rapport. Il est appelé sinus de l'angle *s* et est donné instantanément par la touche « sin » de n'importe quelle calculatrice.

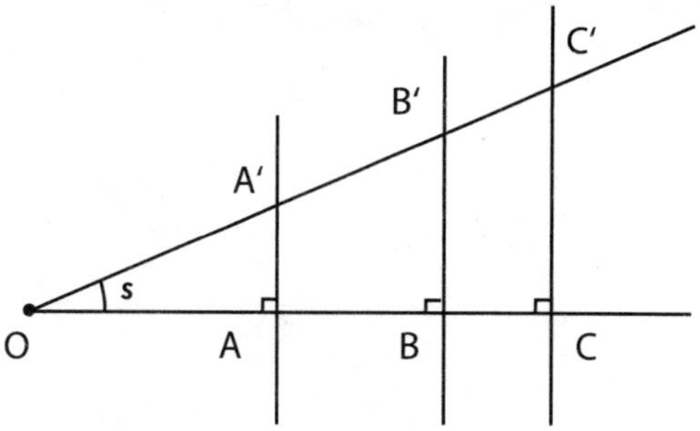

Figure 3.15: pour définir le sinus.

La première mention du sinus comme une fonction d'un angle remonte à Aryabhata, astronome indien du Ve siècle avant J.-C. Il donna une table de sinus pour un angle mesurant $\frac{1}{24^{e}}$ d'un angle droit (soit, avec nos notations 3° 45') et pour les multiples d'un tel angle. Le livre de Ptolémée d'Alexandrie, au IIe siècle de notre ère, contient une table des sinus des angles, de demi-degré en demi-degré, calculés avec une précision de cinq décimales.

Les deux autres touches trigonométriques de nos calculatrices correspondent à des fonctions beaucoup plus récentes. La touche « cos » nous donne le cosinus d'un angle s, qui n'est autre que le sinus de l'angle complémentaire $90° - s$. Le terme semble remonter à 1620, dans un ouvrage d'Edmund Gunter. Le nombre $\cos s$ a une interprétation géométrique immédiate sur la figure précédente ; c'est la valeur commune des rapports $\frac{OA}{OA'}$, $\frac{OB}{OB'}$, $\frac{OC}{OC'}$...

Quant à la touche « tan », elle fournit la tangente de l'angle s, qui est le quotient de $\sin s$ par $\cos s$. Ainsi dénommé par Thomas Fincke en 1583, le nombre $\tan s$ a une interprétation géométrique immédiate sur la figure précédente ; c'est la valeur commune des rapports $\frac{AA'}{OA}$, $\frac{BB'}{OB}$, $\frac{CC'}{OC}$...

Dans un triangle rectangle

Les définitions permettent d'écrire immédiatement les relations entre les côtés d'un triangle rectangle et les fonctions trigonométriques des angles aigus de ce triangle :

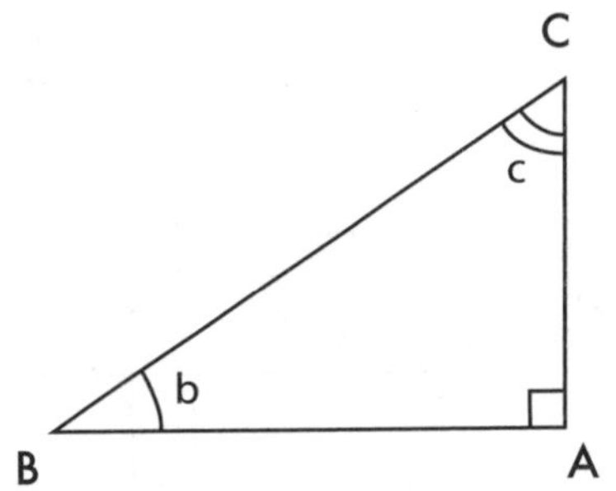

Figure 3.16 : Trigométrie du triangle rectangle.

$$AB = BC \ \sin c = BC \ \cos b = AC \ \tan c$$

$$AC = BC \ \cos c = BC \ \sin b = AB \ \tan b$$

Quant à la relation de Pythagore appliquée à un triangle rectangle dont l'hypoténuse mesure 1, elle donne immédiatement la relation célèbre, valable pour tout angle b :

$$\cos^2 b + \sin^2 b = 1$$

Dans cette écriture, $\cos^2 b$, par exemple, est une forme plus légère traditionnellement mise pour $(\cos b)^2$, et de même pour le sinus.

Les fonctions sinus et cosinus peuvent être définies au-delà du cas particulier des angles aigus : les calculatrices connaissent cette extension, qui est illustrée par un cercle de rayon 1, appelé le cercle trigonométrique. Le rayon [OA] ayant tourné d'un angle s pour venir dans une position [OM], les coordonnées de M sont $\cos s$ et $\sin s$.

Dans le cas d'un angle aigu, on retrouve la définition précédente rapportée au triangle rectangle OMH.

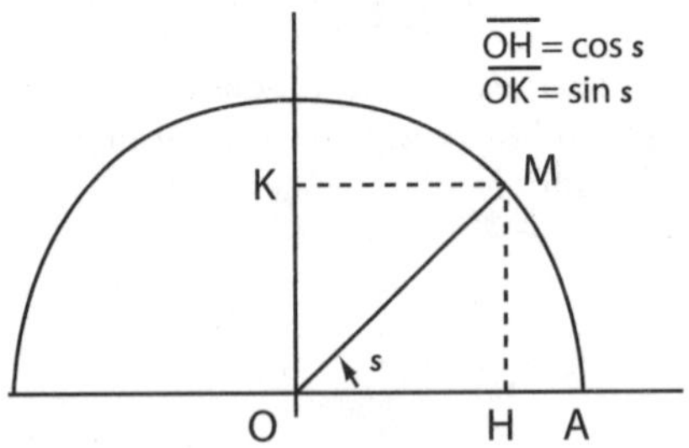

Figure 3.17 : Le cercle trigonométrique.

Dans un triangle quelconque

Les formules liant les côtés et les angles sont un peu plus compliquées pour un triangle quelconque et sont, elles aussi, d'une grande utilité. Il en est de très nombreuses formes, mais les plus simples sont la loi des cosinus et la loi des sinus. Les notations font références à un triangle ABC, les angles sont notés A, B et C et les longueurs des côtés *a*, *b*, c.

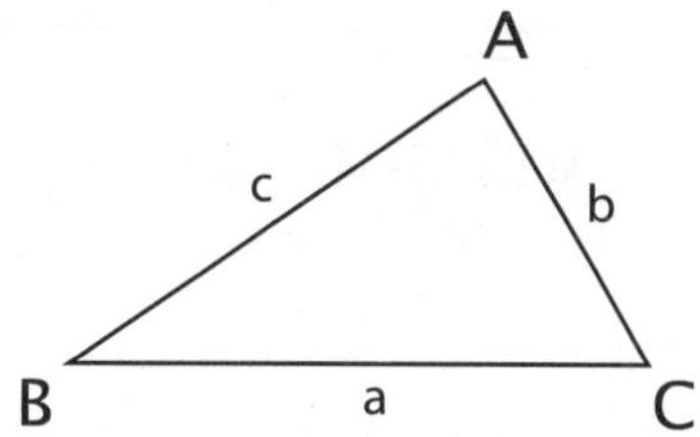

Figure 3.18: Dans un triangle ABC quelconque.

La loi des cosinus

Elle s'écrit:

$$c^2 = a^2 + b^2 - 2ab\ \cos C$$

UN PEU DE TECHNIQUE

Démonstration de la loi des cosinus

Une des démonstrations les plus simples utilise un repère orthonormal dont le sommet est placé en C. On place l'axe des abscisses en sorte qu'il contienne B.

Les coordonnées de A sont ($b\ \cos C$, $b\ \sin C$) et, en calculant la distance AB, on obtient:

$c^2 = (b\ \cos C - a)^2 + (b\ \sin C)^2 =$
$a^2 + b^2\ (\cos^2 C + \sin^2 C) - 2ab\ \cos C$

qui se réduit bien à la formule recherchée.

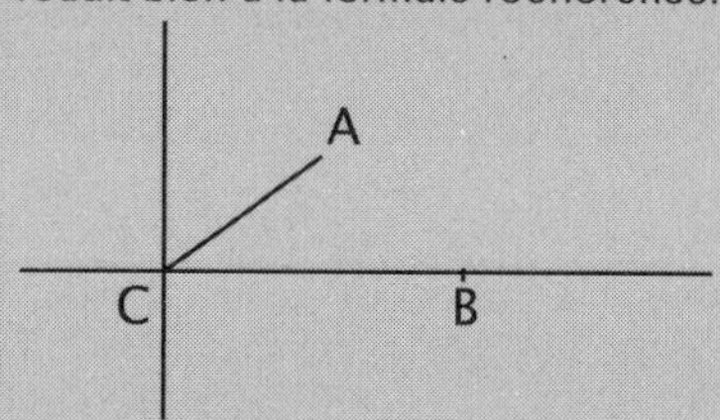

La loi des sinus

Elle s'écrit :

$$\frac{a}{\sin A} = \frac{b}{\sin B} = \frac{c}{\sin C}$$

et peut s'exprimer en disant que les sinus des angles d'un triangle sont proportionnels aux longueurs des côtés opposés.

Démonstration de la loi des sinus

Une des démonstrations les plus simples utilise la hauteur *h* du triangle.

La simple observation des triangles rectangles ainsi tracés permet d'écrire les relations :

$$h = b \sin C \text{ et } h = c \sin B$$

Il en résulte immédiatement l'égalité :

$$\frac{b}{\sin B} = \frac{c}{\sin C}$$

Un raisonnement analogue permet d'établir l'égalité :

$$\frac{a}{\sin A} = \frac{c}{\sin C}$$

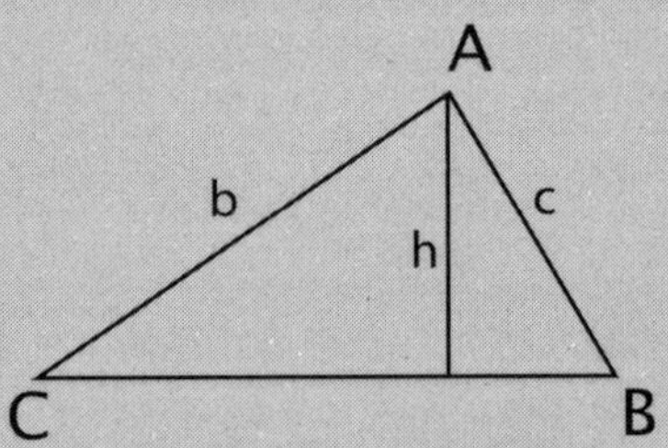

Chapitre 4

Les quadrilatères familiers

Dans ce chapitre :

- L'importance d'être précis
- Les quadrilatères trahis par les longueurs de leurs côtés
- Les quadrilatères trahis par leurs angles
- Héron, le retour
- C'est complet !

L'importance d'être précis

Lorsque nous avons examiné les triangles, la situation était simple : on donnait trois points et cela définissait sans ambiguïté un triangle (du moins si on n'a pas la maladresse de choisir des points alignés !). On donnait les longueurs des trois côtés par téléphone et, à l'autre bout de la ligne, son interlocuteur pouvait reconstituer la figure.

Pour un quadrilatère, cela se complique. Prenons quatre points (en évitant que trois parmi eux soient alignés) ; on peut relier ces points de diverses façons. Le moyen de les distinguer est de suivre l'ordre des lettres pour décrire le quadrilatère :

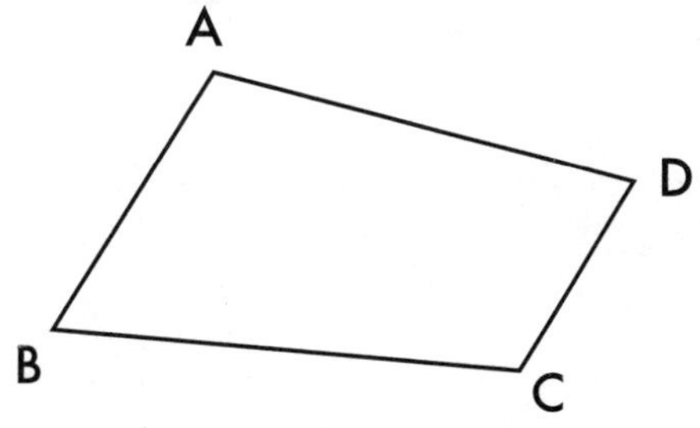

Figure 4.1 : Quadrilatère convexe.

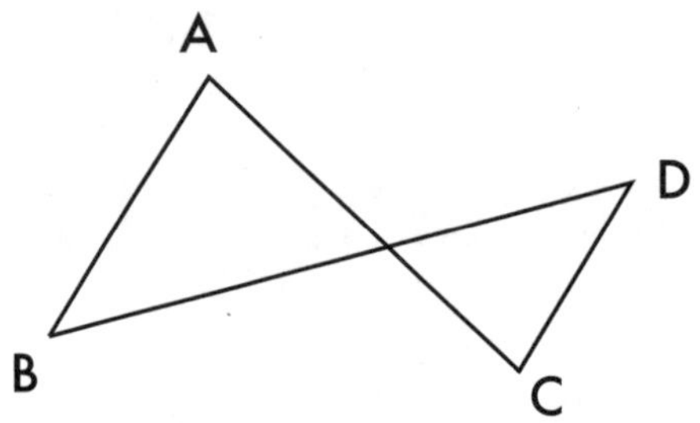

Figure 4.2 : Quadrilatère croisé.

Comme il est naturel, le premier est dit convexe et le second croisé.

Deux lettres qui se suivent dans cette énumération désignent des sommets consécutifs. Dans le quadrilatère ABCD, sans regarder la figure, on sait que :

JARGON

- A et B sont des sommets consécutifs :
- B et C sont des sommets consécutifs ;
- C et D sont des sommets consécutifs ;
- et même, puisqu'on pourrait continuer à tourner, que D et A sont des sommets consécutifs

Un vocabulaire analogue s'emploie pour les côtés. Dans l'expression « le quadrilatère ABCD », deux côtés qui se suivent dans cette énumération sont dits consécutifs. Dans le quadrilatère ABCD, sans regarder la figure, on sait que :

- [AB] et [BC] sont des côtés consécutifs ;
- [BC] et [CD] sont des côtés consécutifs ;
- [CD] et [DA] sont des côtés consécutifs ;
- et même, puisqu'on pourrait continuer à tourner, que [DA] et [AB] sont des côtés consécutifs.

Que peut-on tracer immédiatement dans un quadrilatère ? Les côtés, bien sûr, mais on peut aussi joindre deux sommets non consécutifs, dessinant ainsi les deux diagonales.

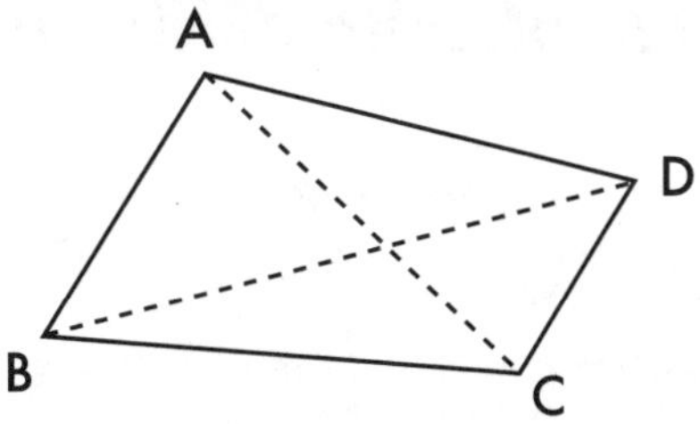

Figure 4.3 : Deux diagonales.

Trahis par les longueurs des côtés

On ne peut pas « téléphoner » un quadrilatère aussi simplement qu'un triangle : avec quatre côtés de longueurs données, on peut normalement fabriquer un quadrilatère, mais il est déformable.

Cependant, avec certaines longueurs, on peut reconnaître des quadrilatères particuliers.

Quatre côtés de même longueur

Un quadrilatère dont les quatre côtés ont la même longueur est un losange.

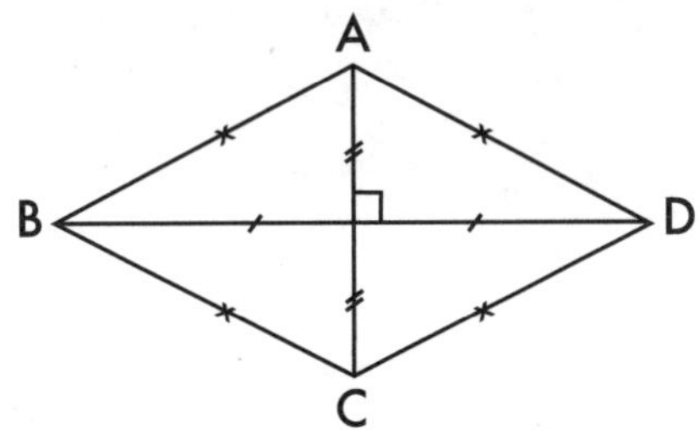

Figure 4.4 : Losange.

On vérifie aisément que chaque diagonale est la médiatrice de l'autre, autrement dit que les diagonales se coupent à angle droit en leurs milieux.

Deux couples de côtés ont même longueur

Il faut distinguer selon que ce sont des côtés opposés ou des côtés consécutifs qui ont même longueur.

Les côtés opposés

Un quadrilatère convexe dont les côtés opposés ont deux à deux la même longueur est un parallélogramme.

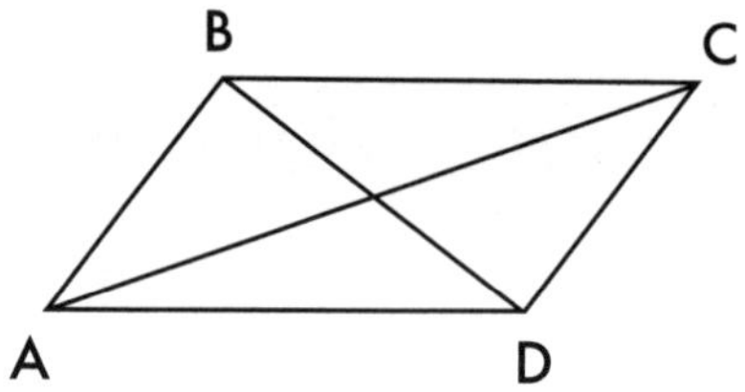

Figure 4.5: Parallélogramme.

On vérifie aisément que les diagonales se coupent en leurs milieux.

Les côtés consécutifs

Un quadrilatère dont les côtés consécutifs ont deux à deux la même longueur est un cerf-volant.

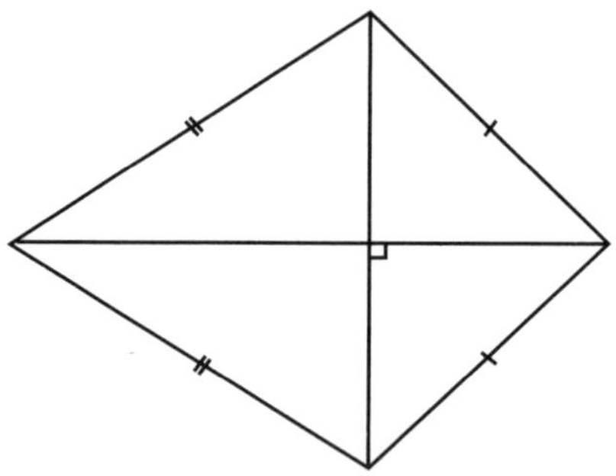

Figure 4.6: Cerf-volant.

On vérifie aisément que les diagonales se coupent à angle droit : l'une d'elle est la médiatrice de l'autre.

Trahis par les angles

ATTENTION !

Il y a des quadrilatères convexes qu'on reconnaît assez simplement grâce à leurs angles. Certes, il y a une propriété qui n'en trahit aucun car elle appartient à tous les quadrilatères convexes : la somme des mesures de ses quatre angles est 360°.

La somme des angles

Prenons un quadrilatère convexe arbitraire et traçons une diagonale.

Les mesures des angles étant celles indiquées par la figure, on sait que :

$A+B'+D'=180°$

(somme des mesures des angles du triangle ABD), et que

$C+B''+D''=180°$

(somme des mesures des angles du triangle CBD).

Il suffit d'additionner ces deux relations pour pouvoir écrire :

$A+B'+D'+C+B''+D''=360°$

et de remplacer $B'+B''$ par B, de même que $C'+C''$ par C, pour obtenir :

$A+B+C+D=360°$

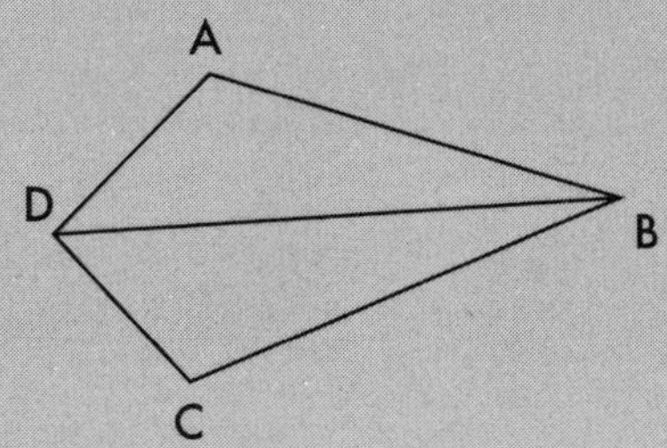

Cependant, avec certaines propriétés des angles, on peut reconnaître des quadrilatères particuliers.

Trois angles droits

D'après la remarque qui précède, le quatrième angle, qui mesure :

$$360-90-90-90=90$$

est lui aussi droit.

Un quadrilatère dont les quatre angles sont droits est un rectangle.

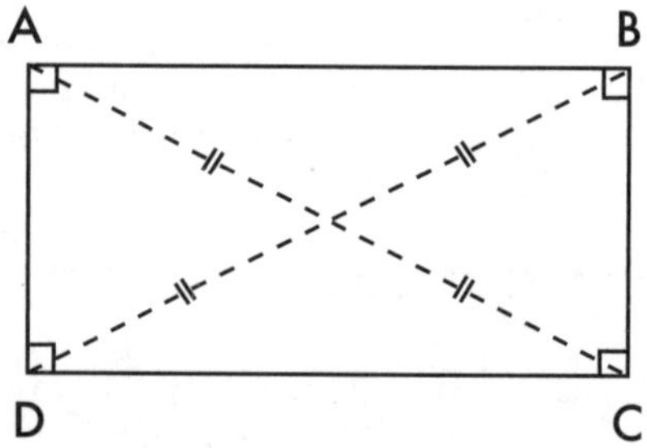

Figure 4.7 : Rectangle.

On vérifie aisément que les côtés opposés ont même longueur, donc qu'un rectangle est un parallélogramme, et que les diagonales ont même longueur.

Deux couples d'angles ont même mesure

Il faut distinguer selon que ce sont des angles opposés ou des angles consécutifs qui ont même mesure.

Les angles opposés

Un quadrilatère dont les angles opposés ont deux à deux la même mesure est un parallélogramme.

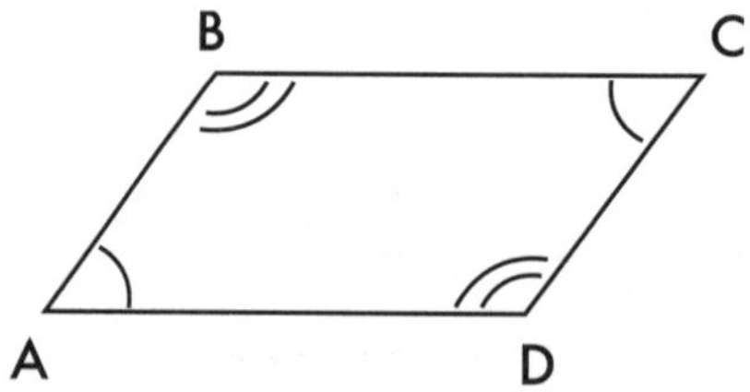

Figure 4.8 : Angles opposés d'un parallélogramme.

On vérifie aisément que les diagonales se coupent en leurs milieux.

Les angles consécutifs

Un quadrilatère dont les angles consécutifs ont deux à deux ont la même mesure est un trapèze.

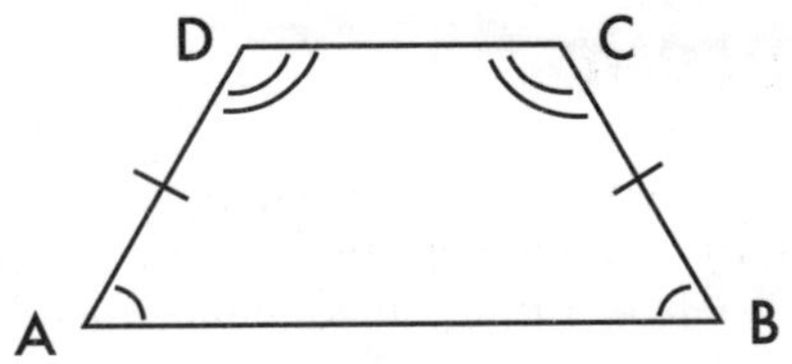

Figure 4.9 : Trapèze isocèle.

On vérifie aisément que deux côtés opposés sont parallèles et que les deux autres ont même longueur. C'est pourquoi un tel trapèze est dit isocèle, pour le distinguer d'autres quadrilatères qui ont simplement deux côtés opposés parallèles, qui sont appelés simplement trapèzes. On vérifie que, pour un trapèze isocèle, les diagonales ont même longueur.

L'arbre de la famille

À l'énoncé des définitions des différents quadrilatères, on voit apparaître des sortes de filiation : par exemple, les rectangles sont des parallélogrammes particuliers, de même que les losanges. On peut ainsi dresser un tableau de ces catégories.

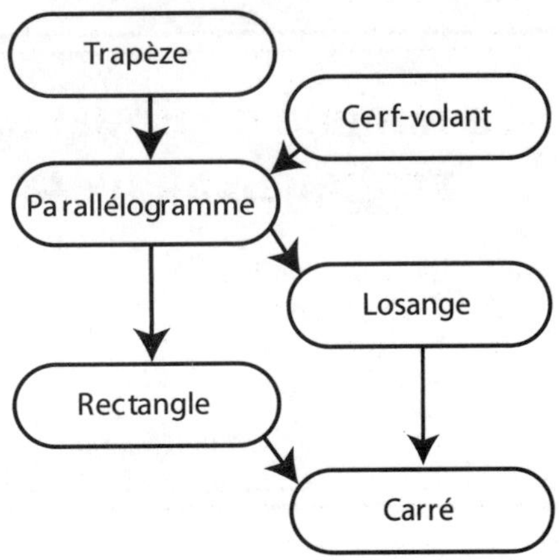

Figure 4.10 : L'arbre généalogique du carré.

Héron, le retour

Au chapitre 2 (voir p. 25), nous avons rencontré une très ancienne formule, la formule de Héron, que certains font remonter à Archimède, pour calculer S l'aire d'un triangle lorsqu'on connaît seulement les longueurs a, b, c des côtés :

$$S^2 = p\,(p-a)\,(p-b)\,(p-c)$$

Dans cette formule, $2p$ désigne le périmètre $a+b+c$ du triangle.

Les géomètres anciens utilisaient une formule analogue pour calculer l'aire d'un quadrilatère convexe. Si les longueurs des côtés sont notées a, b, c, d et le périmètre $a+b+c+d$ est noté encore $2p$, la formule qu'ils utilisaient est une généralisation de la formule de Héron :

$$S^2 = (p-a)\,(p-b)\,(p-c)\,(p-d)$$

Cette formule, dite formule de Brahmapoutre, semble « raisonnable ». Par exemple, si la longueur d est « minuscule », le quadrilatère est « presque » un triangle (il a deux sommets très proches) et la formule devient très voisine de celle de Héron. Ou encore, appliquée au rectangle, elle redonne la formule élémentaire $S = ab$.

La formule de Brahmapoutre appliquée au rectangle

Prenons un rectangle de largeur a et de longueur b. Son périmètre est $2a+2b$, et son demi-périmètre $a+b$. Quant aux longueurs c et d, elles sont respectivement égales à a et b. Alors :

$p-a=b$ $\quad$ $p-b=a$

$p-c=b$ $\quad$ $p-d=a$

La formule de Brahmapoutre donne alors :

$S^2 = abab$ et $S = ab$.

Malgré ces promesses, la formule est **fausse** ! Il y a à cela une raison évidente : avec les longueurs des quatre côtés, on peut construire un quadrilatère déformable, autrement dit plusieurs quadrilatères dont les aires sont différentes !

En fait, la formule de Brahmapoutre est exacte dans un seul cas : si les quatre points sont sur un même cercle (on dit que le quadrilatère est inscriptible).

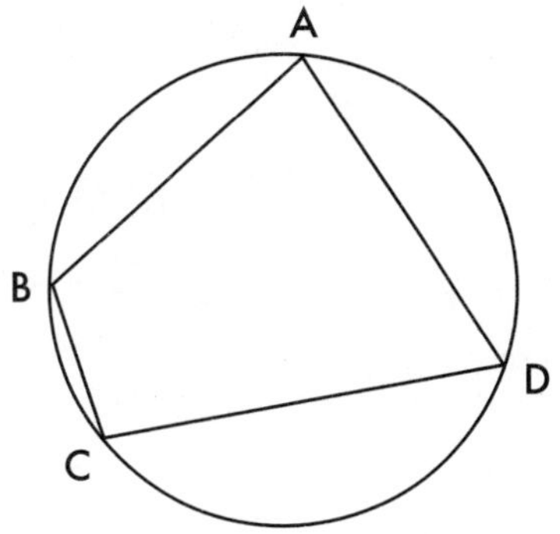

Figure 4.11 : Quadrilatère inscriptible.

Si elle a pu être utilisée comme une approximation pendant des siècles, c'est que les quadrilatères examinés étaient « presque » inscriptibles.

C'est complet !

Une histoire qui ne fait rire que les initiés : en descendant du train, un professeur de mathématiques veut monter dans un autobus de la ligne C, « Gare centrale, Quadrilatère ». Il se présente pour monter et demande : « Quadrilatère ? » Le conducteur lui répond : « C'est complet ! »

Pour apprécier l'histoire, il faut avoir entendu parler du quadrilatère complet : c'est la figure formée par quatre droites telles que :

- jamais trois d'entre elles ne passent par le même point ;
- jamais trois d'entre elles ne sont parallèles.

En fait, ce n'est rien d'autre que ce que nous avons appelé jusqu'ici quadrilatère, à cela près que l'on suppose tracées les droites qui portent les côtés.

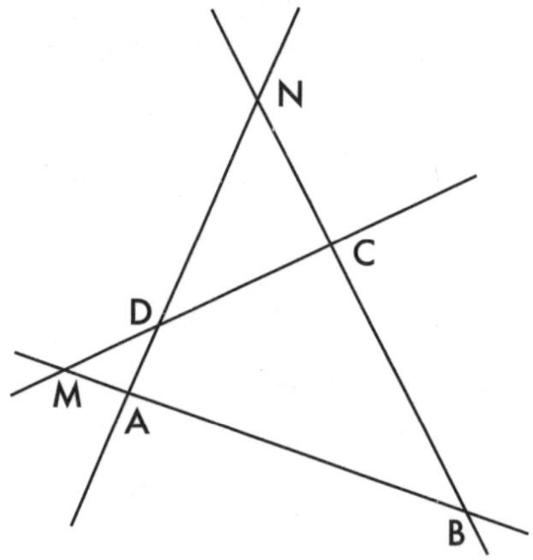

Figure 4.12 : Quadrilatère complet.

Du même coup, on peut définir trois « diagonales » dans un quadrilatère complet : sur notre figure, ce sont les droites (ou les segments) [AC], [BD] et [MN].

Et c'est maintenant qu'intervient un théorème étonnant par le peu d'hypothèses faites pour en arriver à cette figure, le théorème de Newton :

Les milieux des diagonales d'un quadrilatère complet sont alignés.

La droite qui les contient est souvent appelée droite de Newton du quadrilatère.

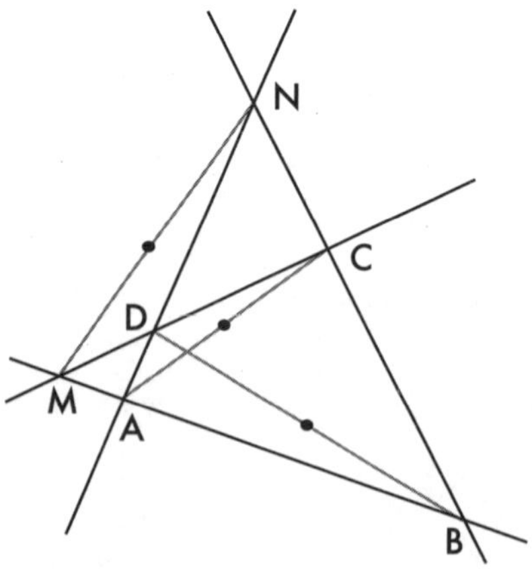

Figure 4.13 : La droite de Newton.

Le lecteur habile à l'usage de la règle et du compas pourra constater deux autres résultats tout aussi étonnants. C'est le théorème de Miquel qui s'énonce comme suit :

> *Les quatre cercles circonscrits aux triangles ABF, ADE, BCE et CDF formés par les sommets du quadrilatère complet pris trois à trois sont concourants en un point M, qu'on appelle point de Miquel du quadrilatère complet.*
>
> *Les quatre triangles ABF, ADE, BCE et CDF formés par les côtés du quadrilatère complet pris trois à trois ont leurs orthocentres alignés sur une droite perpendiculaire à la droite de Newton.*

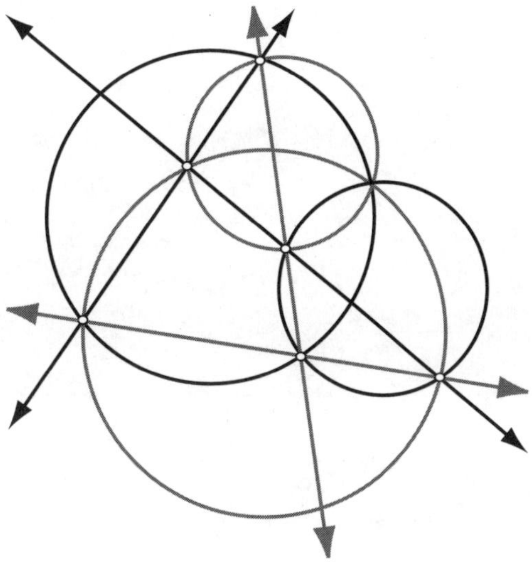

Figure 4.14 : Le théorème de Miquel.

Chapitre 5

Un peu de repos : les aires

Dans ce chapitre :

- Les rectangles
- Les parallélogrammes
- Les triangles
- Des gâteaux glacés et des boîtes en carton

L'étymologie même du terme *géomètre* indique la tâche historiquement fondatrice de ces experts : ils étaient chargés de mesurer les terres, peut-être déjà pour calculer des impôts.

Les rectangles

L'idée d'aire est sans doute presque aussi ancienne que celle de longueur. L'aire d'un champ permet d'évaluer la récolte qu'on espère en tirer. L'aire d'une étoffe tissée d'or permet d'en évaluer le coût.

C'est sans doute par des champs rectangulaires que la recherche de formules de calcul a commencé. On peut, par la pensée ou en les traçant sur le sol, diviser un champ de 4 mètres sur 9 en carrés de 1 mètre de côté et diviser aussi un champ de 6 mètres sur 6. Dans les deux cas, on obtient 36 lopins de même forme (des carrés) et de même dimension (1 mètre de côté).

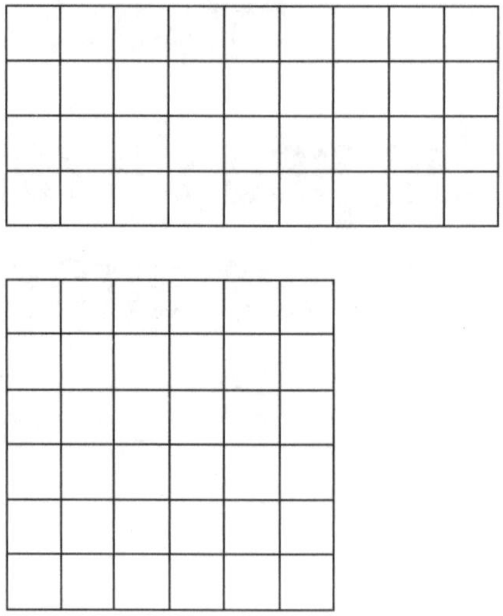

Figure 5.1 : Deux champs de même aire.

Ce sont ces carrés qu'on peut choisir comme unité d'aire, naturellement appelée le mètre carré (et notée m^2). Moyennant quelques précautions dans les étapes successives, pour autoriser que les dimensions du rectangle soient des nombres décimaux, des fractions ou des nombres quelconques, on généralise cette formule en écrivant :

L'aire d'un rectangle est égale au produit des longueurs de sa largeur et de sa longueur.

Attention aux unités

Dans cette présentation, les longueurs ont été présentées en mètres et l'unité d'aire est le carré de côté 1 m. D'autres mesures sont possibles : par exemple mesurer les longueurs en centimètres et les aires en centimètres carrés ou mesurer les longueurs en pouces et les aires en pouces carrés ou encore mesurer les longueurs en kilomètres et les aires en kilomètres carrés…

Il importe seulement d'être cohérent. Si l'on veut calculer l'aire d'une portion de route à goudronner, par exemple une portion de 2 km d'une route large de 12 m, il faudra choisir un système d'unités cohérent. Si l'on veut prendre le mètre pour unité de longueur et le m^2 comme unité d'aire, on écrira : la route est un rectangle de 2000 m de longueur et de 12 m de largeur, et donc son aire est :

$$2000 \times 12 = 24000 \text{ m}^2$$

Les carrés sont des rectangles particuliers. La formule est donc valable aussi pour les carrés : la longueur L et la largeur l sont égales au côté *a* du carré et l'aire est simplement :

$$L \times l = a^2$$

C'est d'ailleurs l'origine de la prononciation « *a* au carré » pour le produit d'un nombre *a* par lui-même.

Les parallélogrammes

Prenons un parallélogramme ABCD. Deux des côtés parallèles, arbitrairement choisis (l'usage est de les dessiner horizontalement), reçoivent le nom de bases. La distance entre les bases est appelée la hauteur du parallélogramme.

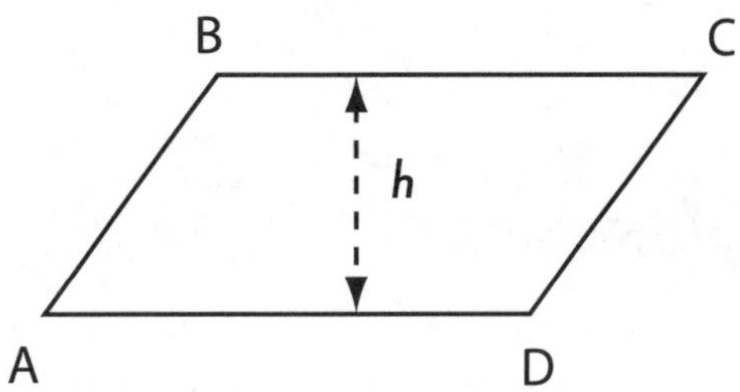

Figure 5.2 : Hauteur du parallélogramme.

Observons maintenant les aires des différentes parties de la figure ci-dessous. Les triangles hachurés 1 et 2 sont superposables, donc de même aire. Si on fait glisser le triangle 1 comme indiqué sur la figure, on fait apparaître un rectangle qui a la même aire que le parallélogramme.

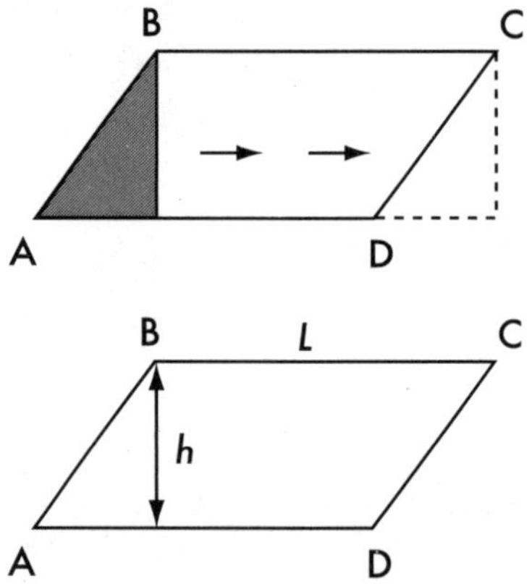

Figure 5.3 : Aire du parallélogramme.

Par conséquent, l'aire A d'un parallélogramme est égale au produit de la longueur de sa base par sa hauteur :

$$A = L \times h$$

Les triangles

Prenons un triangle ABC. Un des côtés, arbitrairement choisi (l'usage est de le dessiner horizontalement), reçoit le nom de base. La distance du sommet opposé à la base est la hauteur associée à cette base.

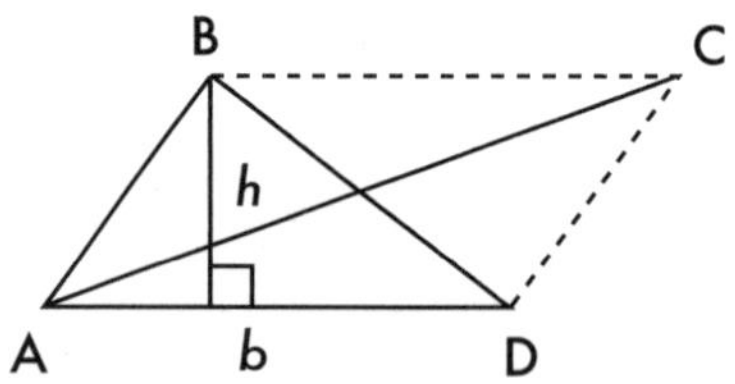

Figure 5.4 : Aire du triangle.

ATTENTION !

Prenons le milieu d'un des deux autres côtés et « doublons » la figure par une symétrie autour de ce milieu. On constitue ainsi un parallélogramme, dont la base et la hauteur sont respectivement la base et la hauteur de notre triangle. L'aire du parallélogramme est le double de l'aire du triangle ABC et il en résulte immédiatement :

L'aire d'un triangle est égale au demi-produit des longueurs de la base et de la hauteur associée.

$$A = \frac{1}{2}\, b \times h$$

Aire et hauteurs

Tout triangle a trois hauteurs, donc on dispose de trois façons de calculer son aire:

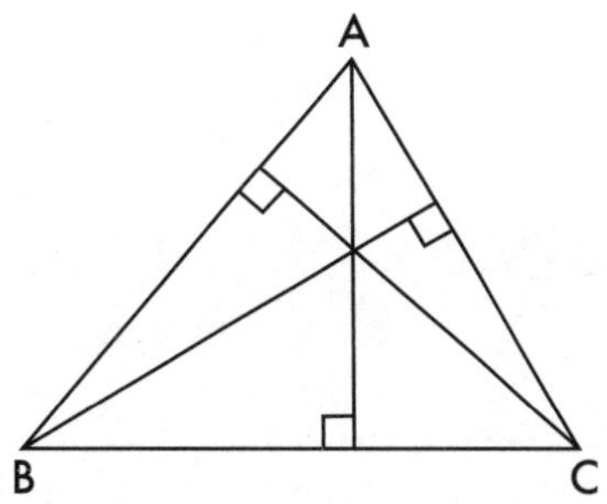

Figure 5.5: Trois façons de calculer l'aire.

$$A = \frac{1}{2}\, a \times h_a = \frac{1}{2}\, b \times h_b = \frac{1}{2}\, c \times h_c$$

Quelques usages de ces formules

Des triangles qui ont même base et même hauteur ont même aire. Par exemple, si ABCD est un trapèze, les triangles ABC et ABD ont même base AB et même hauteur, donc même aire. En enlevant l'aire du triangle ABI, on voit que les triangles hachurés ont même aire.

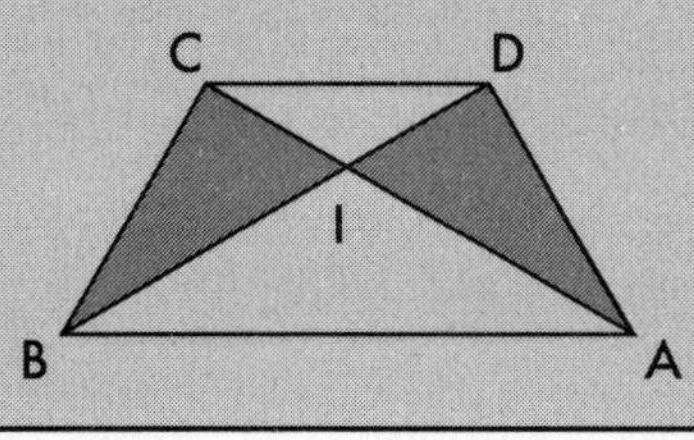

Quelques usages de ces formules (suite)

Ces formules sont utiles même lorsqu'on ne cherche pas à calculer une aire. Par exemple, pour démontrer que si un triangle a deux hauteurs de même longueur, il est isocèle, on utilise la formule :

$$\frac{1}{2}b \times h_b = \frac{1}{2}c \times h_c$$

Si $h_b = h_c$, l'égalité ci-dessus prouve que $b = c$. La démonstration directe serait nettement plus compliquée.

Un dernier exemple concerne un triangle équilatéral ABC. Notons $2s$ la longueur commune des côtés et h la hauteur.

$$\text{Aire MAB} = \frac{1}{2}2s \times \text{MH} = s\ \text{MH}$$

$$\text{Aire MBC} = \frac{1}{2}2s \times \text{MK} = s\ \text{MK}$$

$$\text{Aire MCA} = \frac{1}{2}2s \times \text{ML} = s\ \text{ML}$$

Comme la somme des aires des triangles MAB, MBC et MCA est égale à l'aire du triangle ABC et ne dépend pas de M, on obtient, en ajoutant membre à membre les relations obtenues :

$$\text{Aire ABC} = s\ \text{MH} + s\ \text{MK} + s\ \text{ML}$$

Dans le membre de droite, on peut mettre s en facteur :

$$sh = s\,(\text{MH} + \text{MK} + \text{ML})$$

Donc la somme MK + MH + ML est indépendante de M.

Cette question est souvent proposée comme un jeu : une cour de récréation a la forme d'un triangle équilatéral. Un enfant est à l'intérieur et doit aller toucher chaque mur, en revenant à sa place entre deux courses. Notre calcul montre qu'il n'y a pas de position de départ plus avantageuse qu'une autre : tous les parcours ont la même longueur.

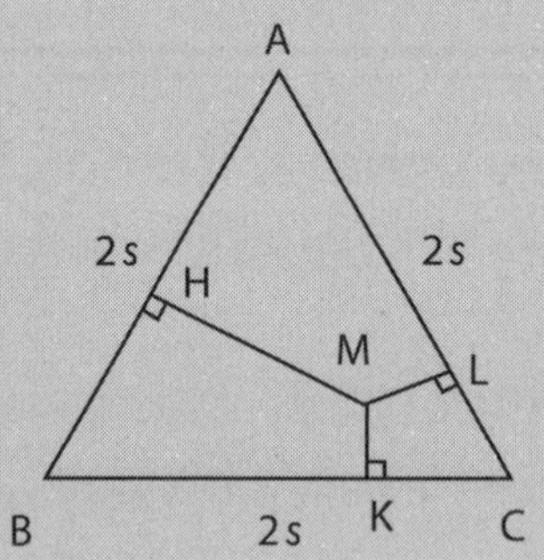

Le triangle rectangle

Dans le cas particulier d'un triangle rectangle, on peut choisir pour base un des côtés de l'angle droit : l'autre côté de l'angle droit est alors la hauteur associée, et la formule se simplifie : l'aire d'un triangle rectangle est égale au demi-produit des longueurs des côtés de l'angle droit.

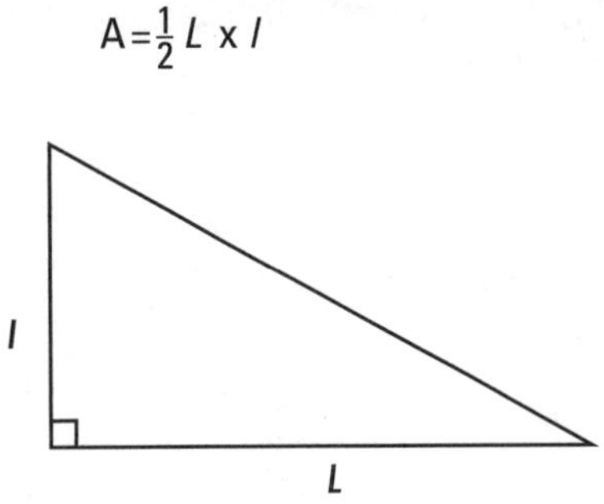

Figure 5.6 : Aire du triangle rectangle.

De drôles d'aires

La belle apparence déductive des formules qui précèdent a pourtant des fissures. Nous sommes partis de l'aire du rectangle, tenant pour évident qu'elle se mesure par le produit des longueurs des côtés. Cette évidence n'est pas douteuse lorsque les dimensions sont des nombres entiers et l'extension de cette formule au cas des nombres fractionnaires ne nous inquiète guère. Mais la célèbre figure tracée par Socrate, sur laquelle nous reviendrons au chapitre 13 (voir p. 192), tient pour acquise l'idée d'une aire pour le carré construit sur la diagonale d'un petit carré, alors que la longueur de cette diagonale n'est pas un nombre fractionnaire. C'est ce que nous notons aujourd'hui $\sqrt{2}$. Bien sûr, la formule de calcul d'aire « marche » pour des fractions, même simplement décimales, qui approchent $\sqrt{2}$:

1 1,4 1,41 1,414 1,4142…

Mais il y a quand même un pas à franchir.

UN PEU D'HISTOIRE

Euclide en est conscient, quand il développe de nombreux résultats en se refusant à utiliser les formules d'aire présentées plus haut. Pour prouver que deux figures ont même aire, il préfère s'appuyer sur des découpages (en un nombre fini de morceaux) : si l'une des figures peut être découpées en morceaux qui, réassemblés autrement, reconstituent l'autre figure, alors elles ont la même aire. On dit parfois que les figures sont équidécoupables. Par exemple, Euclide prouve directement le théorème suivant :

> *Si deux triangles sont construits sur la même base et si leurs hauteurs relatives à cette base ont même longueur, alors ils ont même aire.*

Voltaire le tenait pour parfaitement assuré. Dans le dialogue du jeune marié et du philosophe, ce dernier enseigne : « Je vous conseille de douter de tout, excepté que les angles d'un triangle sont égaux à deux droits, et que les triangles qui ont même base et même hauteur sont égaux entre eux, ou autres propositions pareilles, comme par exemple que deux et deux font quatre. »

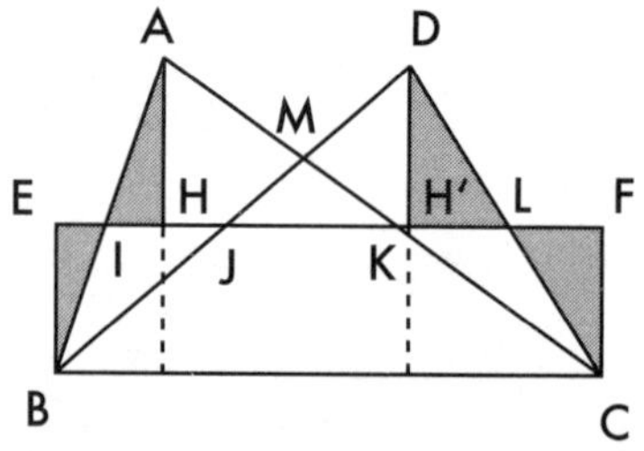

Figure 5.7 : ABC et DBC sont équidécoupables.

ATTENTION !

Le principe de la démonstration

On trace la droite équidistante de la base commune et de la droite qui joint les sommets communs, et on note I, J, K L ses intersections avec les côtés de nos deux triangles. On trace les perpendiculaires à cette droite issues de B, A, D, C. Si on note {ABC} l'aire du triangle ABC, on peut écrire, tenant compte des symétries de la figure :

{AA'I} + {IBJ} = {BB'I} + {IBJ} = {BB'J} = {JD'D}

{AA'K} = {KC'C} = {KLC} + {LC'C} = {KLC} + {LD'D}

On en déduit, en adjoignant le quadrilatère BJKC :

{ABC} = {BJKC} + {KLC} + {LD'D} + {JD'D} = {DBC}

Euclide en déduit que deux parallélogrammes de même base et de même hauteur ont même aire.

La méthode d'Euclide consiste en somme à découper les triangles en fragments superposables et donc évidemment de même aire.

UN PEU D'HISTOIRE

Une question longtemps négligée est la réciproque : si deux figures polygonales ont même aire, peuvent-elles être décomposées en triangles deux à deux superposables ? Ce n'est qu'en 1807 que la démonstration en fut donnée par William Wallace. Et encore, cette démonstration était tenue pour achevée bien que certains des triangles n'étaient superposables qu'après retournement. Et c'est seulement en 1951 qu'une démonstration fut donnée, qui permettait de se passer de retournement. C'est le théorème d'Hadwiger-Glur, si élémentaire qu'on le retrouve proposé dans de nombreux concours scolaires. Il suffit naturellement de montrer qu'un triangle et son « retourné » sont équidécoupables.

En voici une formulation, proposée il y a quelques années aux Olympiades soviétiques. Un pâtissier confectionne un gâteau de forme triangulaire, recouvert d'un glaçage décoré. Il avait lu le chapitre 2 de ce livre (voir p. 24) et savait que étant donné les longueurs des trois côtés, on peut tracer un triangle à l'aide de la règle et du compas.

Il téléphone donc à son fournisseur de boîtes pour lui passer commande d'une boîte triangulaire dont les côtés mesurent 20 cm, 15 cm et 12 cm. Vous devinez la suite : la boîte et le gâteau s'ajustent parfaitement, mais à condition de renverser le gâteau, décor en dessous !

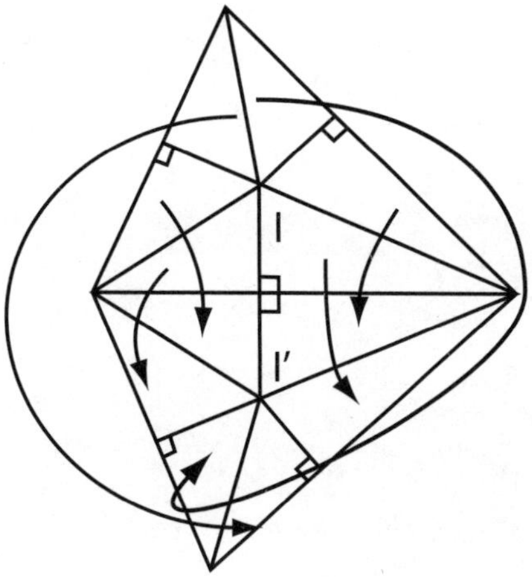

Figure 5.8 : Le gâteau découpé.

Il y a une solution qui limite les dégâts : il peut découper son gâteau en six morceaux qui, réassemblés, tiendront parfaitement dans l'emballage. Pour cela, on trace le centre du cercle inscrit, point d'intersection des trois bissectrices du triangle, et on découjpe le gâteau en six parts réassemblées comme il est indiqué sur la figure.

Chapitre 6

Ça tourne rond : le cercle

Dans ce chapitre :

- La plus ancienne figure de la géométrie
- Arcs et angles
- Quatre points sur un cercle
- Les angles d'un quadrilatère inscriptible
- π : 4000 ans et toujours jeune
- La force injuste de la loi

La plus ancienne figure de la géométrie

Longtemps avant l'invention de la roue, il y a cinq à six mille ans, nos ancêtres connaissaient des figures circulaires : le soleil, la lune parfois, des troncs d'arbres, la surface de l'eau juste après l'impact d'un caillou. Un animal attaché à un piquet par une corde peut brouter une partie de prairie limitée par un cercle…

Si ancien que soit cet exemple, il est à la base de la définition du cercle qu'on trouve encore aujourd'hui dans les manuels scolaires :

> *Le cercle est l'ensemble des points situés à une distance donnée d'un point donné, appelé le centre du cercle.*

Un peu de vocabulaire

La distance de n'importe quel point du cercle au centre est appelée le rayon. Suivant un abus de langage habituel, le mot rayon a un triple sens :

- le segment dont les extrémités sont un point du cercle et le centre ;
- la longueur de ce segment ;
- la mesure de cette longueur avec une unité donnée.

Tout un vocabulaire usuel relatif au cercle est rappelé sur la figure suivante :

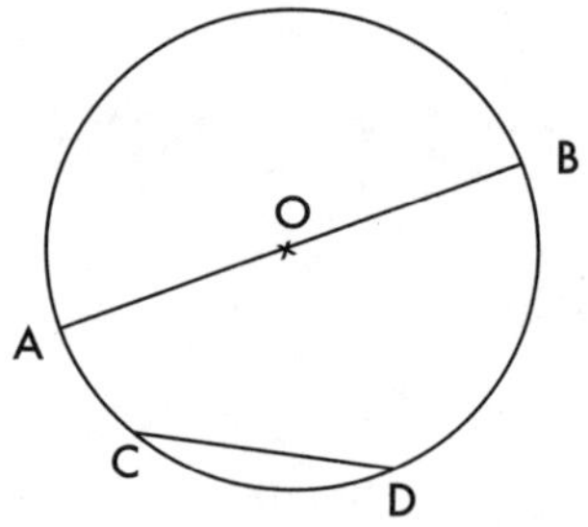

Figure 6.1 : [AB] est un diamètre, [CD] est une corde.

Voici les définitions essentielles :

JARGON

- Tout segment joignant deux points d'un cercle est appelée une corde.
- Une corde qui passe par le centre est appelée un diamètre (comme le mot rayon, le mot diamètre a un triple sens, analogue).
- La partie de cercle limitée par deux de ses points est un arc de cercle.
- La partie de plan limitée par un cercle est appelée un disque.

Le cercle prend la tangente

La configuration formée par un cercle et une droite peut revêtir plusieurs aspects :

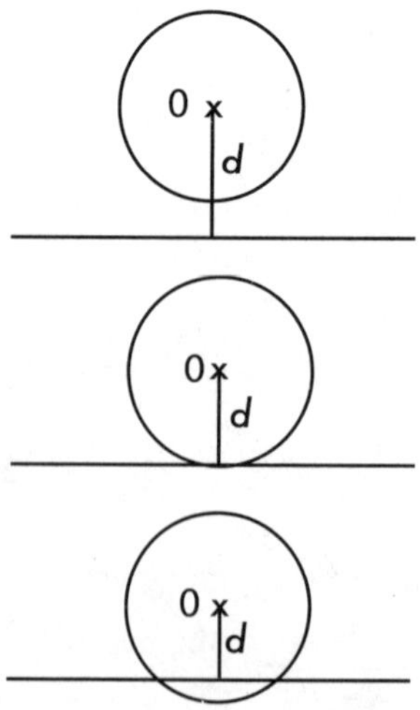

Figure 6.2 : Droite et cercle.

- Dans le premier cas, la droite et le cercle n'ont aucun point commun.
- Dans le deuxième cas, la droite et le cercle ont exactement un point commun : on dit la droite tangente au cercle.
- Dans le troisième cas, la droite et le cercle ont deux points communs : on dit la droite sécante au cercle.

Les propriétés de ces figures se trouvent dans les *Éléments* d'Euclide. Il y démontre en particulier que la tangente au cercle en un point M est perpendiculaire au rayon en M.

Le théorème des isopérimètres

Sous ce nom un peu crypté se cache une idée simple : pour disposer une ficelle sur une feuille de papier en sorte qu'elle délimite l'aire la plus grande possible, il faut lui donner la forme d'un cercle. Cela peut s'exprimer plus académiquement en écrivant :

> *De toutes les figures de périmètre donné, c'est le cercle qui enferme l'aire la plus grande.*

Le même théorème vaut dans l'espace pour la sphère et explique que l'on rencontre tant de sphères dans la nature. De tous les récipients qu'on peut constituer avec un morceau de peau d'aire donnée, celui qui contient le plus grand volume a la forme d'une sphère. Des explications voisines expliquent la forme du soleil, des astres ou des bulles de savon.

Arcs et angles

Pour observer un arc de cercle, deux positions présentent un vif intérêt : le centre du cercle ou un point situé sur le cercle. Ainsi se trouvent définis :

- l'angle au centre interceptant l'arc AB ;
- l'angle inscrit de sommet M interceptant l'arc AB.

ATTENTION !

On peut démontrer sans trop de difficulté le théorème fondamental suivant :

> *Dans un cercle, la mesure d'un angle inscrit est la moitié de la mesure de l'angle au centre qui intercepte le même arc.*

Sur la figure suivante, l'angle au centre mesure 120° et l'angle inscrit associé mesure 60°.

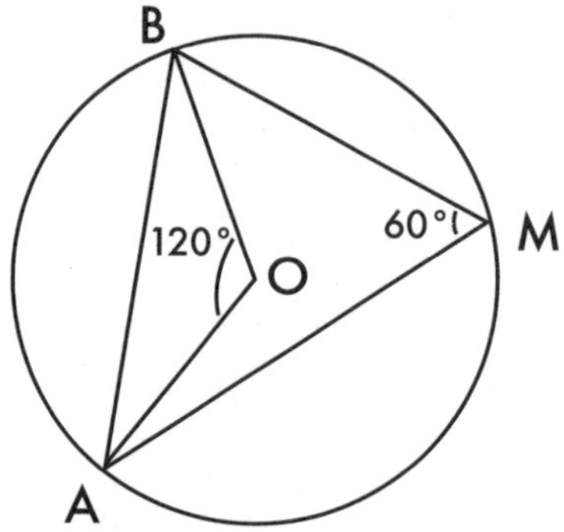

Figure 6.3 : Angle au centre et angle inscrit.

De ce théorème résultent immédiatement deux conséquences fort utiles :

- Deux angles inscrits dans un même cercle qui interceptent le même arc ont la même mesure. (En effet, le double de leurs mesures est la mesure d'un seul et même angle au centre.)
- Un angle qui s'inscrit exactement dans un demi-cercle est un angle droit. (En effet, le double de sa mesure est la mesure d'un angle plat, soit 180°.)

L'admirateur de l'obélisque

Place de la Concorde à Paris se dresse un obélisque offert en 1831 à la France par Mohamed Ali. Un admirateur qui se place très loin le verrait tout petit, comme un admirateur qui se placerait très près. À quelle distance du monument faut-il se placer pour le voir sous l'angle le plus grand possible ?

La meilleure position est facile à déterminer si on utilise la propriété du cercle rappelée. Des angles inscrits qui interceptent le même arc ont même mesure. Prenons alors une position imaginable du spectateur et traçons le cercle circonscrit au triangle MAB (A et B marquant le pied et le sommet du monument).

Ce cercle a un point M commun avec la droite D et donc ou bien il a un second point commun P, ou bien la droite D est tangente en M au cercle.

Supposons que le cercle et D ont deux points communs, M et P.

Appelons H le point situé sur la médiatrice de [MP] et sur ce cercle, du côté opposé à l'obélisque par rapport à D.

Les angles AMB et AHB ont même mesure.

Mais si on se déplace sur cette médiatrice en partant de H, on agrandit l'angle sous lequel on voit le monument. C'est vrai en particulier lorsque l'on se place au milieu de [MP], qui est donc un point plus favorable que M.

L'admirateur de l'obélisque (suite)

On a ainsi montré que, chaque fois que le cercle circonscrit au triangle ABM recoupe la droite D, M n'est pas la meilleure position.

Il faut donc choisir M en sorte que le cercle circonscrit au triangle ABM soit tangent à D.

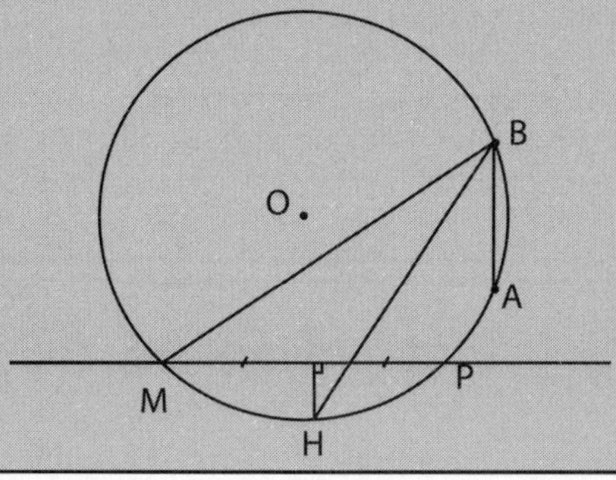

Le partage du gâteau

Il suffit d'avoir déjà organisé un goûter d'enfants pour avoir le souvenir douloureux du partage de la tarte. Gare aux cris si les parts ne sont pas parfaitement égales ! Sur un dessin et avec l'aide d'un rapporteur, ce n'est pas très difficile. On divise 360 par le nombre de parts et cela donne l'angle au centre qui correspond à chaque part. Par exemple, pour cinq parts, l'angle au centre est 72°.

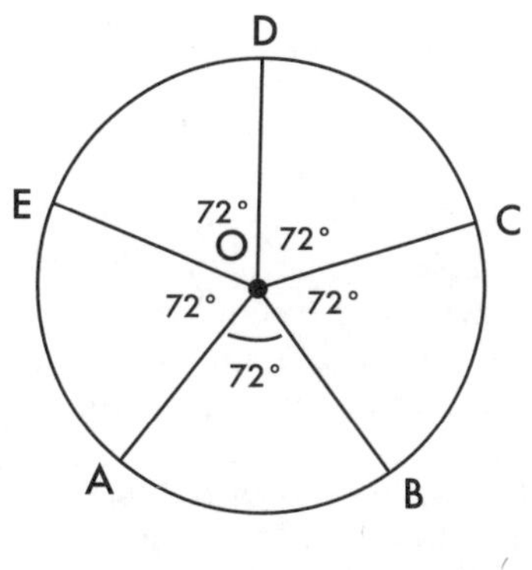

Figure 6.4 : Cinq parts égales

Si, sur le cercle, on joint chaque point de coupe à ses voisins, on obtient un polygone dont tous les côtés ont la même longueur et tous les angles la même mesure. Dans notre exemple à cinq parts, un angle du polygone est un angle inscrit qui intercepte les arcs correspondant à trois côtés, soit une mesure de :

$$3 \times 72 = 216°$$

Chaque angle du polygone mesure donc 108°.

Cette démarche peut être renouvelée pour un nombre quelconque de côtés : ces polygones, du moins pour un petit nombre de côtés, ont un nom particulier.

Les polygones

Le nombre de côtés de certains polygones leur donne leur nom et la mesure des angles :

- 3 côtés triangle angles de 60°
- 4 côtés carré angles de 90°
- 5 côtés pentagone angles de 108°
- 6 côtés hexagone angles de 120°
- 7 côtés heptagone angles de 128,57…°
- 8 côtés octogone angles de 135°
- 10 côtés décagone angles de 144°

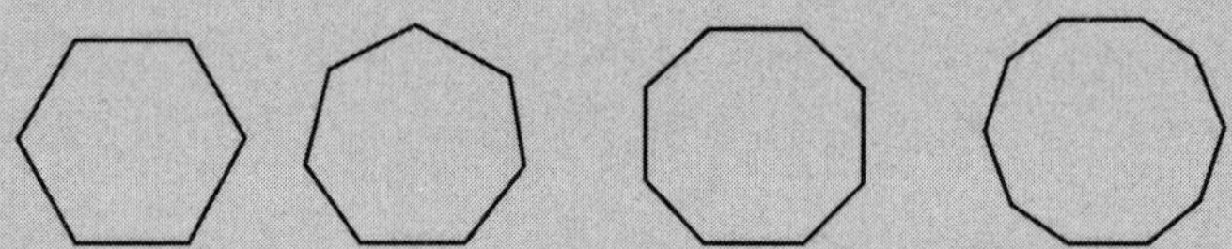

Quatre points sur un cercle

Nous savons que, par trois points non alignés, il passe un cercle et un seul, le cercle circonscrit au triangle ainsi défini. Si on se donne quatre points quelconques, il n'y a aucune raison pour que le cercle passant par trois d'entre eux passe aussi par le quatrième. C'est donc un vrai « plus » de dire que quatre points sont cocycliques (ou qu'un quadrilatère est inscriptible). Par exemple, nous avons déjà vu (p. 56) que la formule de Brahmapoutre s'applique à un quadrilatère inscriptible, mais pas à un quadrilatère quelconque.

Il existe quelques autres propriétés, dont l'énoncé peut revêtir diverses formes, comme nous allons le voir.

Les cordes sécantes

Si deux cordes d'un cercle se coupent en un point P, le produit des distances de P aux extrémités de chaque corde est le même.

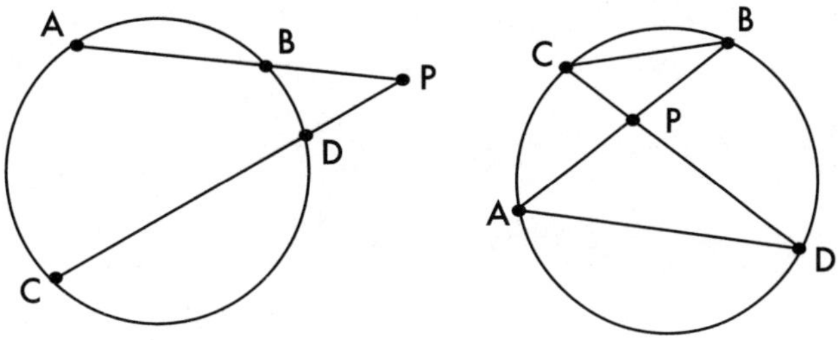

Figure 6.5 : PA x PB = PC x PD.

Le théorème de Ptolémée

Ce théorème a été publié par l'astronome Claude Ptolémée, au Ier siècle de notre ère. Ptolémée l'a utilisé pour calculer des tables trigonométriques. Il s'énonce ainsi :

Dans un quadrilatère convexe inscrit dans un cercle, le produit des longueurs des diagonales est égal à la somme des produits des longueurs des côtés opposés.

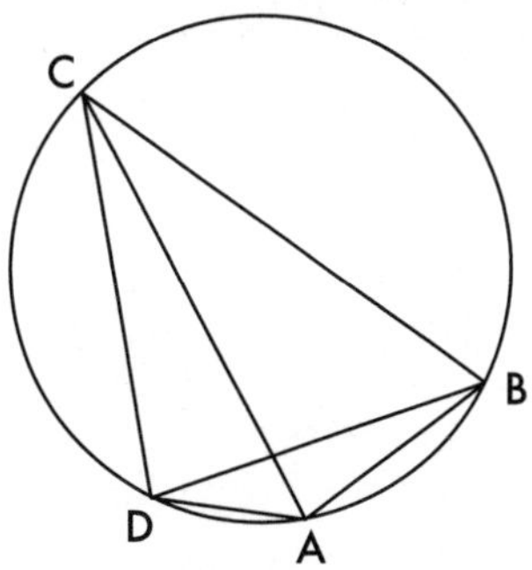

Figure 6.6 : AD x BC + AB x DC = DB x AC.

La réciproque est exacte : si cette relation est vérifiée, le quadrilatère est inscriptible.

Les angles d'un quadrilatère inscriptible

Le théorème de Ptolémée permet de caractériser un quadrilatère inscriptible en utilisant les distances mutuelles de ses quatre sommets. Mais on peut aussi reconnaître un quadrilatère inscriptible à ses angles. Il faut ici distinguer le cas des quadrilatères droits ou croisés.

Les quadrilatères droits

UN PEU DE TECHNIQUE

Observons le quadrilatère ABCD, et plus particulièrement deux de ses sommets opposés, par exemple A et C. Ce sont des angles inscrits et les deux angles au centre associés couvrent la totalité du cercle, soit 360°. Par conséquent, la somme des mesures de A et de C est 180°, on dit que ces angles sont supplémentaires.

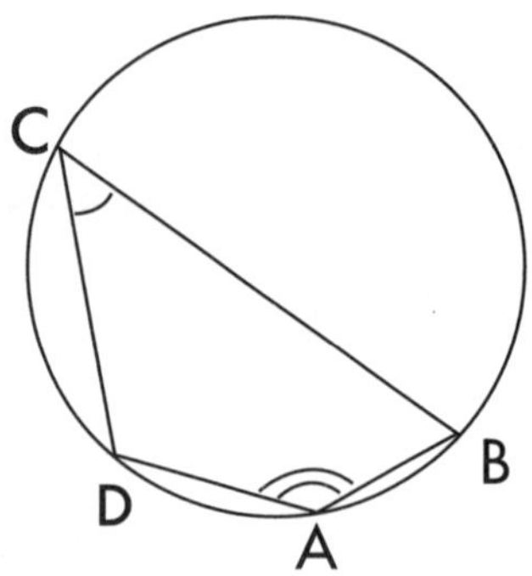

Figure 6.7 : Angles opposés d'un quadrilatère droit inscriptible.

On peut prouver que, réciproquement, lorsque deux angles opposés d'un quadrilatère droit sont supplémentaires, ce quadrilatère est inscriptible.

Il en résulte une conséquence amusante : comme les angles opposés d'un parallélogramme ont même mesure, un parallélogramme inscriptible a deux angles qui sont en même temps supplémentaires et de même mesure, autrement dit deux angles droits. C'est donc un rectangle :

Tout parallélogramme inscriptible est un rectangle.

Les quadrilatères croisés

Observons le quadrilatère ABCD, et plus particulièrement deux de ses sommets opposés, par exemple A et C. Ce sont des angles inscrits et ils sont associés au même arc de cercle. Par conséquent, ils ont même mesure. On fait la même remarque sur les angles en B et D.

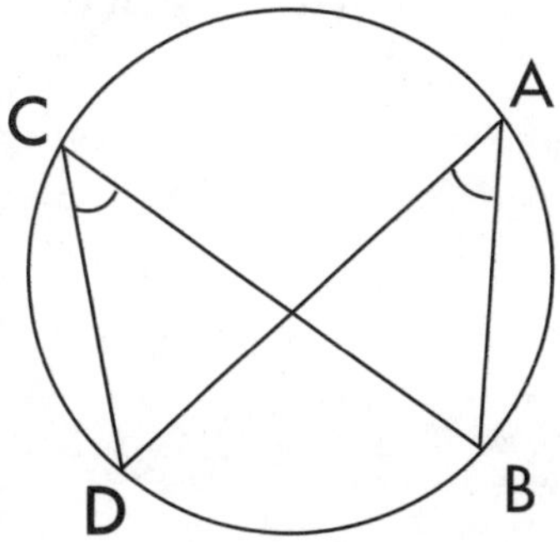

Figure 6.8 : Angles opposés d'un quadrilatère croisé inscriptible.

On peut prouver que, réciproquement, lorsque deux angles opposés d'un quadrilatère croisé ont même mesure, ce quadrilatère est inscriptible.

π : 4 000 ans et toujours jeune

UN PEU D'HISTOIRE

Vingt siècles avant notre ère, les Babyloniens savaient que le rapport entre la circonférence d'un cercle et son diamètre était le même pour tous les cercles. Ce rapport est l'un des nombres les plus célèbres, que nous appelons aujourd'hui π, et cette constance se reflète dans la formule :

$$L = \pi\ D$$

dans laquelle L désigne la circonférence et D le diamètre d'un même cercle. La lettre π, qui se prononce « pi », est l'initiale du mot grec signifiant périmètre. Attribuée au mathématicien anglais William Jones (1675-1749), cette notation avait été employée par Ludolph Von Ceulen (1539-1610), mais c'est son usage par Euler dans son *Introduction à l'analyse infinitésimale*, publiée en 1748, qui en généralisa l'emploi.

Les Babyloniens utilisaient pour ce rapport la valeur $3 + \frac{7}{60} + \frac{30}{3600}$, soit, dans notre notation moderne, environ 3,125. Au British Museum est conservé un manuscrit provenant du temple mortuaire de Ramsès II à Thèbes, appelé le papyrus Rhind (du nom de son acquéreur), ou papyrus d'Ahmès, du nom du scribe qui écrivit ce document vers 1650 avant J.-C. C'est en fait un recueil d'exercices et l'un d'eux propose la valeur $(\frac{16}{9})^2$, soit environ 3,16. On y trouve aussi une propriété mettant en jeu l'aire du disque.

Aire et périmètre

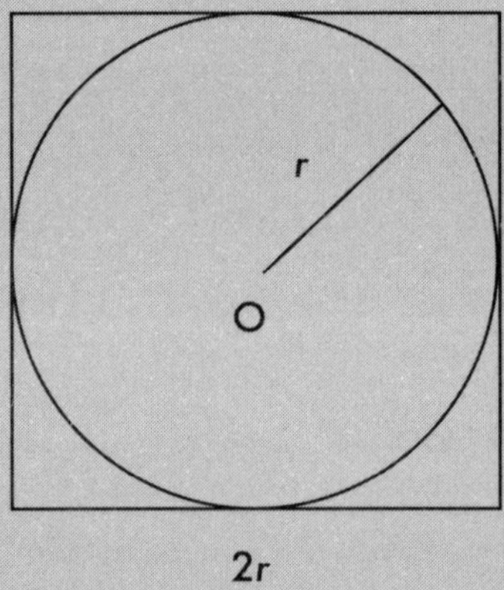

On trouve dans le papyrus Rhind une règle qui fait intervenir l'aire du disque, que nous calculons aujourd'hui en multipliant par π le carré du rayon :

$A = \pi\ r^2$

Elle s'énonce ainsi : le rapport entre l'aire limitée par le cercle et la longueur du cercle est le même que celui de l'aire du carré circonscrit à son périmètre.

Nous traduisons cette égalité par la formule évidente :

$$\frac{\pi r^2}{2\pi r} = \frac{4r^2}{8r}$$

La « démonstration » du papyrus est élémentaire : pour tout polygone régulier, le périmètre multiplié par la moitié de l'apothème donne l'aire (c'est la formule donnant l'aire des triangles tels que OAB), et le cercle était regardé comme un polygone régulier ayant « beaucoup » de côtés.

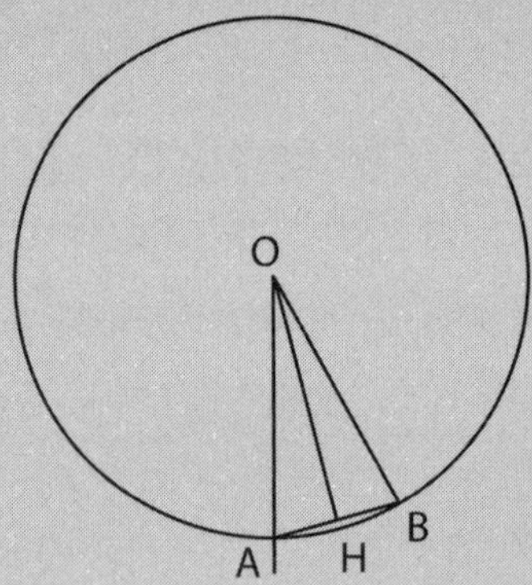

La quête de la précision

Que π soit défini comme la circonférence d'un cercle de diamètre 1 ou comme l'aire limitée par un cercle de rayon 1, toute figure géométrique « proche » du cercle permet d'approcher ce nombre. Archimède est le premier à avoir proposé une méthode de calcul dont on peut pousser la précision à volonté. Il part d'un hexagone régulier, dont le côté est donc égal au rayon du cercle, et le périmètre à six fois le rayon, ou trois fois le diamètre (en somme, il prend 3 pour approximation de π).

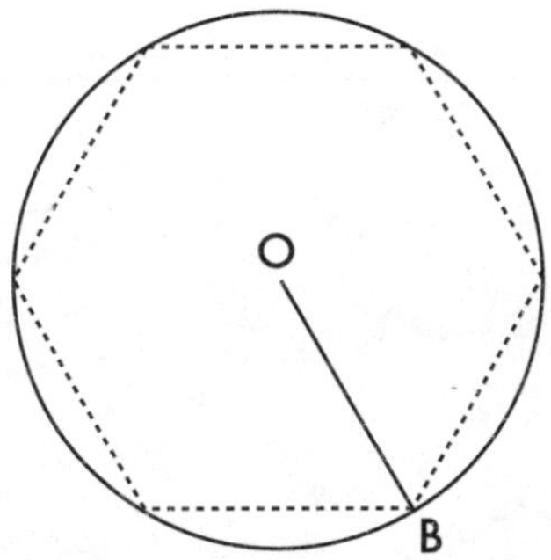

Figure 6.9: Cercle et hexagone.

Puis, il donne le moyen de calculer la longueur AM + MB à partir de AB, autrement dit de doubler le nombre de côtés du polygone régulier inscrit.

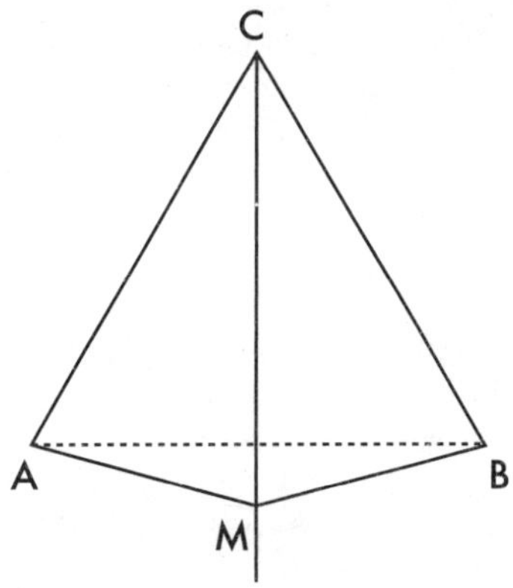

Figure 6.10: Pour doubler le nombre des côtés.

Avec une patience qui force l'admiration, il recommence ce doublement, avec des polygones de 12, 24, 48, 96 côtés. Comme il observe simultanément un polygone circonscrit, il peut donner un encadrement de la circonférence du cercle de rayon 1, entre $\frac{223}{71}$ et $\frac{220}{70}$. C'est la méthode d'Archimède, qui servira à tous les géomètres pendant dix-sept siècles. Une mention particulière et attendrie doit aller à Ludolph Von Ceulen, qui consacra vingt ans de sa vie à calculer le périmètre de polygones réguliers de 15, 30, 60… et ainsi de suite en doublant 37 fois le nombre des côtés. En hommage à ces efforts qui nous semblent aujourd'hui bien dérisoires, π fut parfois appelé la constante ludolphinienne. On grava sur sa tombe les décimales auxquelles il avait consacré tant d'efforts.

Les 100 premières décimales de π

3,1415926535897932384626433832795028841971
693993751058209749445923078164062862089986
28034825342117067

En dehors de nombreux sites Internet, on peut trouver au palais de la Découverte à Paris de nombreuses décimales (627) affichées en corniche d'une salle circulaire.

La nature de π

De siècle en siècle, la course à la précision s'intensifie. Naturellement, on a eu longtemps l'espoir de trouver une réponse exacte et simple : une valeur décimale ou une fraction. Certains auteurs anciens ont cru que $\frac{22}{7}$ et plus tard $\frac{355}{113}$ étaient la vraie valeur de π. Puis, les années passant et la liste des décimales s'allongeant, certains se sont demandé si cette recherche pouvait un jour finir.

Il a fallu attendre Lambert, en 1761, pour avoir la preuve que π ne peut pas s'écrire comme une fraction de deux nombres entiers. On dit que c'est un nombre irrationnel. Puis, on a espéré trouver une équation algébrique à coefficients entiers, du type de :

$$14x^3 - 3x^2 + 7x - 11 = 0$$

dont π serait une racine (on aurait dit alors que c'était un nombre algébrique). Il a fallu attendre 1881 pour que Lindemann prouve que c'était impossible, montrant du même coup l'impossibilité de construire une telle longueur à la règle et au compas, la célèbre quadrature du cercle. Ces découvertes n'ont pas mis fin à la recherche d'approximations de plus en plus poussées.

On ignore les méthodes utilisées avant Archimède. La méthode d'Archimède fut la seule connue jusqu'à Newton (1671), qui découvrit des séries (sommes infinies de termes de plus en plus petits) permettant de calculer des valeurs approchées sans support géométrique. L'encadré ci-après donne quelques étapes de ces calculs.

Le calcul du nombre π à travers les âges

Qui ?	Quand ?	Décimales exactes ou valeurs approchées
Égyptiens	-2000	$(\frac{16}{9})^2$
Babyloniens	-2000	$3 + \frac{1}{8}$
Bible	-550	3 décimales
Archimède (6 côtés puis 4 doublements)	-250	22/7
Ptolémée (45 côtés, puis 4 doublements)	150	$3 + \frac{8}{60} + \frac{30}{3600}$
Liu Hui (6 côtés puis 9 doublements)	263	5 décimales
Zu Chong Chi	480	$\frac{355}{113}$
Aryabhata	499	4 décimales
Brahmapoutre	640	$\sqrt{10}$
Fibonacci	1220	3 décimales
Al-Kashi (6 côtés puis 27 doublements)	1424	14 décimales
Viète (6 côtés puis 16 doublements)	1579	9 décimales
Van Roomen (4 côtés, puis 28 doublements)	1593	15 décimales
Von Ceulen (15 côtés, puis 37 doublements)	1596	20 décimales
Von Ceulen (15 côtés, puis 58 doublements)	1610	35 décimales
Grienberger	1630	39 décimales
Sharp	1699	71 décimales
Machin	1706	100 décimales
De Lagny	1719	112 décimales
Vega	1789	126 décimales
Vega	1794	136 décimales
Rutherford	1841	152 décimales
Dahse	1844	200 décimales
Clausen	1847	248 décimales
Lehmann	1853	261 décimales
Shanks	1853	527 décimales
Ferguson	1945	530 décimales
Ferguson (dernier calcul sans aide informatique)	1946	620 décimales

Ensuite commença la course au gigantisme informatique. En 2002, une équipe de l'université de Tokyo publia plus de 1 200 000 millions de décimales et la compétition se poursuit.

Pour terminer cette revue, on peut citer un fait sans doute unique dans l'histoire de la vie politique : une loi pour fixer la valeur de π ! C'était en 1897 dans l'Indiana.

La force injuste de la loi

En effet, parmi les milliers d'amateurs qui ont cru découvrir la quadrature du cercle, une place de choix doit être réservée à un médecin de Solitude, dans l'Indiana, le docteur Goodwin. Dans un geste civique, il souhaita faire bénéficier son État de la nouvelle vérité mathématique qu'il pensait avoir découverte. En 1896, il persuada son député de présenter une proposition de loi, la proposition 246, enregistrée le 18 janvier 1897.

Goodwin avait breveté sa méthode et offert d'en accorder la libre utilisation aux écoles de l'Indiana, se réservant les droits d'auteur pour le reste du monde. Même pour les « nuls », la découverte résonnait curieusement. L'un des articles de loi indiquait que « le rapport de la circonférence au diamètre d'un cercle était le rapport de $\frac{5}{4}$ à 4 », (soit 3,2). Le texte fut transmis à la commission de l'éducation le 19 janvier. Selon le journal *Indianapolis Sentinel* du 20 janvier, le superintendant de l'éducation, sorte de recteur d'académie pour l'Indiana, estimait que Goodwin avait résolu la quadrature du cercle. Adopté en commission, le projet fut voté par la Chambre à l'unanimité le 5 février et transmis au Sénat. Là, des voix s'élevèrent, non pour contester la découverte, mais pour estimer que ce n'était pas un sujet pour légiférer. Le sénateur Hubbell proposa de différer l'examen du projet. Plus d'un siècle plus tard, il n'a toujours pas été examiné par le Sénat de l'Indiana.

Chapitre 7

Des figures de style

Dans ce chapitre :

- Les symétries
- Vecteurs et translations
- Agrandissements ou réductions
- Le théorème de Thalès

L'une des méthodes les plus puissantes pour étudier les propriétés des figures consiste à leur faire subir des transformations. On définit un processus qui, à tout point M, permet d'associer un point M', appelé l'image de M. Parmi ces transformations, celles qui conservent les distances, qu'on appelle les isométries, jouent un rôle important. Pour la généralité de certains énoncés, on considère aussi la transformation qui laisse n'importe quel point inchangé, qu'on appelle identité, ou transformation identique. L'identité est évidemment une isométrie !

Les symétries

Peu différent de l'usage du vocabulaire courant, le vocabulaire mathématique donne le nom de symétries à deux transformations simples, la symétrie par rapport à une droite, ou symétrie axiale, et la symétrie par rapport à un point, ou symétrie centrale.

Symétrie axiale

Une droite D est donnée, qui sera appelée l'axe de la symétrie. Si on prend dans le plan un point M arbitraire, on vérifie qu'il existe un point M' et un seul tel que D soit la médiatrice du segment [MM']. C'est ce point qui est appelé le symétrique de M par rapport à D.

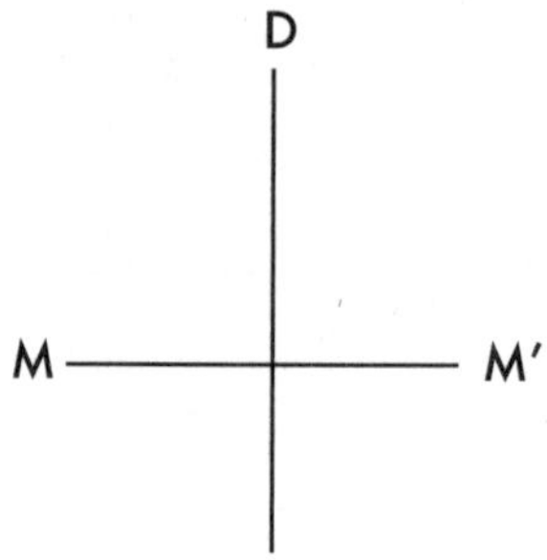

Figure 7.1 : Symétrique d'un point M.

Réalisation matérielle

On matérialise souvent la transformation en imaginant qu'on plie la feuille de papier autour de la droite D : le point M vient alors s'appliquer sur son symétrique. Certains gauchers, Léonard de Vinci est le plus célèbre, écrivent de droite à gauche des mots dont l'apparence est symétrique à leur aspect usuel ; pour les lire conformément aux habitudes des droitiers, on peut utiliser un miroir.

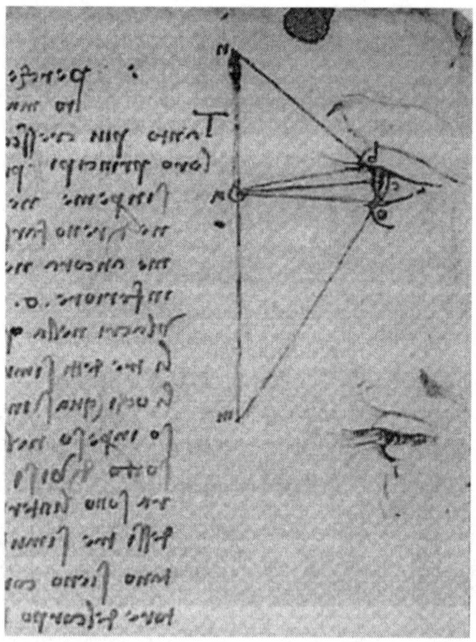

Figure 7.2 : Une page de Léonard de Vinci.

Propriétés immédiates

On vérifie assez simplement quelques propriétés de cette transformation, appelée symétrie d'axe D :

- Tout point de D est transformé en lui-même (on dit qu'il est invariant).
- Seul les points de D sont invariants.
- La distance M'N' des images de deux points M et N est égale à la distance MN.

Cette dernière propriété exprime que les symétries axiales sont des isométries.

Axe de symétrie

Lorsqu'une figure coïncide avec son image dans la symétrie par rapport à une droite D, cette droite est dite axe de symétrie de la figure. De nombreuses figures géométriques ou naturelles présentent un axe de symétrie, ou même plusieurs. En voici quelques unes :

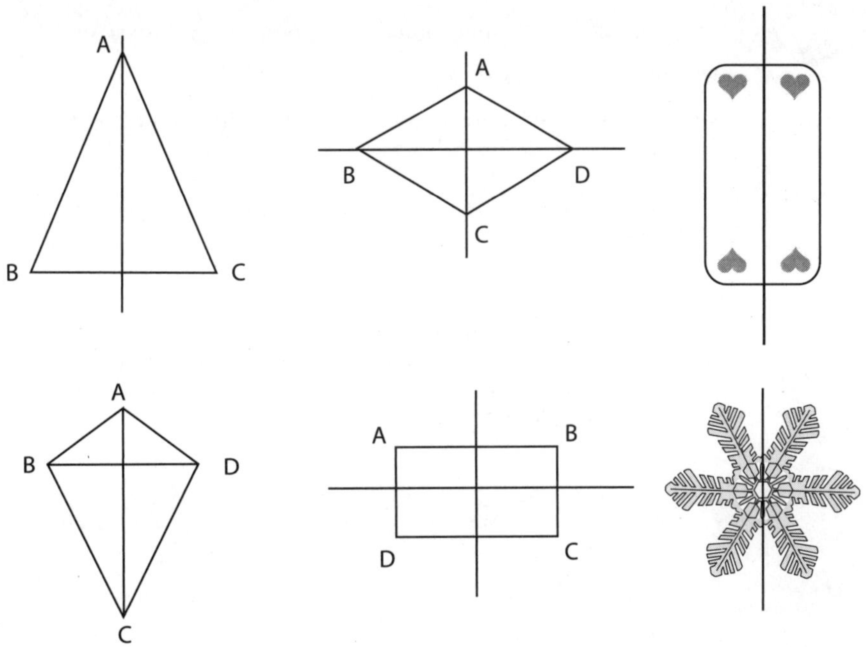

Figure 7.3 : Quelques figures symétriques.

Symétrie centrale

Un point O est donné, qui sera appelé le centre de la symétrie. Si on prend dans le plan un point M arbitraire, on vérifie qu'il existe un point M' et un seul tel que O soit le milieu du segment [MM']. C'est ce point qui est appelé le symétrique de M par rapport à O.

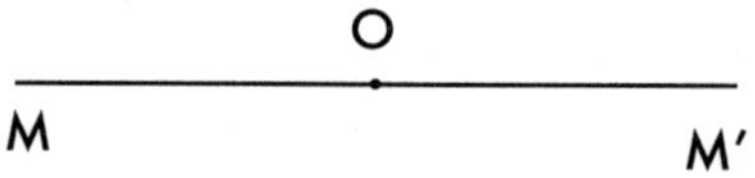

Figure 7.4 : Symétrique d'un point.

On matérialise souvent la transformation en imaginant qu'on pique une épingle en O et qu'on fait subir à la feuille un demi-tour : le point M vient alors s'appliquer sur son symétrique.

Propriétés immédiates

UN PEU DE TECHNIQUE

On vérifie assez simplement quelques propriétés de cette transformation, appelée parfois demi-tour :

- Le point O est transformé en lui-même (il est invariant).
- Seul O est invariant.
- La distance M'N' des images de deux points M et N est égale à la distance MN.

Cette dernière propriété exprime que les symétries centrales sont des isométries.

Centre de symétrie

Lorsqu'une figure coïncide avec son image dans la symétrie par rapport à un point O, ce point est dit centre de symétrie de la figure. De nombreuses figures géométriques ou naturelles présentent un centre de symétrie. En voici quelques unes :

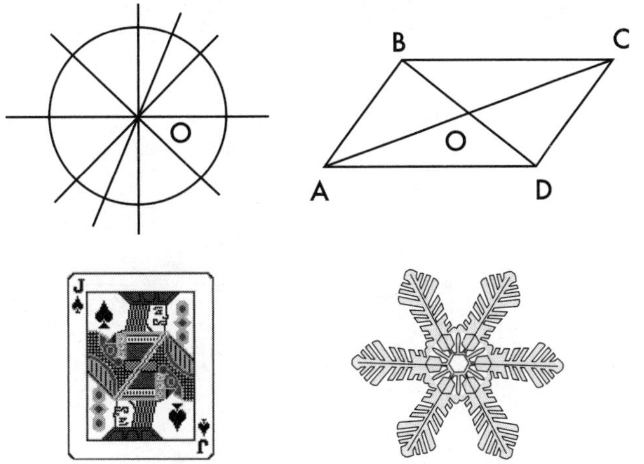

Figure 7.5: Quelques centres de symétrie.

Composer des symétries

Lorsqu'on effectue successivement deux transformations, on dit qu'on les compose. Une première transformation donne M' pour image d'un point M, une seconde donne M" pour image de M', et la transformation qui donne M" pour image de M est appelée composée des deux transformations.

Symétries axiales

Axes confondus

En utilisant la définition même de cette transformation, on voit que, si M' est image de M dans la symétrie d'axe D, alors M est l'image de M'. Autrement dit, la composée d'une symétrie axiale avec elle-même est l'identité.

Axes parallèles

Lorsqu'on compose deux symétries d'axes parallèles, on vérifie que la droite (MM") a la même direction quel que soit M (elle est perpendiculaire aux axes des symétries) et que la distance MM" est le double de la distance HH'des axes. C'est une transformation simple qui sera examinée plus avant, qu'on appelle une translation.

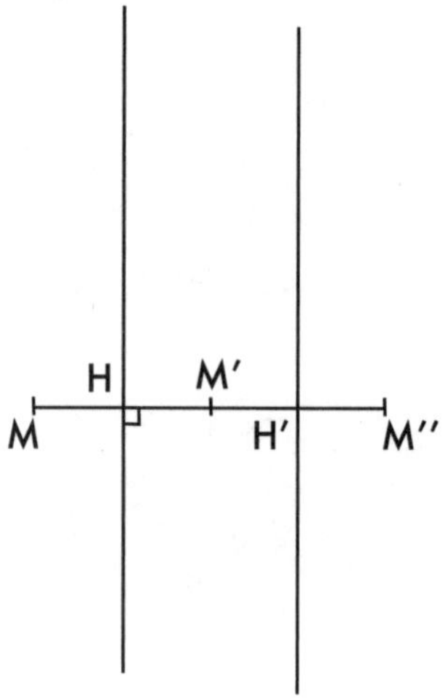

Figure 7.6 : Symétries d'axes parallèles.

Axes perpendiculaires

Lorsqu'on compose deux symétries d'axes perpendiculaires, on vérifie que M" est le symétrique de M par rapport au point O.

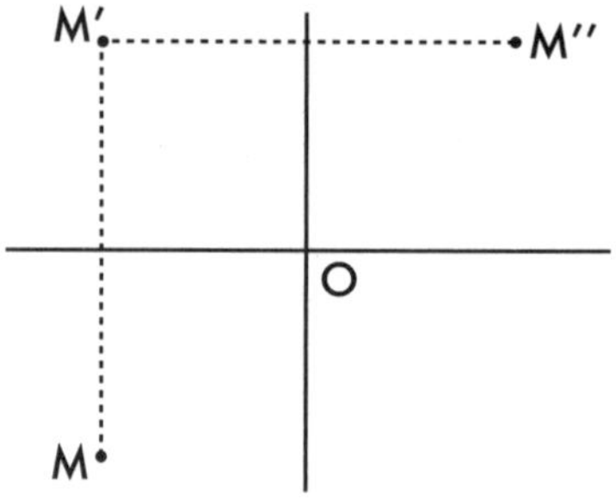

Figure 7.7 : Symétries d'axes perpendiculaires.

D'où le résultat :

> *La composée de deux symétries d'axes perpendiculaires est la symétrie centrale par rapport au point d'intersection des axes.*

Axes concourants

UN PEU DE TECHNIQUE

Lorsqu'on compose deux symétries d'axes concourants, on vérifie que les distances OM et OM" sont égales et que l'angle des droites qui les portent a une mesure double de celle de l'angle des axes, dont indépendante du choix de M. C'est une transformation simple, qu'on appelle une rotation.

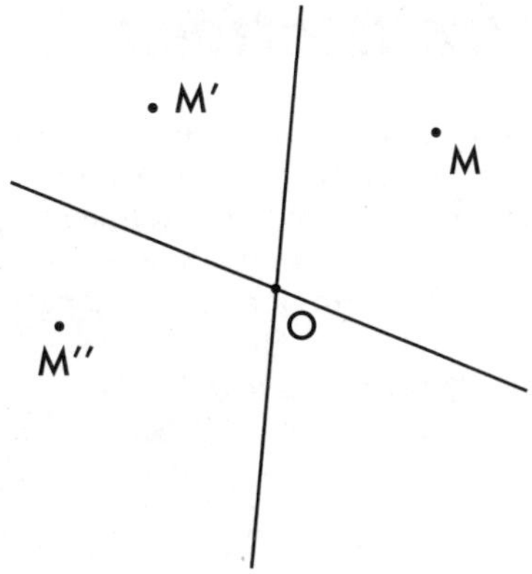

Figure 7.8 : Symétries d'axes quelconques.

Symétries centrales

Observons la figure ci-dessous. Par la symétrie de centre I, M est transformé en M' ; par la symétrie de centre I', le point M'est transformé en N. Prolongeons le segment [II'] en [I'J] de même longueur.

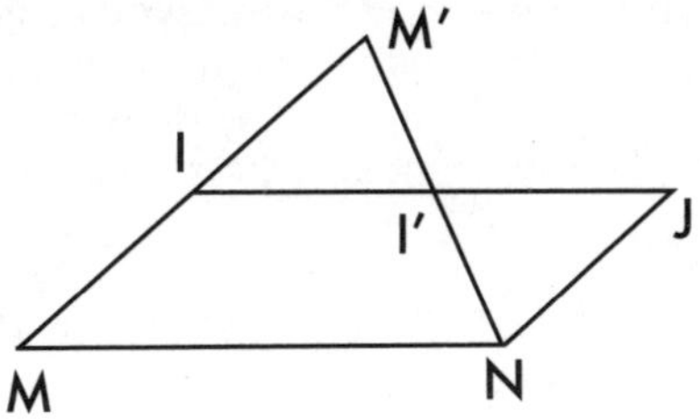

Figure 7.9 : Composée de symétries centrales.

On vérifie que le quadrilatère MNJI est un parallélogramme. Comme les points I et J sont indépendants de M, cette propriété exprime que N est l'image de M par une translation, celle qui transforme I en J. Nous examinerons plus loin cette transformation. Notons seulement le résultat :

La composée de deux symétries centrales est une translation.

Vecteurs et translations

La translation est aussi une transformation du plan très intuitive : on fait glisser (à l'aide d'un papier calque) une figure sans la faire tourner. Il suffit donc de donner un point I et son image J pour savoir exactement comment déplacer la feuille de papier ; on appelle cela la translation de vecteur $\overrightarrow{IJ}$. Cela s'exprime très simplement en écrivant :

On donne deux points I et J. La translation de vecteur $\overrightarrow{IJ}$ est la transformation qui, à tout point M associe le point M' tel que MM'JI soit un parallélogramme.

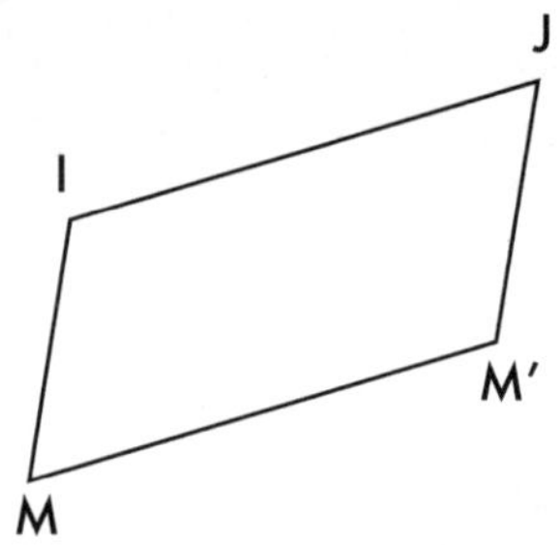

Figure 7.10 : Translation.

Nous avons vu que la composée de deux symétries d'axes parallèles est une translation ; on montre, réciproquement, que toute translation peut être regardée comme la composée de deux symétries d'axes parallèles : l'un de ces axes peut même être choisi arbitrairement parmi les droites perpendiculaires à (IJ).

Nous avons aussi vu que la composée de deux symétries centrales est une translation ; on montre, réciproquement, que toute translation peut être regardée comme la composée de deux symétries centrales : l'un des centres peut même être choisi arbitrairement. La démonstration est simple et amusante.

Soit un point I et son image J par la translation donnée ; marquons le milieu K du segment [IJ]. On sait alors que :

- La symétrie de centre I suivie de la symétrie de centre K d'une part est une translation, d'autre part transforme I en J. C'est donc la translation donnée.
- La symétrie de centre K suivie de la symétrie de centre J, d'une part est une translation, et d'autre part transforme I en J. C'est donc la translation donnée.

On vérifie assez simplement quelques propriétés de la translation, énoncées en excluant le cas banal où I = J, qui nous redonne l'identité.

- Aucun point n'est invariant.
- L'image d'une droite est une droite parallèle.
- La distance M'N' des images de deux points M et N est égale à la distance MN.

Cette dernière propriété exprime que les translations sont des isométries.

La décomposition d'une translation en symétries centrales fournit un moyen élégant d'étudier la composée de deux translations.

UN PEU DE TECHNIQUE

Composée de deux translations

Examinons la composée de deux translations, l'une de vecteur $\overrightarrow{ST}$, l'autre de vecteur $\overrightarrow{TU}$. Marquons les milieux I de [ST] et J de [TU]. On peut réaliser la translation de vecteur $\overrightarrow{ST}$ en effectuant :

1) la symétrie de centre I ;

2) la symétrie de centre T ;

puis réaliser la translation de vecteur $\overrightarrow{TU}$ en effectuant :

3) la symétrie de centre T ;

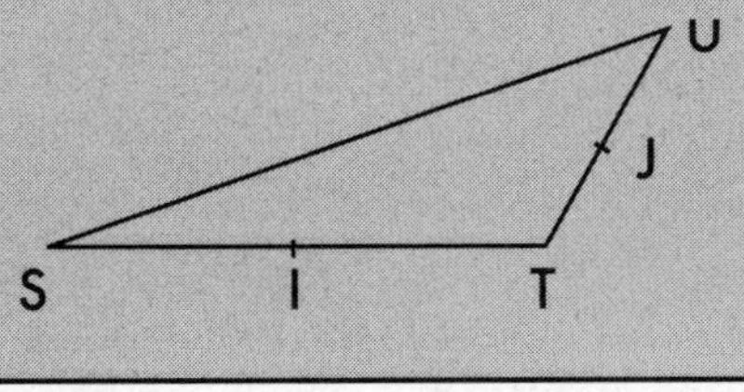

4) la symétrie de centre J.

Examinons bien la succession des quatre symétries : elle nous conduit à effectuer deux fois de suite la symétrie de centre T, ce qui revient à l'identité. La composée de nos deux translations se réduit donc à :

1) la symétrie de centre I ;

2) la symétrie de centre J.

Composition que nous savons identifier : c'est une translation et S a pour image U.

Voici donc démontrée ce qu'on nomme souvent la relation de Chasles :

La composée des translations de vecteurs $\overrightarrow{ST}$ et $\overrightarrow{TU}$ est la translation de vecteur $\overrightarrow{SU}$.

Agrandissements ou réductions

Agrandir ou réduire une figure, c'est la transformer en sorte que toutes les dimensions se trouvent multipliées par un même nombre ; c'est par exemple ce que nous avons fait en rapprochant deux triangles semblables. Si ce nombre *k* est supérieur à 1, la figure est agrandie, s'il est inférieur à 1, elle est réduite. C'est l'idée qui a donné naissance à une transformation particulièrement simple, appelée homothétie.

Un point O est donné, qui sera appelé le centre de l'homothétie. Si on prend dans le plan un point M arbitraire (autre que O), on peut tracer la demi-droite [OM), puis marquer sur cette demi-droite le point M' dont la distance à O est égale à *k*OM. Ce point M' est l'image de M dans l'homothétie de centre O et de rapport *k*. Par une convention commode, on déclare que l'image de O est O lui-même.

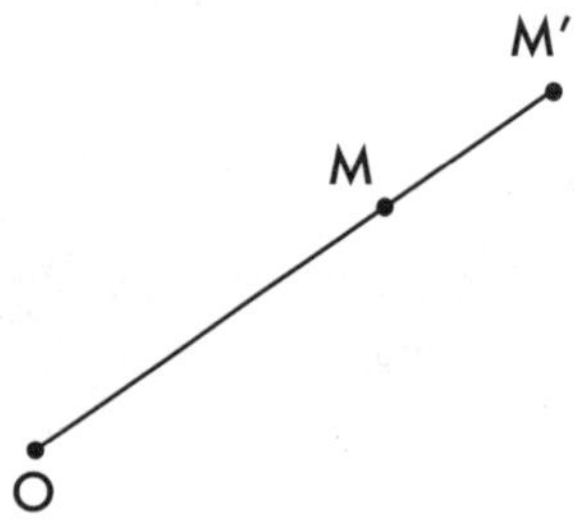

Figure 7.11 : Homothétie de centre O.

ATTENTION !

On vérifie assez simplement quelques propriétés de cette transformation :

- Le point O est transformé en lui-même (il est invariant).
- Seul O est invariant.
- La distance M'N' des images de deux points M et N est égale à *k* fois la distance MN.
- La droite (M'N') est parallèle à la droite (MN).

On voit ainsi que, hormis le cas évident $k = 1$ (et alors nous retrouvons la transformation identique, qui laisse tout point invariant), les homothéties ne sont pas des isométries.

Lorsqu'on dispose de deux points M et N et de leurs images M' et N', il est immédiat de retrouver le centre d'homothétie : comme les points O, M, M' d'une part, O, N, N' d'autre part sont alignés, il suffit de tracer les droites (MM') et (NN') : le point O est leur intersection.

Ces propriétés admettent une réciproque qui fait depuis des décennies le bonheur des collégiens, le théorème de Thalès, connu et utilisé bien avant Thalès. Nous allons y revenir. Il nous reste seulement à étendre un peu la définition des homothéties, pour inclure de nouveaux cas de figures.

Cas d'un rapport négatif

Un point O est donné, qui sera encore appelé le centre de l'homothétie. Si on prend dans le plan un point M arbitraire (autre que O), on peut tracer la demi-droite [OM), puis marquer sur la demi-droite opposée le point M' dont la distance à O est égale à kOM. Ce point M' est l'image de M dans l'homothétie de centre O et de rapport - k. Par une convention commode, on déclare encore que l'image de O est O lui-même.

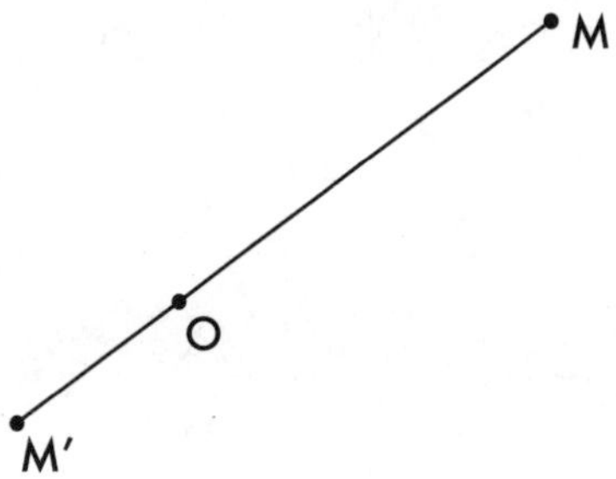

Figure 7.12 : Homothétie de rapport négatif.

On vérifie assez simplement quelques propriétés de cette transformation, qu'on peut regarder comme l'homothétie de centre O et de rapport k suivie d'un demi-tour autour de O :

- Le point O est transformé en lui-même (il est invariant).
- Seul O est invariant.
- La distance M'N' des images de deux points M et N est égale à k fois la distance MN.
- La droite (M'N') est parallèle à la droite (MN).

On voit ainsi que, hormis le cas évident $k = 1$ (et alors nous retrouvons la symétrie de centre O, le demi-tour), les homothéties de rapport négatif ne sont pas non plus des isométries.

Le théorème de Thalès

Reprenons la même figure, mais construite avec des hypothèses différentes. On trace deux droites se coupant en un point O et on les coupe par des droites (MN) et (M'N') qu'on sait parallèles. Le théorème de Thalès nous permet de conclure qu'il existe un nombre k tel que :

$$OM' = kOM \qquad ON' = kON$$

Autrement dit, il existe une homothétie de centre O qui transforme M en M' et N en N'.

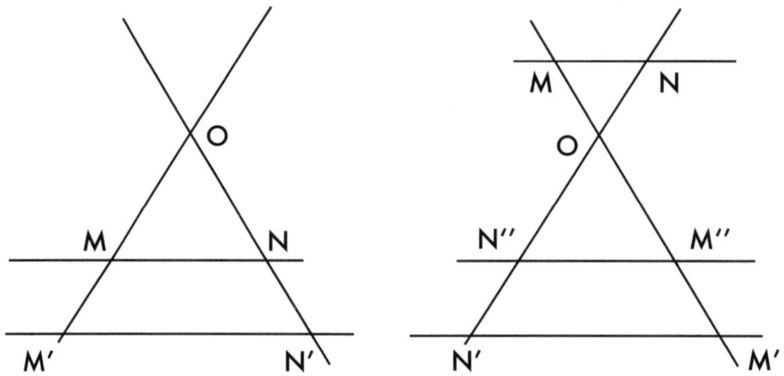

Figure 7.13 : Les constructions de Thalès.

Dès lors, on peut aussi écrire :

$$M'N' = kMN$$

La propriété est exacte aussi lorsque le point O est situé entre les deux parallèles : l'homothétie concernée est alors une homothétie de rapport négatif.

Il existe une généralisation, lorsque plus de deux droites parallèles coupent deux sécantes. Avec les notations de la figure, les segments découpés sur l'une des sécantes ont des longueurs proportionnelles aux segments correspondants découpés sur l'autre sécante, par exemple :

$$\frac{OM}{OM'} = \frac{ON}{ON'} = \frac{MN}{M'N'} = \dots$$

Chapitre 8

Un peu d'espace

Dans ce chapitre :

- Dans les hautes sphères
- Sous les pavés…
- Les polyèdres réguliers
- Prismes et cylindres
- Chapeaux pointus

La géométrie plane, celle qui nous a occupés depuis le début de l'ouvrage, est en quelque sorte moins « naturelle » que la géométrie spatiale. Nous vivons dans un environnement que deux coordonnées ne suffisent pas à décrire. Trouver la tour Montparnasse sur un plan de Paris, chacun sait le faire. S'y donner rendez-vous sans préciser l'étage est plus imprudent.

Parmi ces objets « naturels » si fréquents autour de nous, nous avons déjà évoqué la sphère. Il est temps de l'examiner dans ses moindres recoins, si l'on ose cette expression, puisque, justement, la sphère n'a pas de recoins. Il ne faudrait pas insister beaucoup pour la caractériser ainsi.

Dans les hautes sphères

JARGON

La définition de cette surface est très voisine de celle du cercle, à la différence près qu'on se situe dans l'espace :

> *La sphère est l'ensemble des points situés à une distance donnée d'un point donné, appelé le centre de la sphère.*

Un peu de vocabulaire

La distance de n'importe quel point de la sphère au centre est appelée le rayon. Suivant un abus de langage habituel, le mot rayon a un triple sens, exactement comme pour le cercle :

- le segment dont les extrémités sont un point de la sphère et le centre ;
- la longueur de ce segment ;
- la mesure de cette longueur avec une unité donnée.

De même que le disque est la portion de plan limitée par un cercle, on donne un nom à la partie de l'espace limitée par une sphère : on l'appelle une boule.

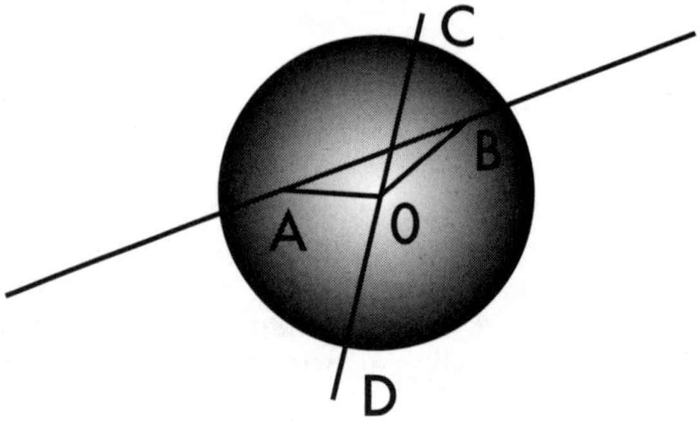

Figure 8.1 : Corde et diamètre.

Il est bon de connaître les définitions suivantes :

- Tout segment joignant deux points d'une sphère est appelée une corde.
- Une corde qui passe par le centre est appelée un diamètre (comme le mot rayon, le mot diamètre a un triple sens, analogue).

Sections planes

La configuration formée par une sphère et un plan peut revêtir plusieurs aspects :

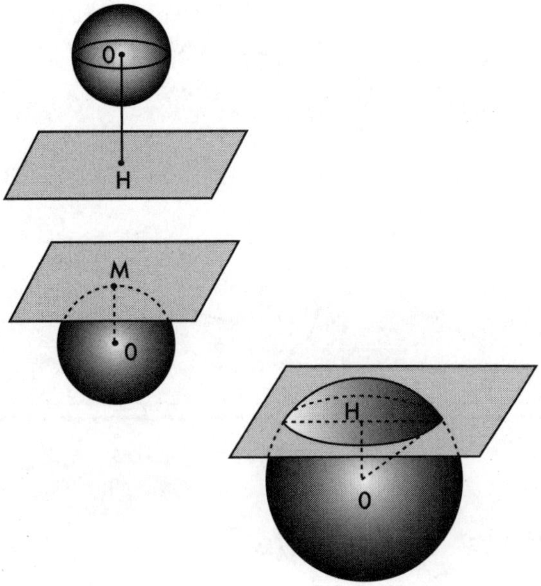

Figure 8.2 : La sphère et le plan.

- Dans le premier cas, le plan et la sphère n'ont aucun point commun.
- Dans le deuxième cas, le plan et la sphère ont exactement un point commun : on dit le plan tangent à la sphère.
- Dans le troisième cas, la droite et la sphère ont des points communs et on prouve aisément qu'ils forment un cercle.

Les propriétés de ces figures se trouvent déjà dans les *Éléments* d'Euclide. Il y est démontré en particulier que le plan tangent à la sphère en un de ses points M est perpendiculaire au rayon en M, ce qui signifie que toute droite de ce plan passant par M forme un angle droit avec le rayon (OM).

Le cas d'un plan qui passe par le centre de la sphère mérite une mention spéciale : on l'appelle plan diamétral et son intersection avec la sphère est appelée un grand cercle de la sphère.

Pourquoi « grand » cercle ?

Une remarque simple justifie ce qualificatif. Si R désigne le rayon d'une sphère, la distance de deux points M et N quelconques de cette sphère est au plus égale à 2R. Il suffit pour s'en convaincre d'observer le triangle qu'ils forment avec le centre O de la sphère. Le côté [MN] de ce triangle est plus court que la somme des deux autres côtés, [OM] et [ON], soit 2R.

Cela entraîne qu'un cercle tracé sur la sphère a un diamètre qui ne peut pas dépasser 2R, ce qui est justement le diamètre d'un grand cercle.

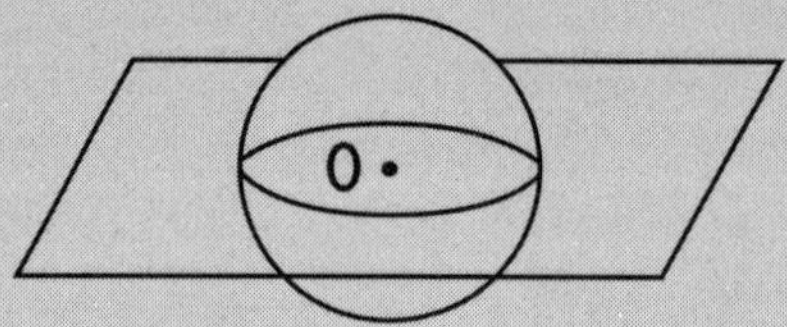

Surface et volume

On attribue à Archimède le calcul du volume de la boule ; il s'exprime en fonction du rayon R et du nombre π par la formule :

$$V=\frac{4}{3}\pi R^3$$

Archimède connaissait aussi une relation simple entre l'aire de la sphère de rayon R et l'aire (plane) limitée par un grand cercle, qui en est le quart ; on peut exprimer cela en donnant la formule de calcul de l'aire de la sphère de rayon R :

$$A=4\pi R^2$$

ce qui est bien égal à quatre fois πR^2.

La tombe d'Archimède

Pour nous qui apprenons les formules de calcul des volumes à l'école élémentaire, il n'y a pas de quoi s'émerveiller. Archimède a étudié la figure formée d'une boîte cylindrique et d'une boule de rayon R qui s'y ajuste parfaitement.

La base du cylindre est un disque de rayon R et d'aire πR^2, la hauteur du cylindre est 2R et le volume est donc le produit de ces nombres, soit :

$$2\pi R^3$$

Le quotient du volume de la boule au volume de la boîte est donc :

$$\frac{4/3\,\pi R^3}{2\pi R^3}$$

soit 2/3. Archimède était tellement fier d'avoir mis en évidence une relation si simple qu'il demanda que la figure correspondante fût gravée sur sa tombe.

Comme bien des sépultures, la tombe d'Archimède fut perdue de vue et oubliée et c'est Cicéron, alors proconsul en Sicile, qui la retrouva en 75 avant J.-C. et la reconnut. Il raconte cela dans un de ses ouvrages, *Les Tusculanes*. « Quand j'étais gouverneur en Sicile, j'eus la curiosité de chercher le tombeau d'Archimède à Syracuse. En fait, on en ignorait tout et on me dit qu'il n'en restait aucune trace. Mais je le cherchais si bien que je le découvris sous des ronces et des épines. Je le reconnus car je savais ce qui y avait été gravé, à propos de la sphère et du cylindre. »

Avec les siècles, la tombe fut à nouveau oubliée et perdue de vue, et ce n'est qu'en 1963 que, à l'occasion du chantier pour construire les fondations d'un complexe touristique la pierre tombale fut retrouvée au milieu du XXe siècle. On pense qu'elle ne sera plus perdue de vue !

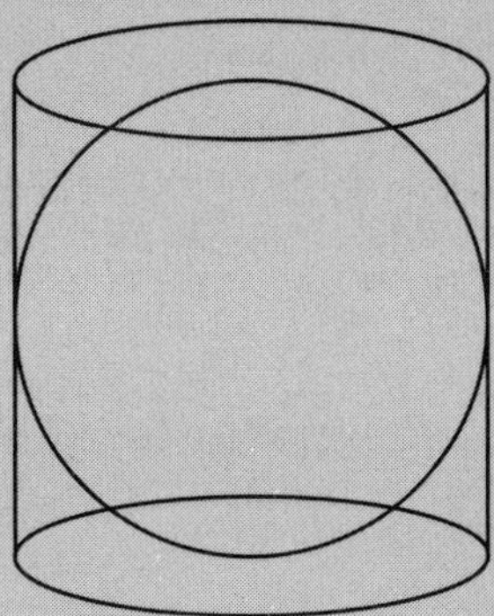

La sphère terrestre

Pour les astronomes grecs, la Terre est une boule et la sphère céleste tourne autour d'un diamètre de cette boule, la ligne des pôles. Le plan diamétral situé à égales distances des pôles est appelé plan équatorial et le grand cercle correspondant est l'équateur.

Longitudes

Dès lors, tout est en place pour repérer de façon précise un point à la surface du globe ; on définit des demi-plans méridiens, qui contiennent la ligne des pôles, et on choisit l'un d'eux pour origine. Longtemps, on a choisi le méridien de Paris, ou plus précisément celui qui passe par l'Observatoire de Paris. Désormais, c'est le méridien de Greenwich (dans la banlieue de Londres) qui est universellement adopté. La longitude d'un point est simplement l'angle de son plan méridien avec le méridien origine, mesuré de 0 à 180°, soit vers l'Ouest, soit vers l'Est.

Sachant que le Soleil fait en apparence un tour complet en 24 heures, il devient très simple de déterminer une longitude : il suffit de mesurer le temps qui sépare le passage du Soleil au méridien d'un lieu et au méridien origine. Simple en théorie, mais en pratique, cela suppose qu'on dispose d'un « garde-temps » transportable, réglé à l'heure du méridien d'origine. Et c'est l'invention de ces garde-temps, ancêtres de nos horloges, qui a permis l'essor de la navigation de haute mer. Lorsqu'il était impossible de calculer une longitude, le seul moyen de connaître sa position était de rester à portée de vue d'une côte.

Latitudes

La détermination des latitudes est, par comparaison, beaucoup plus simple. Par la pensée, on coupe la Terre selon un méridien, l'arc de méridien situé entre un point et l'équateur définit la latitude de ce point. Elle va de 0°, pour un point de l'équateur, à 90°, pour un pôle, et on précise nord ou sud, selon le sens de cet arc.

Pour mesurer la latitude, on vise une étoile éloignée dans la direction du pôle (dans notre hémisphère, l'étoile polaire). L'angle de cette direction avec la verticale du lieu est égal à la latitude.

Nous avons déjà mentionné que c'est par la détermination des latitudes de deux points de la Terre dont la distance était connue qu'on a établi les premières estimations de la longueur d'un méridien et, par voie de conséquence, du rayon terrestre. Longtemps d'ailleurs, le méridien de Paris a servi à définir l'unité légale de longueur, le mètre, tel que le quart de méridien mesure 10 000 000 mètres.

L'ensemble des points de la sphère terrestre de latitude donnée forme un parallèle : les parallèles sont des cercles (mais pas des grands cercles, à l'exception de l'équateur, qui est le parallèle de latitude 0).

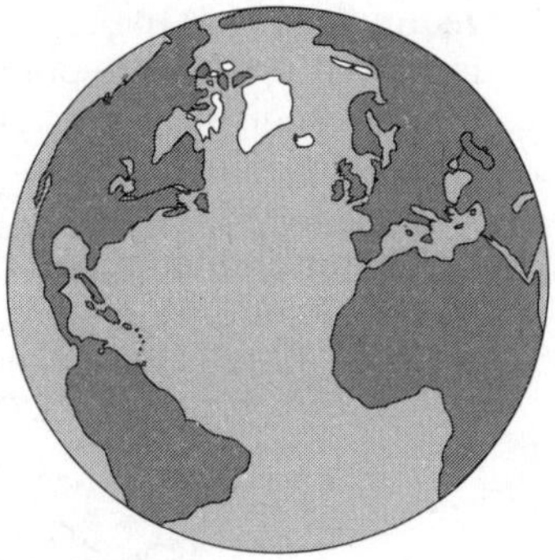

Figure 8.3 : La boule terrestre.

Sous les pavés...

Si la nature nous offre de nombreux solides en forme de boules, les pavés y sont beaucoup plus rares. Un pavé (appelé aussi parallélépipède rectangle) est un polyèdre (c'est-à-dire que toutes ses faces sont planes) qui se caractérise par le fait que ces faces n'ont que des angles droits.

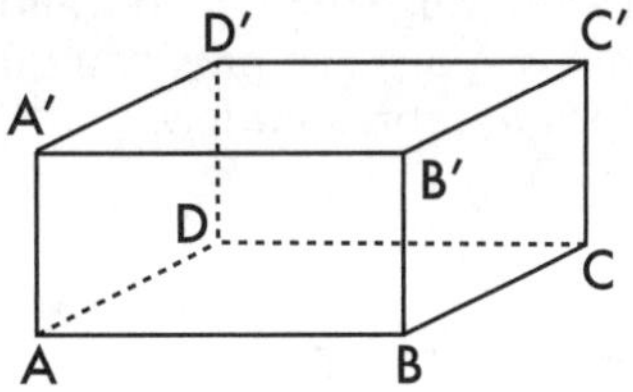

Figure 8.4 : Parallélépipède rectangle.

Lorsque ces faces sont des carrés, le pavé est un cube, le plus simple de tous les pavés.

Ce sont probablement les blocs de pierre destinés aux plus anciennes constructions qui ont été nos premiers pavés. Plus faciles à extraire des falaises, plus faciles à transporter en les faisant glisser sur des rondins, plus faciles à empiler pour former des murs, ils auraient faits la fortune de leur inventeur si les brevets d'invention avaient existé alors.

Volumes

Une autre raison de l'intérêt des géomètres pour cette figure est la facilité, dans certains cas, d'en définir et d'en calculer le volume. Si les trois dimensions longueur, largeur et hauteur sont des multiples entiers de l'unité de longueur, l'idée surgit de prendre pour unité de volume le cube dont le côté est cette unité de longueur. Il n'y a plus qu'à empiler ces cubes pour constater qu'on remplit exactement le pavé donné et à compter les nombres de cubes. Dans l'exemple ci-dessous, nous avons cinq couches, chacune étant constituée de trois lignes de huit cubes, ce qui donne pour volume :

$$5 \times 3 \times 8 = 120 \text{ unités.}$$

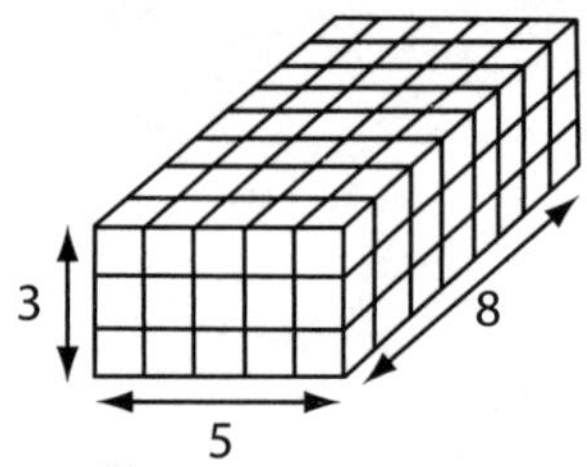

Figure 8.5 : Volume d'un pavé.

Dans le cas d'un cube dont l'arête est mesurée par un nombre a, cela donne pour le volume, avec l'unité associée, la valeur a^3, qu'on prononce « a au cube » et qui a déjà été présentée à propos de l'autel d'Apollon (voir p. 16).

Comme pour l'aire du rectangle, la validité de cette formule s'étend de proche en proche à des cas plus compliqués, lorsque les dimensions du pavé ne sont plus des nombres entiers.

Sections planes

Il est assez intuitif et simple à démontrer que toutes les sections d'un pavé par un plan parallèle à une arête sont des rectangles.

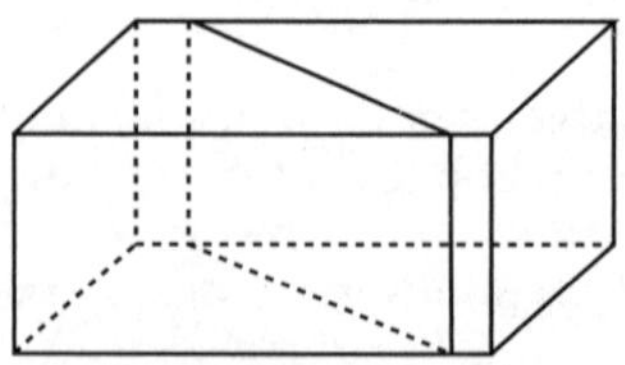

Figure 8.6 : Section d'un pavé.

La démonstration, qu'on trouve elle aussi dans les *Éléments* d'Euclide, repose sur le « théorème de la porte tournante » : on observe une droite coupant un plan en un point O. Si cette droite est perpendiculaire à deux droites du plan passant par O, alors elle est perpendiculaire à toutes les droites du plan passant par O. Pour qu'une porte « tourne bien », il faut en ajuster les gonds en sorte que, dans deux positions, la porte soit correctement ajustée. Cela suffit pour qu'elle se ferme et s'ouvre dans toutes les positions, et sans problème.

Figure 8.7 : La porte tournante.

Les polyèdres réguliers

Le cube jouit d'une sorte de symétrie assez fascinante. Ses six faces jouent des rôles parfaitement interchangeables et cela a donné naissance au jeu de dés : les six faces portent des points et, sauf superstition, il nous est sans doute indifférent de parier pour l'apparition de telle ou telle face.

Un joueur invétéré se demandera s'il n'est pas possible, en gardant cette impartialité, d'imaginer d'autres jeux où les paris se feraient non entre six résultats mais entre cinq, sept, ou un nombre quelconque. Il demandera à son fournisseur des « superdés », dont les faces seraient des polygones réguliers, comme par exemple :

- des triangles équilatéraux ;
- des carrés ;
- des pentagones réguliers ;
- des hexagones réguliers, etc.

Il n'y a qu'à essayer.

Le tétraèdre régulier

La question est souvent posée sous forme de jeu casse-tête : disposer six allumettes en sorte qu'elles forment quatre triangles. Dans le plan, c'est impossible. Dans l'espace, cela donne la configuration ci-dessous, le tétraèdre régulier.

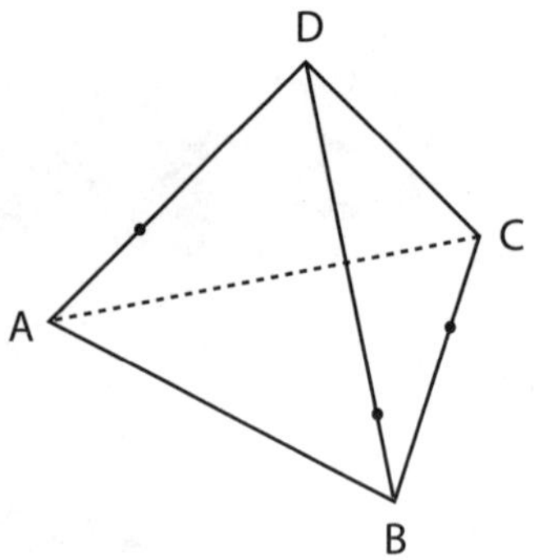

Figure 8.8 : Tétraèdre régulier.

Ce solide a six arêtes, toutes de même longueur, quatre faces, qui sont des triangles équilatéraux, et quatre sommets.

Le cube

Ce solide a déjà été présenté plus haut.

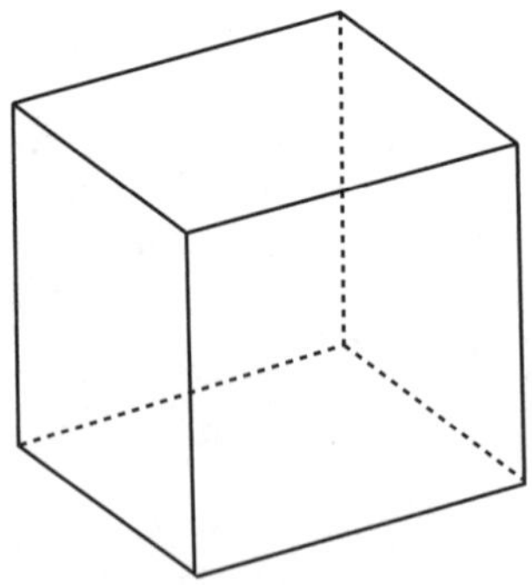

Figure 8.9 : Cube.

Il a douze arêtes, toutes de même longueur, six faces, qui sont des carrés, et huit sommets.

Jusqu'où ?

Ce début est trop facile et peut-être sans issue. Quand nous en serons arrivés aux heptagones (polygones à sept côtés) et que l'idée du bon polyèdre ne viendra pas toute seule, que faudra-t-il faire ? Chercher encore ? Combien de temps ? Chercher à démontrer une impossibilité ? Comment ? D'autre part, quand on a pensé à une solution, comme le tétraèdre régulier pour les triangles équilatéraux, faut-il passer au carré ou chercher d'abord d'autres exemples avec des triangles équilatéraux ? Combien ?

Il vaut mieux tenter d'être systématique. Pour cela, on peut s'appuyer sur une remarque simple (qu'il est possible de démontrer). En langage concret, elle s'exprime par une expérience commune. À l'équateur, deux bâtons de même longueur, attachés par l'une de leurs extrémités et reposant au sol par l'autre, forment toujours un angle plus petit que leurs ombres à midi. Dans le cas où l'attache des bâtons est aussi par terre, et seulement dans ce cas, les angles sont égaux. Si donc nous nous plaçons en un sommet S d'un polyèdre régulier, nous pouvons faire trois observations :

- Un certain nombre d'arêtes partent de ce sommet.
- Le même nombre de faces contient ce sommet.
- La somme des angles qui, sur chaque face, ont S pour sommet est inférieure à 360° (puisque leurs ombres forment un angle de 360°, un tour complet). Si cette somme est 360°, toutes les arêtes partant de S sont dans un même plan, il n'y a plus de polyèdre.

Il est désormais possible d'être systématique, assurés de n'oublier aucun cas.

Faces triangulaires

Les faces sont des triangles équilatéraux, dont les angles mesurent donc 60°. En un sommet, il peut aboutir :

- trois arêtes, donc trois faces, dont la somme des angles en S est 180° : on retrouve notre tétraèdre régulier ;
- quatre arêtes, donc quatre faces, dont la somme des angles en S est 240° : il est assez facile de construire le polyèdre correspondant, qui est un octaèdre régulier, il a huit faces, six sommets, douze arêtes ;
- cinq arêtes, donc cinq faces, dont la somme des angles en S est 300° : il est un peu plus long de construire le polyèdre correspondant, qui est un icosaèdre régulier, il a vingt faces, douze sommets, trente arêtes ;
- six arêtes, donc six faces, dont la somme des angles en S est 360° : c'est impossible, car ces arêtes seraient dans un même plan.

À plus forte raison, il ne peut aboutir plus de six arêtes en un sommet, car la somme des angles dépasserait alors 360°.

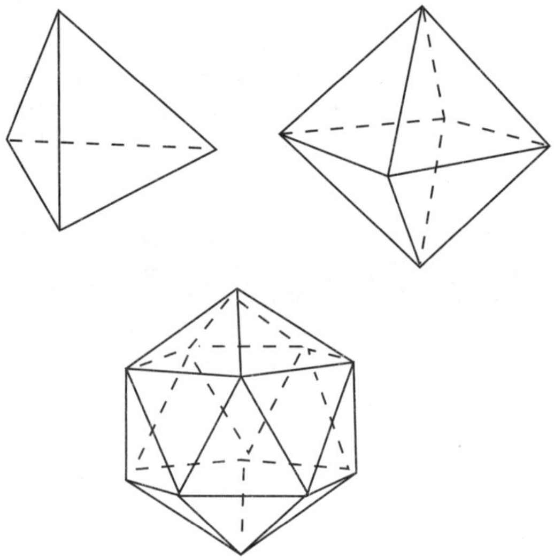

Figure 8.10 : Polyèdres à faces triangulaires.

Faces carrées

Les faces sont des carrés, dont les angles mesurent donc 90°. En un sommet, il peut aboutir :

- trois arêtes, donc trois faces, dont la somme des angles en S est 270° : on retrouve notre cube ;
- quatre arêtes, donc quatre faces, dont la somme des angles en S est 360° : c'est impossible, car ces arêtes seraient dans un même plan.

À plus forte raison, il ne peut aboutir plus de quatre arêtes en un sommet, car la somme des angles dépasserait alors 360°.

Faces pentagonales

Les faces sont des pentagones réguliers, dont les angles mesurent donc 108°. En un sommet, il peut aboutir :

- trois arêtes, donc trois faces, dont la somme des angles en S est 324° : on trouve un polyèdre régulier appelé dodécaèdre, il a douze faces, vingt sommets et trente arêtes ;
- quatre arêtes, donc quatre faces, dont la somme des angles en S serait 424° : c'est impossible à nouveau.

À plus forte raison, il ne peut abouter plus de quatre arêtes en un sommet, car la somme des angles dépasserait toujours 360°.

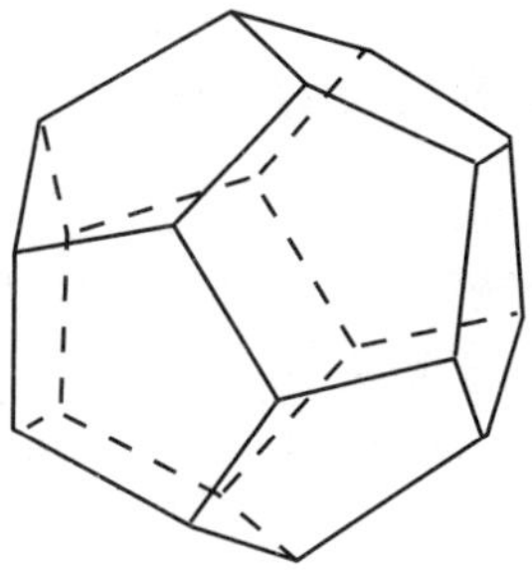

Figure 8.11 : Le dodécaèdre.

Faut-il poursuivre en évoquant des faces hexagonales ? Chaque angle de chaque face mesurerait 120°, et comme il faut qu'au moins trois faces aboutissent en un sommet, nous aurions au moins 360° pour somme et ce serait déjà impossible. À plus forte raison, les faces d'un polyèdre régulier ne peuvent avoir plus de six côtés. Autrement dit, nous avons fait le tour : il existe en tout et pour tout cinq polyèdres réguliers, qu'on appelle souvent les solides platoniciens.

Balle au centre

Chaque joueur de football rêve d'un ballon parfaitement régulier : les pièces de cuir assemblées auraient la forme de polygones réguliers, tous égaux (fabrication en série facilitée) et ils seraient assemblés pour former un polyèdre régulier, approximation d'une sphère. Et bien entendu, plus le polyèdre aurait de faces, meilleure serait l'approximation !

Halte ! Impasse. Dans ce rêve, on oublie qu'il n'existe que cinq polyèdres réguliers. Celui qui a le plus de faces n'en a que vingt.

Et voilà pourquoi les pièces de cuir assemblées pour un ballon réglementaire n'ont pas toutes la même forme : on trouve des hexagones réguliers et des pentagones réguliers.

Prismes et cylindres

Les surfaces cylindriques

Une courbe est dessinée dans un plan, le plus souvent un polygone ou un cercle, on l'appellera la directrice du cylindre. Une direction D est choisie en dehors du plan de la directrice. Et on définit une surface cylindrique comme engendrée par les droites parallèles à la direction choisie et passant par un point variable de la directrice. Ces droites sont les génératrices du cylindre.

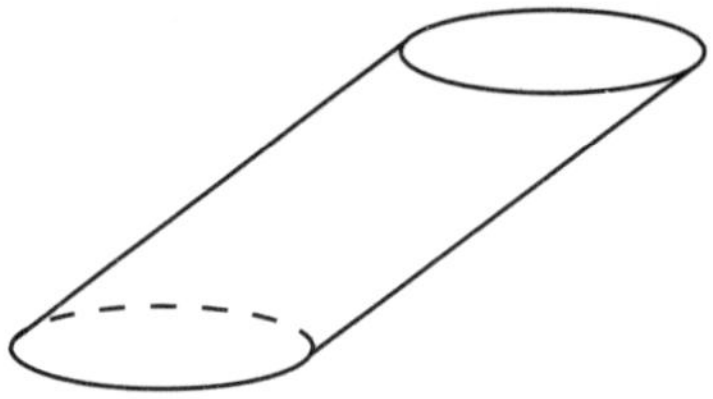

Figure 8.12 : Cylindre.

Souvent, on limite l'attention au solide limité par les génératrices et deux plans, celui de la directrice et un plan parallèle. Lorsque la directrice est un polygone, on parle plus volontiers de prisme, réservant le nom de cylindre à des formes circulaires ou courbes.

Le volume d'un cylindre s'exprime par une formule très simple. La directrice limite une partie de plan appelée base du cylindre. La distance entre les plans qui limitent le cylindre est la hauteur du cylindre. Et le volume est tout simplement le produit de l'aire de la base par la hauteur ; c'est cette formule que nous avions rappelée à propos du cylindre qui orne la tombe d'Archimède.

La même formule vaut naturellement dans le cas particulier des prismes.

UN PEU D'HISTOIRE

Les géomètres grecs qui trouvèrent cette formule avaient utilisé une méthode d'approximation, découpant le prisme en colonnes très minces, qu'on pouvait approcher par des pavés. Mais, comme pour l'aire des triangles, certains esprits rigoureux se sentaient mal à l'aise devant une formule trouvée par des approximations. N'était-il pas possible, comme pour nos puzzles, de découper le solide étudié et d'en réassembler les pièces pour former un cube ? La réponse est non, mais il a fallu attendre 1904 pour qu'un Suisse, Jean-Pierre Sydler, en donne une preuve, complétant une conjecture de Max Dehn, vieille de plus de soixante ans.

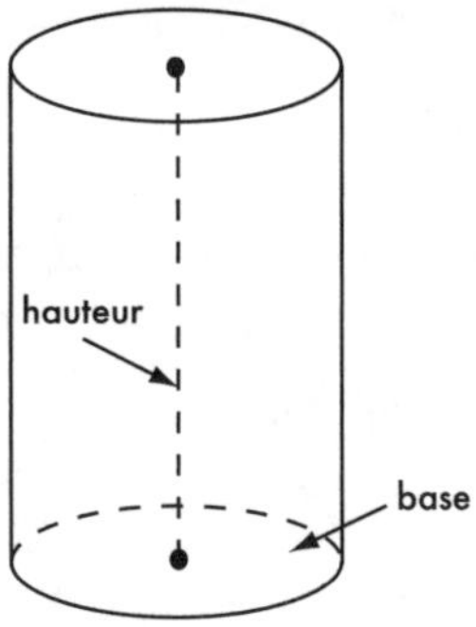

Figure 8.13 : Volume du cylindre.

Les chapeaux pointus

Deux types de solides usuels manquent à notre revue, les cônes et les pyramides. Ces formes sont familières à chacun de nous.

Les cônes

Une courbe est dessinée dans un plan, le plus souvent un cercle ; on l'appellera la directrice du cône. Un point S est choisi en dehors du plan de la directrice, on l'appellera sommet du cône. Et on définit une surface conique comme engendrée par les droites passant par le sommet et par un point variable de la directrice.

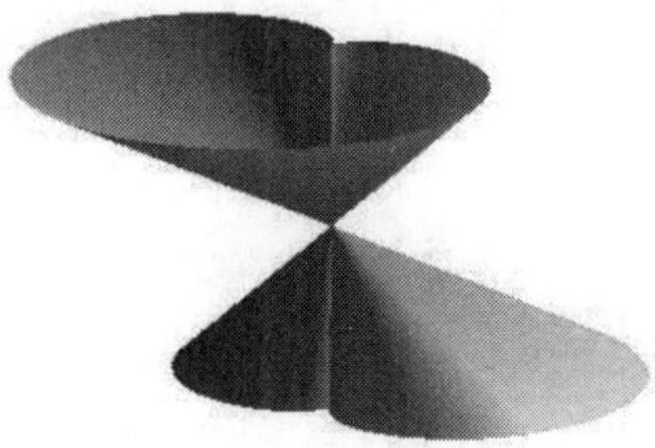

Figure 8. 14 : Surface conique.

Volume du cône

La formule est aisée à retenir : le volume d'un cône est le tiers du volume d'un cylindre qui aurait même base et même hauteur :

$$V = \frac{1}{3} B \times h$$

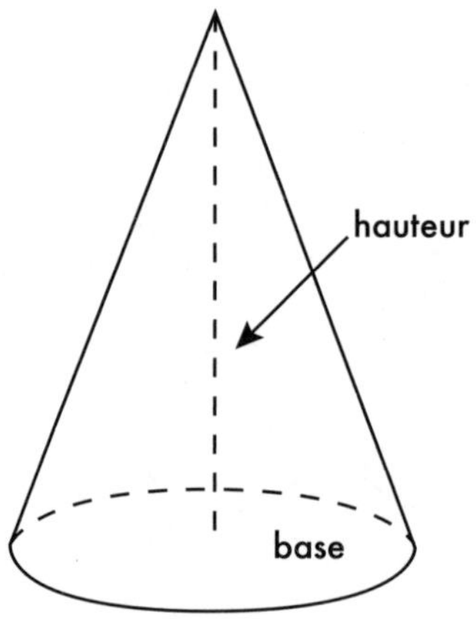

Figure 8.15 : Volume du cône.

Sections planes

Un livre entier d'Euclide est consacré à ces courbes obtenues en coupant par un plan un cône à base circulaire et qu'on appelle les coniques.

Suivant la position du plan de coupe, on obtient des courbes d'apparences très différentes. Nous représentons ces trois cas dans l'espace et dans le plan de coupe :

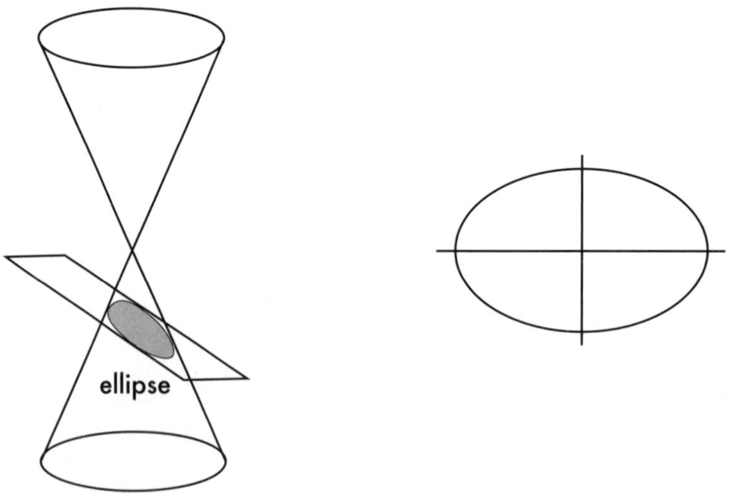

Figure 8.16 : Cas n° 1 : ellipse.

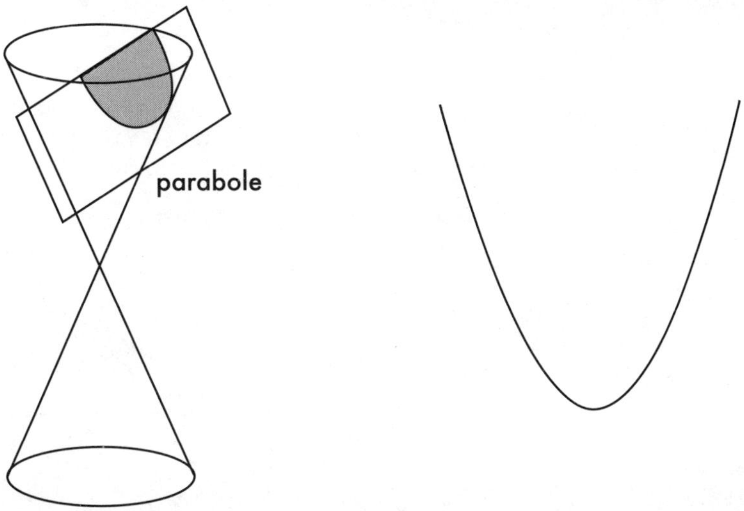

Figure 8.17: Cas n° 2: parabole.

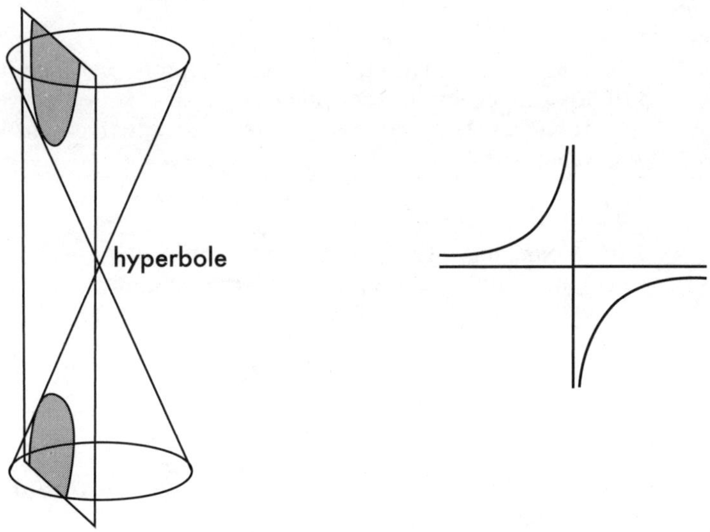

Figure 8.18: Cas n° 3: hyperbole.

Les pyramides

Dans le cas particulier où la directrice est un polygone, nous avons signalé qu'il était plus usuel de parler de pyramide : c'est donc un cas particulier de cône. On définit donc une surface pyramidale comme engendrée par les droites passant par le sommet et par un point variable de la directrice.

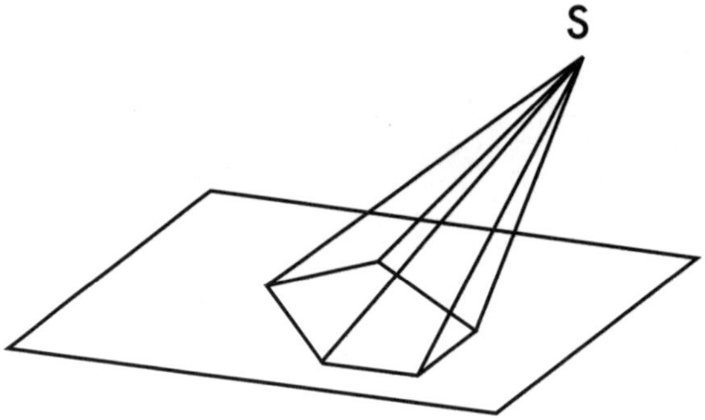

Figure 8.19 : Pyramide.

Souvent, on limite l'attention au solide limité par le sommet et la directrice. Les faces de ce solide sont planes et c'est donc un polyèdre. Nos deux questions, posées à propos des cônes, se singularisent ici : le volume et les sections planes.

Volume de la pyramide

Il n'y a pas de formule nouvelle à retenir : comme pour n'importe quel cône, le volume d'une pyramide est le tiers du volume d'un prisme qui aurait même base et même hauteur :

$$V=\frac{1}{3}B\times h$$

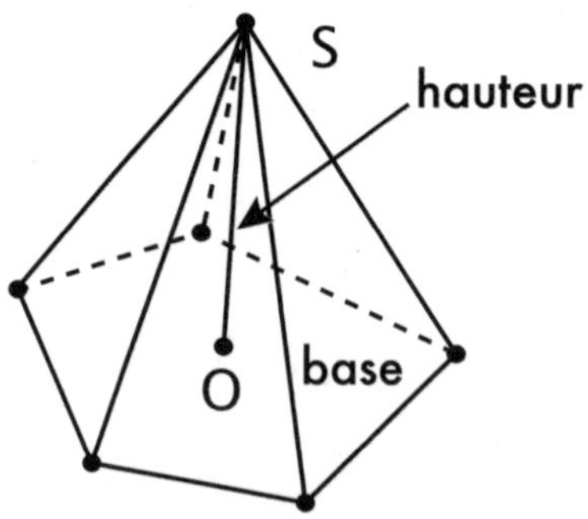

Figure 8.20 : Volume de la pyramide.

Sections planes

Certaines sections planes des pyramides sont utilisées pour matérialiser les transformations évoquées au chapitre précédent sous le nom de réductions ou d'agrandissements (voir p. 94). Il s'agit des sections par des plans parallèles au plan de la base.

On vérifie que, lorsqu'on passe de la directrice à la section, toutes les dimensions sont multipliées par un même coefficient k ; c'est exactement la définition d'une réduction (ou agrandissement).

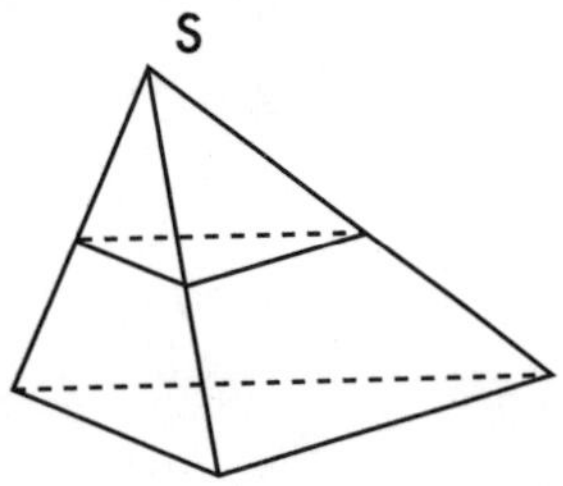

Figure 8.21 : Agrandissement d'un triangle.

Deuxième partie

Arithmétique : le compte est bon

Dans cette partie…

Dans l'histoire de nos civilisations, l'invention des nombres entiers a été un pas important vers l'abstraction. Les problèmes sont si simples à poser et, parfois, si difficiles à résoudre que ces nombres ont alimenté le travail des savants pendant des millénaires (et ce n'est pas fini!). Le grand mathématicien Kronecker disait: «Dieu a inventé les nombres entiers, le reste est l'œuvre de l'homme.» Avec les nombres premiers, les fractions et les nombres négatifs, nous partirons donc à la découverte de cette notion en apparence simple: le nombre, et de la science qui lui est associée: l'arithmétique.

Chapitre 9

Les nombres entiers naturels

Dans ce chapitre :

- Le nombre 2
- Compter sans nombres
- La numération romaine
- Les numérations de position
- Jusqu'où peut-on compter ?
- L'induction

L'étude des nombres entiers naturels a de quoi fasciner, même les nuls ! Les énoncés sont le plus souvent faciles à comprendre et les démonstrations sont parfois élémentaires, parfois d'une grande complexité.

Dans l'histoire de l'humanité, l'émergence de l'idée de nombre a été extrêmement lente.

Le nombre 2

Dans l'éveil d'un très jeune enfant, comme dans l'histoire de nos lointains ancêtres, la conscience du 2 survient avec l'idée que certains ensembles familiers ont quelque chose en commun : les mains, les yeux, les pieds, la paire de bœufs qu'on attelle ou le couple de tourterelles qu'on apprivoise… Réclamer deux bonbons, c'est en vouloir un dans chaque main, nul besoin de savoir compter pour cela. La persistance, dans de nombreuses langues, de termes variés pour nommer cette chose commune,

- *deux* euros ;
- une *paire* de chaussures ;
- un *couple* d'animaux ;

- un *duo* de poissons ;
- travailler en *binôme* ;

… est peut-être la trace d'une difficulté à reconnaître ce que ces ensembles ont en commun.

Compter sans nombres

Même pour des ensembles plus volumineux, des actes simples de gestion sont possibles sans avoir à utiliser de nombres. Le berger qui sort son troupeau le matin peut mettre dans un sac un caillou pour chaque mouton qui sort de la bergerie ; le soir, il retire du sac un caillou à chaque bête qui rentre au bercail. Si le sac est vide, il ne manque aucune bête. Chaque caillou représente un mouton, comme le ferait une encoche sur un bout de bois ou sur un os, ou un petit trait tracé sur une tablette d'argile.

Pour sommaire que soit ce procédé, il permet de s'assurer que deux troupeaux contiennent le même « nombre » d'animaux et, dans le cas contraire, d'avoir une idée de ce qui les différencie.

Dans un effort d'abstraction supplémentaire, les cailloux peuvent être immatériels, comme les mots d'une récitation ou, plus faciles encore à retenir, d'une comptine :

Une poule sur un mur, qui picorait du pain dur,
Picoti, picota, lève la queue et puis s'en va.

En prononçant un mot pour chaque objet à dénombrer, on peut se contenter de retenir le dernier mot prononcé. Une collection qui a permis d'aller jusqu'à « pain » contient ce que nous appelons aujourd'hui neuf éléments ; toute collection qui permet d'aller à ce même mot en contient autant, elle en contient moins si la récitation s'arrête avant, plus si elle continue au-delà.

Il n'y a aucune différence essentielle avec une autre récitation, la comptine numérique :

Un, deux, trois, quatre, cinq, six, sept, huit, neuf, dix,
Onze, douze, treize, quatorze, quinze, seize, dix-sept, dix-huit, dix-neuf, vingt

Mais quelque récitation qu'on utilise, on se heurte vite aux limites de la mémoire, sans compter la difficulté de trouver un texte dans lequel aucun mot n'apparaît plus d'une fois.

Quant aux encoches sur un bâton, elles se heurtent bientôt à une difficulté analogue : pour comparer deux pareils « documents », il n'y a guère que le fastidieux appariement : on fait glisser, d'encoche en encoche, un doigt d'une main et un doigt de l'autre.

Si l'on dispose d'un support d'écriture, tablette d'argile ou équivalent de notre papier, on peut construire un système d'abréviations qui faciliterait les comparaisons. On peut convenir de remplacer par exemple :

IIIII	par	V
VV	par	X

Il est dès lors plus rapide de comparer XVII et XVIII que :

IIIIIIIIIIIIIIIII et IIIIIIIIIIIIIIIIII

On aura reconnu la numération romaine, encore en usage en Occident il y a une dizaine de siècles.

La numération romaine

On utilise aujourd'hui encore la numération romaine pour les siècles (le XXIe siècle), pour les rois (Louis XIV), pour les papes (Benoît XVI)…

Alors que la numérotation décimale utilise une décomposition à l'aide de dizaines, de centaines etc., et un principe multiplicatif, la numérotation romaine, pour les quantités inférieures à cinq mille, utilise :

- des symboles spécifiques :

I	V	X	L	C	M
1	5	10	50	100	1 000

- un principe d'addition : tout symbole supérieur (ou égal) à celui qui le suit s'y ajoute. *Exemple* :

XX	20	(10 + 10)
LI	51	(50 + 1)
MDCXV	1 615	(1 000 + 500 + 100 + 10 + 5)

Tardivement, on a ajouté un principe de soustraction, pour alléger les écritures, selon lequel tout symbole strictement inférieur à celui qui le suit s'en retranche. *Exemple* :

IV	4	(5-1)
XL	40	(50-10)

Ce système n'est pas dépourvu d'ambiguïté. Par exemple, VXC pourrait représenter :

- 5 retranché au nombre XC, soit 90-5 = 85 ;
- 5 retranché au nombre X, soit 5, retranché de C, ce qui donne 95.

C'est pourquoi, quitte à allonger les écritures, on n'écrit en général qu'un seul nombre à retrancher à gauche d'un autre :

- 95 sera alors écrit XCV ;
- 85 sera écrit LXXXV.

Pour les besoins de la vie courante, ce système a rempli son rôle tant bien que mal, malgré deux handicaps : la limitation des nombres que le procédé permet d'écrire (il n'y a pas de symbole d'usage courant pour abréger un nombre plus grand que mille) et l'extraordinaire difficulté des opérations, même élémentaires à nos yeux (allez donc multiplier XXIII par XVII !).

Les numérations de position

Une idée toute différente, venue d'Extrême-Orient, a été introduite en Europe par Léonard de Pise, connu aussi sous le nom de Fibonacci, en 1267.

La base dix

Il s'agit de réduire la comptine numérique à neuf termes, des chiffres, de grouper les éléments à dénombrer par dizaines, les dizaines s'il le faut par dizaines de dizaines, et ainsi de suite. On dira ainsi qu'une cassette contient :

- quatre écus ;
- sept dizaines d'écus ;
- trois dizaines de dizaines d'écus.

On convient alors d'écrire ces chiffres côte à côte, de la droite vers la gauche (suivant l'usage de l'écriture arabe), la simple position de l'écriture d'un chiffre suffisant à indiquer s'il s'agit d'unités, de dizaines, de dizaines de dizaines, et ainsi de suite. Le contenu de notre cassette est alors noté 374.

Un avantage décisif et un défaut apparaissent immédiatement.

L'avantage est qu'il n'y a plus de limitations aux nombres qu'on est capable de noter. Il n'y a aucune ambiguïté sur le nombre désigné par :

1 698 543 317 925

Le défaut réside dans le risque de confusion entre :

- Quatre écus et sept dizaines d'écus ;
- Quatre écus et sept dizaines de dizaines d'écus qui devraient l'un et l'autre s'écrire 74.

Naturellement, si le scribe est soigneux, il aura tracé des colonnes, si bien que la confusion est impossible.

	7	4
7		4

L'autre idée, venue d'Inde et apportée par les Arabes, consiste à user d'un signe spécial pour marquer une colonne vide : chacun aura reconnu ici notre zéro qui rend impossibles à confondre 74 et 704.

Bien entendu, si l'usage des dizaines s'est imposé presque universellement (on dit que nous utilisons un système à base dix), d'autres groupements auraient pu être imaginés et l'ont été dans certaines civilisations.

D'autres bases

Pourquoi dix, tout d'abord ? La raison en est vraisemblablement anatomique : nous avons dix doigts ! Mais ces mêmes raisons auraient pu faire pencher en faveur de la base cinq, ou vingt en utilisant les orteils. D'ailleurs, plusieurs civilisations ont utilisé cette base vingt. Il nous en reste des traces, lorsque nous disons quatre-vingts, ou que nous évoquons l'hôpital des Quinze-Vingts.

Lorsque apparaissent des calculs scientifiques, et notamment astronomiques, d'autres bases peuvent sembler souhaitables.

Repensons à notre base dix. Elle nous est si familière que des facilités de calcul nous semblent naturelles : lorsque la division est possible, diviser par dix est un jeu d'enfant, diviser par cinq ou par deux n'est guère plus compliqué. La raison en est simple : la base choisie, dix, est divisible par deux et par cinq. Ainsi, l'opération consistant à diviser soit par la base, soit par un diviseur de la base est très facile : du point de vue du savant, de celui qui aura à faire des calculs, une bonne base est celle qui a le plus de diviseurs possibles. Par exemple, en base dix, les divisions par deux et par cinq sont faciles ; en base douze, les divisions par deux, par trois, par quatre et par six sont faciles.

La base douze

Nous avons quelques éléments de numération en base douze dans nos usages. Les œufs, les huîtres se vendent par douzaines. Douze douzaines forment une grosse.

Une association s'est fondée dans les années quarante du siècle dernier, la Duodecimal society, devenue la Dozenal society of America, qui s'est consacrée à la promotion de la numération en base douze. Elle publie un bulletin et gère un site Internet, en coopération avec une association britannique. Quelles que soient ses excellentes raisons, elle a peu de chances d'aboutir ; c'est un phénomène bien connu, analogue à la multiplicité des langues ou aux claviers d'ordinateurs.

On l'appelle d'ailleurs l'effet azerty. Lorsque les machines à écrire sont apparues, la disposition des lettres a été conçue pour ralentir la frappe, en sorte d'éviter que les marteaux ne s'emmêlent. Il serait aujourd'hui plus logique d'abandonner cette disposition au profit d'une autre, plus ergonomique, mais l'habitude est trop forte.

L'escalade est sans limite : pourquoi pas une base deux cent dix, qui rendrait élémentaires les divisions par : 2, 3, 6, 7, 10, 14, 15, 21, 30, 35, 42, 70, 105 ?

La réponse va de soi : plus la base est importante, plus il y a de symboles différents pour représenter les nombres inférieurs à la base (en un mot : des chiffres). Il faut donc un compromis.

Deux compromis ont fait carrière :

- La base soixante, qui rend élémentaires les divisions par : 2, 3, 4, 5, 6, 10, 12, 15, 20, 30, et que nous utilisons encore pour les durées. Diviser une heure en douze parties égales est immédiat : on trouve cinq minutes.
- La base deux, qui a envahi l'informatique, et qui présente l'intérêt de n'utiliser que deux chiffres, 0 et 1, si bien qu'il n'est pas épuisant d'apprendre ses tables, qu'il s'agisse de table d'addition ou de multiplication.

Comment s'écrirait le nombre 157 en base 6 ?

On imagine des cailloux, groupés six par six. Ces groupements sont prévisibles grâce à la division par 6 :

$157 = (6 \times 26) + 1$

Le reste, 1, dans cette division, figure un caillou qui n'appartient à aucun groupe.

Parmi les 26 sizaines constituées, on tente des groupements de six sizaines. Puisque :

$26 = (6 \times 4) + 2$

on peut former quatre groupements et il reste deux sizaines isolées. Notre nombre représente :

- 4 sizaines de sizaines ;
- 2 sizaines ;
- 1 caillou.

Ce qui s'écrit 421_6.

(Le petit 6 est un aide-mémoire rappelant que ce nombre est écrit en base 6.)

Jusqu'où peut-on compter ?

Bien qu'ils ne soient en rien nécessaires à ce qui suit, les systèmes de numération de position nous font toucher du doigt une notion qui a fait couler beaucoup d'encre, celle de l'infini.

Nous sommes au cours préparatoire ; le jeu consiste à écrire le plus grand nombre qui existe dans le monde. Fabien, six ans, lève la main et montre ce qu'il a écrit : 21 650.

« La maîtresse : tu crois que c'est le plus grand nombre du monde ?
– Oui.
– Et que dirais-tu de 21 651 ?
– J'étais pas tombé loin ! »

Ce qui manque justement à Fabien, qui l'en blâmerait, c'est cette idée du « jamais fini » ; si grand que soit un nombre, on peut toujours en décrire un plus grand, en lui ajoutant 1.

Dès l'époque d'Archimède, les savants avaient clairement perçu deux faits importants. Le premier est que la suite des nombres entiers peut être allongée sans limite, par la répétition d'un processus, qui permet de donner un successeur à tout nombre, ce que nous faisons en lui ajoutant 1. Le second est qu'il est possible d'opérer, non seulement sur des nombres quelconques préalablement écrits, mais sur des nombres non connus de celui qui fait le raisonnement, ce qui ne l'empêche pas d'énoncer des résultats. Cette idée nous est aujourd'hui familière, qui consiste à remplacer des nombres par des lettres. Ainsi, une écriture telle que :

$$a + b = b + a$$

qui exprime que la somme de deux nombres ne dépend pas de l'ordre dans lequel on les écrit n'a évidemment pas à être vérifiée cas par cas : un raisonnement permet de l'établir comme un résultat général.

Les paradoxes de l'infini

Pendant des siècles, on s'est contenté des constats précédents et ce n'est que dans la seconde moitié du XIXe siècle qu'on s'est avisé de certaines difficultés logiques.

La première survient lorsqu'on veut étendre le travail du berger et de ses petits cailloux. En associant son double à tout entier :

1	2	3	4	5	6	7	8	9	10	11	...
2	4	6	8	10	12	14	16	18	20	22	...

On met ainsi « en évidence » ce paradoxe singulier : il y a autant de nombres pairs que de nombres entiers. Cela choque le sens commun : que fait-on des nombres impairs ?

L'hôtel de Hilbert

Cet hôtel comporte une suite infinie de chambres, numérotées à l'aide des entiers. Supposons-le complet : il y a un voyageur dans chaque chambre. Et voilà qu'on sonne à la porte : un voyageur en quête de gîte. Que peut faire le réceptionniste ? La réponse est simple : il demande à tout voyageur déjà installé de changer de chambre, et de s'installer dans la suivante ; celui qui a la chambre 6 ira en 7, comme celui qui a la chambre 1 000 ira en 1 001. Ses anciens clients sont tous relogés et la chambre 1 est disponible pour le nouvel arrivant.

S'il s'agit d'un car entier de quarante voyageurs, ce n'est pas plus difficile : on enverra chaque occupant quarante chambres plus loin ; celui qui a la chambre 6 ira en 46, comme celui qui a la chambre 1 000 ira en 1 040. Ses anciens clients sont tous relogés et les chambres 1 à 40 sont disponibles pour les nouveaux arrivants.

Encore plus fort : il se présente une suite infinie de clients. Le réceptionniste n'a qu'à demander à tout voyageur déjà installé de changer de chambre et de s'installer dans la chambre du numéro double ; celui qui a la chambre 6 ira en 12, comme celui qui a la chambre 1 000 ira en 2 000. Ses anciens clients sont tous relogés et les chambres de numéros impairs sont disponibles pour les nouveaux arrivants. À l'arrivant numéro p, il attribuera la chambre de numéro impair $2p+1$.

L'induction

C'est au XVIIe siècle qu'une formalisation précise est proposée pour prouver qu'une certaine propriété vraie pour un entier particulier est vraie de tout entier. Le mérite en revient à Pierre de Fermat qui, sans modestie, écrit : « Et pour ce que les méthodes ordinaires, qui sont dans les Livres, étaient insuffisantes à démontrer des propositions si difficiles, je trouvai enfin une route tout à fait singulière pour y parvenir. J'appelai cette manière de démontrer la descente infinie. » (Lettre à Carcavi, août 1659.)

L'idée de Fermat est la suivante. Une certaine propriété dépend d'un entier n et est vraie, souvent de façon banale, pour $n = 1$.

Par un calcul, Fermat prouve que, si la propriété était fausse pour un entier n, elle serait fausse aussi pour l'entier précédent $n-1$. Il « descend » ainsi jusqu'à 1, faisant éclater une contradiction : il est absurde de supposer la propriété fausse pour n.

Souvent la preuve se fait dans l'autre sens : on prouve que si la propriété est vraie d'un entier n, elle est vraie pour le suivant : la propriété est alors dite héréditaire.

Le principe de Fermat s'énonce ainsi :

> *Si une proposition dépendant d'un entier n est vraie lorsque $n = 1$, et si elle est héréditaire, alors elle est vraie de tout entier.*

Ou, sous une forme un peu plus générale :

> *Si une proposition dépendant d'un entier n est vraie lorsque $n = p$, et si elle est héréditaire, alors elle est vraie de tout entier au moins égal à p.*

C'est sous cette forme que Pascal décrit le raisonnement, dans son *Traité du triangle arithmétique*. Il veut prouver une propriété sur les lignes d'un tableau de nombres (appelé depuis le triangle de Pascal) : « Quoique cette proposition ait une infinité de cas, j'en donnerai une démonstration bien courte, en supposant deux lemmes : le premier, qui est évident de soi-même, est que cette proposition se rencontre dans la seconde ligne ; le deuxième, que, si cette proposition se rencontre dans une ligne quelconque, elle se trouve nécessairement dans la suivante. D'où il se voit qu'elle est nécessairement dans toutes les lignes, car elle est dans la seconde ligne par le premier lemme, donc par le second, elle est dans la troisième ligne, donc dans la quatrième, et à l'infini. Il faut donc seulement démontrer le second lemme. »

« Lemme » signifie résultat préparatoire et Pascal commence dans cet exemple à $n = 2$: « se rencontre dans la seconde ligne ».

Sous la forme proposée par Pascal, ce mode de preuve est généralement appelé raisonnement par récurrence.

Exemple à la Fermat

On donne un nombre x, tel que $x > -1$. Il s'agit de démontrer, pour tout entier naturel n, l'inégalité de Bernoulli :

$$(1 + x)^n \geq 1 + nx$$

La démarche proposée par Fermat se développe comme suit. S'il existait un entier p tel que :

$$(1+x)^p < 1+px \qquad \text{(I)}$$

Ce nombre p ne peut pas être nul (pour $p=0$, les deux membres de notre inégalité valent 1 et le premier membre ne peut être strictement inférieur au second), ni même égal à 1 (pour $p=1$, les deux membres de notre inégalité valent $1+x$ et le premier membre ne peut être strictement inférieur au second).

L'égalité évidente :

$$1+px=(1+x)\,[1+(p-1)\,x]-(p-1)\,x^2$$

entraîne l'inégalité :

$$1+px<(1+x)\,[1+(p-1)\,x]$$

Avec notre hypothèse (I), nous pouvons écrire :

$$(1+x)^p<(1+x)\,[1+(p-1)\,x]$$

Ce qui, puisque $1+x$ est positif et non nul, équivaut à :

$$(1+x)^{p-1}<1+(p-1)\,x$$

Si l'inégalité (I) était vérifiée par un entier p, elle serait vérifiée par l'entier $p-1$. On pourrait ainsi « descendre » et parvenir à l'entier 1, pour lequel l'inégalité (I) s'écrit :

$$1+x<1+x$$

Ce qui est faux (il s'agit d'inégalité stricte). On en déduit que la proposition :

Il existe un entier p pour lequel $(1+x)^p < 1+px$

… est fausse, donc que la proposition contraire :

Pour tout entier n, $(1+x)^n \geq 1+nx$

… est vraie.

Exemples à la Pascal

Exemple 1

On se propose, avec un véhicule à consommation constante, de parcourir un circuit fermé. En n points du circuit, sont placées des réserves de carburant dont le total égale la consommation du véhicule pour parcourir le circuit. Il s'agit de prouver qu'il existe un point de départ permettant d'accomplir le circuit sans tomber à court de carburant.

Pour $n = 1$, la propriété est vraie : si tout le carburant est placé en un point, il suffit de partir de ce point pour avoir de quoi parcourir le circuit entier.

Nous allons montrer que « si la propriété se trouve dans un nombre, elle se trouve dans le suivant » (autrement dit que la propriété est héréditaire).

Observons une situation dans laquelle le carburant est réparti en $n + 1$ points du circuit.

Il existe au moins un des points, nommons-le A, en lequel la réserve de carburant permet d'aller jusqu'au point suivant (sinon, le total ne permettrait certainement pas d'accomplir un circuit complet). On ne change rien d'essentiel en ramenant la réserve de ce point suivant en A. Mais alors, nous nous trouvons devant le même problème pour n points. Si l'affirmation est vraie pour n, elle est donc vraie pour $n + 1$.

Exemple 2

Soit à trouver et prouver une formule exprimant la somme des n premiers nombres impairs.

Les égalités :

$$1 = 1 ; 1 + 3 = 4 ; 1 + 3 + 5 = 9 \quad \text{et} \quad 1 + 3 + 5 + 7 = 16$$

laissent imaginer que la somme des n premiers nombres impairs est égale à n^2.

Et de fait, cette propriété, vraie pour $n = 1$, est héréditaire, puisque de l'égalité :

$$1 + 3 + \ldots + (2p - 1) = p^2$$

on déduit, par addition de $(2p + 1)$ aux deux membres :

$$1 + 3 + \ldots + (2p + 1) = p^2 + 2p + 1$$

… qui est bien égal à $(p+1)^2$.

Exemple 3

Soit à prouver que, quel que soit l'entier n, n^5-n est divisible par 5.

La propriété est manifestement vraie pour $n=1$. Prouvons qu'elle est héréditaire.

On suppose donc que n^5-n est multiple de 5. Alors :

$$(n+1)^5-(n+1)=n^5+5n^4+10n^3+10n^2+5n+1-n-1=n^5-n+5\,(n^4+2n^3+2n^2+n),$$

somme de deux multiples de 5, est aussi un multiple de 5.

Les dangers du raisonnement par récurrence

Exemple 1

Tous les entiers en cause sont des entiers naturels non nuls. On note max (u, v) le plus grand des entiers u et v et max $(u, u)=u$.

Soit P (n) la propriété : si max $(m, p)=n$, alors $m=p$.

Cette propriété resplendit de fausseté. Et pourtant…

- a) P (1) est vraie : si max $(m, p)=1$, alors $m=p$. (Si le plus grand de deux entiers non nuls est égal à 1, l'autre aussi, et ces entiers sont donc égaux.)
- *b*) La propriété est héréditaire.

Supposons P (n) vraie et prenons m et p des entiers tels que max $(m, p)=n+1$.

On en déduit max $(m-1, p-1)=n$ et, puisque P (n) est vraie, $m-1=p-1$, d'où $m=p$ et la propriété est bien héréditaire.

L'erreur vient de ce que la preuve de l'hérédité n'est correcte que si $m>1$ et $p>1$.

Ce n'est donc pas pour $n=1$ qu'il aurait fallu faire la vérification mais pour $n=2$. Et bien entendu, c'est impossible.

Exemple 2

Tous les entiers en cause sont des entiers naturels non nuls.

Soit P (n) la propriété : si une urne contient n boules dont une blanche, alors toutes les boules sont blanches.

P (1) est manifestement vraie.

Supposons P (n) vraie et observons une boîte contenant $n+1$ boules dont une blanche.

Soit b_1, b_2... b_n les autres boules.

Enlevons b_1.

Nous avons une boîte contenant n boules, dont une blanche, et, par l'hypothèse de récurrence, P (n), toutes les boules sont blanches.

Remettons b_1 et enlevons b_2.

Nous avons à nouveau une boîte contenant n boules, dont une blanche, et, encore une fois par l'hypothèse de récurrence, toutes les boules sont blanches, y compris b_1 dont la couleur n'avait pas été établie dans l'étape ci-dessus.

La propriété est bien héréditaire.

L'erreur provient de ce que la preuve de l'hérédité suppose que l'urne contient au moins deux boules. Il aurait donc fallu vérifier, non P (1) mais P (2). Or, P (2) est manifestement inexacte : si la boîte contient deux boules dont une blanche, on ne peut pas en conclure que toutes les boules sont blanches.

Un danger supplémentaire

Enfin, une propriété héréditaire peut parfaitement être fausse pour tout entier. Donnons-en un exemple.

Soit la propriété : pour tout entier n, 10^n+1 est un multiple de 9.

Démonstration de l'hérédité :

$$10^{n+1}+1 \text{ peut s'écrire } 10\,(10^n+1)-9$$

Ce qui rend évident le fait que, si $10^n + 1$ est un multiple de 9, alors $10^{n+1} + 1$ est aussi un multiple de 9.

Cette propriété est bien héréditaire. Mais le raisonnement par récurrence est incomplet, car on n'a pas effectué la vérification pour $n = 1$ par exemple, cas pour lequel la propriété est fausse: 11 n'est pas un multiple de 9.

En fait, on peut même démontrer que $10^n + 1$ n'est jamais un multiple de 9. C'est même une bonne illustration de la méthode de descente infinie d'Euler.

On raisonne ainsi: s'il existait une valeur de l'entier n telle que $10^n + 1$ fût un multiple de 9, on écrirait:

$$10\,(10^{n-1} + 1) = 10^{n+1} + 9$$

Ce qui montre que $10\,(10^{n-1} + 1)$ est un multiple de 9.

On en déduit que $(10^{n-1} + 1)$ serait aussi un multiple de 9.

« Or est-il qu'étant donné un nombre, il n'y en a point infinis en descendant moindres que celui-là. » On descendrait ainsi jusqu'à 1 pour lequel la propriété est visiblement fausse, 11 n'est pas un multiple de 9.

En résumé, un raisonnement par récurrence comporte deux étapes indispensables:

- prouver que la propriété est héréditaire;
- prouver que la propriété est exacte pour un nombre p (souvent 0 ou 1).

Chapitre 10

Additionner des entiers

Dans ce chapitre :

- Propriétés de l'addition
- Les additions cachées
- La soustraction
- Calcul en base *b*
- Calcul mental
- Les carrés magiques

Même notre berger ignorant du chapitre précédent avait une idée de la somme de deux nombres, sans avoir besoin d'une définition mathématique : réunir deux troupeaux, réunir les tas de cailloux qui les représentent, cela lui donne une intuition de la somme.

Si on voulait être solennel et rigoureux comme un manuel de mathématiques, on dirait :

> *La somme de deux nombres entiers est le nombre associé à la réunion de deux ensembles de cailloux, chaque ensemble représentant un des nombres donnés.*

Quant à l'addition, c'est tout simplement l'opération qui, à deux nombres, associe leur somme.

Propriétés de l'addition

La simple observation des tas de cailloux, lorsqu'on en formalise le résultat, conduit à des propriétés simples de l'opération d'addition :

- La commutativité : la somme de deux nombres est indépendante de l'ordre dans lequel on les écrit (exemple : $15 + 2 = 2 + 15$).

- L'associativité : la somme de trois nombres est indépendante des groupements qu'on y fait. Ces groupements sont marqués par des parenthèses. Les parenthèses sont en effet un signe de priorité : on doit effectuer en priorité l'opération indiquée entre parenthèses.

Parenthèses et priorité

Lorsqu'on écrit : $(2+5)+3$

cela signifie qu'on demande de calculer d'abord la somme $2+5=7$, puis la somme $7+3=10$

Lorsqu'on écrit : $2+(5+3)$

cela signifie qu'on demande de calculer d'abord la somme $5+3=8$, puis la somme $2+8=10$.

L'addition étant une opération associative, les deux résultats sont égaux.

Poser une addition

Même à l'époque des calculatrices, il est bon de savoir faire une addition, ne serait-ce que parce que les piles peuvent être usées !

On dispose les nombres en colonnes, les chiffres représentant des unités de même ordre les uns en dessous des autres : on obtient

- une colonne des unités (la plus à droite) ;
- une colonne des dizaines ;
- une colonne des centaines, etc.

Bien disposé :	mal disposé :
3461	3461
5	25

En commençant par la droite, on additionne les unités. Si le total ne dépasse pas 9, on l'écrit en bas de la colonne, sinon, on reporte le nombre de dizaines dans la colonne voisine à gauche (retenue).

Exemple :

On pose	On calcule	
11 1	7 + 5 = 12	on écrit 2 et 1 en retenue
23617	1 + 1 + 3 = 5	on écrit 5
37535	6 + 5 = 11	on écrit 1 et 1 en retenue
61152	1 + 3 + 7 = 11	on écrit 1 et 1 en retenue
	1 + 2 + 3 = 6	on écrit 6

La punition

Au dix-huitième siècle, celui qui allait devenir un des plus grands génies mathématiques de toute l'histoire n'avait pas eu besoin de machine. *« Carl Friedrich est trop dissipé. Il doit faire de gros efforts pour être plus calme en classe. »* Voilà ce qu'en 1787, les parents du jeune Gauss pouvaient lire sur le livret scolaire de leur fils, âgé de 10 ans.

Il est vrai que son précepteur avait bien du mal avec lui. Un jour, Carl Friedrich fut privé de récréation et, pour le tenir tranquille tout ce temps, le maître lui donna un travail à faire : calculer la somme des nombres entiers de 0 à 100. Quatre-vingt-dix-neuf additions, voilà de quoi calmer un élève turbulent.

À peine le maître était-il sorti dans la cour de récréation qu'il vit arriver Carl Friedrich, prêt à jouer au ballon avec ses camarades.

« Carl, je t'avais donné un travail à faire !
– C'est fait, m'sieur. »

Et l'enfant tendit au maître un papier sur lequel était inscrit le résultat : 5050. Surprise du maître. « Et comment as-tu trouvé cela ? »

Carl Friedrich explique alors qu'il a écrit deux fois la somme à calculer et qu'il a remarqué que les nombres écrits l'un en dessous de l'autre avaient toujours pour somme 100. Et comme il y a 101 colonnes, le total est 10100 et représente deux fois la somme à calculer. Il suffit de diviser par 2 pour obtenir le résultat.

L'historien des sciences E. T. Bell, qui rapporte cette histoire, dit que plus jamais le jeune Gauss n'eut, en guise de punition, à faire un exercice supplémentaire de mathématiques.

0	1	2	3	4	…	…	99	100
100	99	98	97	96	…	…	1	0

UN PEU D'HISTOIRE

La longueur du calcul, lorsqu'on ne dispose pas de moyens électroniques, est une charge pour ceux qui ont à les faire. On raconte que c'est pour soulager son père, comptable, que Blaise Pascal inventa en 1642 la première machine à calculer ; il avait 19 ans. C'était un assemblage de roues dentées, dont la principale originalité était de permettre les retenues. Lorsqu'une roue avait fait un tour complet, cela faisait avancer d'un cran la roue suivante. La pascaline fut construite en petite série et Pascal lui-même en rédigea la réclame : « Cette machine facilite et retranche en ses opérations tout ce superflu ; le plus ignorant y trouve autant d'avantage que le plus expérimenté : l'instrument supplée au défaut de l'ignorance ou du peu d'habitude, et, par des mouvements nécessaires, il fait lui seul, sans même l'intention de celui qui s'en sert, tous les abrégés possibles à la nature, et à toutes les fois que les nombres s'y trouvent disposés. »

Les additions cachées

Un jeu dont de nombreux magazines sont friands consiste à crypter une addition, en remplaçant chaque chiffre par une lettre. Naturellement, deux chiffres distincts ne peuvent pas être représentés par la même lettre.

Exemple 1

On donne l'addition suivante :

```
  GRIS
+ POUR
 POIRE
```

On peut raisonner comme suit :

La somme s'écrit avec 5 chiffres, ce qui ne peut résulter que d'une retenue, et cette retenue, issue de la somme G + P ne peut être que 1.

G + P (ou peut-être G + P + 1 en cas de retenue) est donc égal à G + 1 (ou G + 2 en cas de retenue), qui s'écrit avec deux chiffres distincts, dont le premier est 1. Le second ne peut être qu'égal à 0 (la lettre O représente donc 0) et alors G = 8 ou 9.

Si G = 8, c'est que la colonne des centaines (R + O, plus éventuellement une retenue) a provoqué une retenue, ce qui n'est possible que si R = 9. Mais alors la colonne des dizaines (I + U plus éventuellement 1 de retenue) doit donner 19 (le 9 écrit sur la ligne des résultats et 1 de retenue), ce qui est impossible (deux entiers d'un seul chiffre distincts ont pour somme 17 au plus).

Donc G = 9.

Alors I = R + 1 (colonne des centaines) et l'observation de la colonne des dizaines montre que I + U (éventuellement augmenté de 1 de retenue) est égal à 10 + R. Ces relations entraînent 10 = 1 + U (éventuellement augmenté de 1 de retenue). U vaut donc 9 (exclu car G = 9) ou 8.

$$\begin{array}{r} 9RIS \\ +\ \underline{108R} \\ 10IRE \end{array}$$

L'observation de la colonne des unités montre que S + R doit entraîner une retenue : cette somme vaut au moins 12 (car E ne peut représenter 0 ou 1).

Les couples (S, R) possibles sont donc :

(5, 7) (6, 7) (7, 5) (7, 6)

Les deux premiers supposent I = R + 1 = 8, ce qui est exclu (le 8 est pris). Le dernier suppose I = 7, ce qui est exclu (le 7 est pris). Le troisième conduit à :

$$\begin{array}{r} 9\,567 \\ +\ \underline{1\,085} \\ 10\,652 \end{array}$$

qui est une solution.

Exemple 2

Cet exemple montre qu'il peut y avoir plusieurs solutions.

Pouvez-vous retrouver la clé qui a servi à crypter l'addition TA + TA + TA = JJK ?

Deux remarques simples :

- A n'est pas nul, sinon A + A + A ne donnerait pas un chiffre K des unités différent de A.
- T + T + T plus une éventuelle retenue en provenance des unités conduit à un nombre de deux chiffres, JJ. Comme une retenue est 2 au plus (si A était 9, 3A serait 27, d'où la retenue 2), T + T + T vaut au moins 8 et donc T ne peut être égal ni à 1, ni à 2.

Alors, trois cas sont à examiner.

Premier cas, l'addition se fait sans retenue. Alors :

$$T + T + T = JJ$$

mais quelle que soit la valeur attribuée à T, son triple n'est jamais un nombre formé de deux chiffres identiques (examinez, au moins mentalement, la table de multiplication par 3). Ce cas est à exclure.

Deuxième cas, l'addition se fait avec 1 de retenue. Alors le triple de T plus un est un nombre formé de deux chiffres identiques dans le seul cas T = 7. Alors J = 2 puisque JJ est le nombre 22. De plus, pour que dans l'addition il y ait 1 de retenue, il faut que A soit au moins égal à 4 et au plus à 6 (pour A = 3, pas de retenue, pour A = 7, A + A + A donne 21 et une retenue de 2) :

- A = 4 conduirait à A + A + A = 12 et K = 2, ce qui est exclu car c'est J qui représente le chiffre 2.
- A = 5 conduirait à A + A + A = 15 et K = 5, ce qui est exclu car c'est A qui représente le chiffre 5.
- A = 6 conduit à A + A + A = 18, d'où K = 8, d'où la solution 76 + 76 + 76 = 228.

Troisième cas, l'addition se fait avec 2 de retenue.

Alors, le triple de T plus deux est un nombre formé de deux chiffres identiques dans le seul cas T = 3. Alors J = 1 puisque JJ est le nombre 11.

De plus, pour que dans l'addition, il y ait 2 de retenue, il faut que A soit au moins égal à 7 (pour A = 6, la retenue est 1).

- A = 7 conduirait à A + A + A = 21 et K = 1, ce qui est exclu car c'est J qui représente le chiffre 1.
- A = 8 conduit à A + A + A = 24 et K = 4, d'où la solution 38 + 38 + 38 = 114.
- A = 9 conduit à A + A + A = 27, d'où K = 7, d'où la solution 39 + 39 + 39 = 117.

La soustraction

La différence entre un nombre *a* et un nombre *b* est le nombre qu'il faut ajouter à *b* pour obtenir *a*.

Matériellement, elle figure l'opération qui consiste à enlever *b* cailloux du sac qui en contient *a*, puis de voir combien il en reste dans le sac. Elle suppose évidemment que *b* est moindre que *a* : seuls les prestidigitateurs savent enlever d'un sac plus de cailloux qu'il n'en contient !

La soustraction est l'opération qui permet de calculer une différence.

Disposition pratique

Pour faire une soustraction, on dispose le second nombre en dessous du premier, avec les mêmes précautions que pour l'addition.

Remarques

1. La différence de deux nombres ne change pas si on leur ajoute ou si on leur retranche un même nombre.

Exemple : si vous avez treize ans de plus que votre petite sœur, il y a quatre ans, vous aviez déjà treize ans de plus qu'elle, et dans cinq ans, vous aurez toujours treize ans de plus qu'elle.

2. La soustraction n'est pas associative. Par exemple :

$$9-(4-2)=9-2=7 \quad \text{alors que} \quad (9-4)-2=5-2=3$$

Attention donc à la phrase trop rapidement dite : « Toutes les opérations usuelles sont associatives. » C'est faux.

Une devinette

Même forts en maths, ceux qui ne connaissent pas cette devinette risquent bien de rester secs. On dispose de jetons de loto, portant chacun un nombre de deux chiffres (donc compris entre 10 et 99). On en tire dix et il s'agit de démontrer qu'on peut, parmi ces jetons, trouver deux sous-ensembles pour lesquels les sommes sont égales. Par exemple, si parmi les jetons tirés on trouve {10, 17, 25, 81, 89}, on peut remarquer que $17 + 89 = 25 + 81$.

Mais en est-il toujours ainsi ?

La clé est une remarque sur les parties de l'ensemble de dix jetons tirés. Pour en former une partie, on peut, pour chaque jeton, décider de le prendre ou pas. Deux décisions possibles pour chacun, donc en tout :

$2 \times 2 \times 2 \times 2 \times 2 \times 2 \times 2 \times 2 \times 2 \times 2 = 1024$ parties

Mais pour une partie de cet ensemble, la somme des nombres tirés est au plus égale à :

$99 + 98 + 97 + 96 + 95 + 94 + 93 + 92 + 91 + 90 = 945$

Comme il n'y a pas 1024 nombres inférieurs à 945, c'est que deux sont égaux. Quitte à écarter les jetons figurant dans les deux parties correspondantes, on a bien prouvé qu'il existe deux parties de nos dix jetons qui donnent le même total.

Calcul en base b

UN PEU DE TECHNIQUE

Pour calculer la somme de deux nombres écrits dans une base donnée autre que dix, il y a deux méthodes simples :

- convertir ces nombres en base dix, effectuer l'addition, puis convertir la somme en base b ;
- calculer directement, en utilisant les mêmes règles, mais la table d'addition dans la base b.

Seule la seconde méthode apporte une novation. Voyons un exemple en base six. Il y existe six chiffres (0, 1, 2, 3, 4, 5) et la table d'addition doit être construite préalablement, par exemple en observant des tas de cailloux.

+	0	1	2	3	4	5
0	0	1	2	3	4	5
1	1	2	3	4	5	10
2	2	3	4	5	10	11
3	3	4	5	10	11	12
4	4	5	10	11	12	13
5	5	10	11	12	13	14

Par exemple, dans ce tableau, on lit pour la somme 5 + 4 le résultat 13, qui signifie une sizaine et trois unités et s'écrit bien 13 en base six.

Exemple

Calculer la somme des nombres écrits en base six 23 412 + 25 535.

On pose	On calcule	
11 1	2 + 5 = 11	on écrit 1 et 1 en retenue
23 412	1 + 1 + 3 = 5	on écrit 5
25 535	4 + 5 = 13	on écrit 3 et 1 en retenue
53 351	1 + 3 + 5 = 13	on écrit 3 et 1 en retenue
	1 + 2 + 2 = 5	on écrit 5

Apprenez vos tables !

Le paresseux qui sommeille en chacun de nous a sûrement observé que la table d'addition à base six est plus courte que la table familière en base dix. S'il faut vraiment apprendre ses tables, le rêve serait la table en base deux :

+	0	1
0	0	1
1	1	10

mais la contrepartie est que les opérations seraient plus longues à développer.

Calcul mental

Même à l'époque des calculatrices, il est toujours bon d'être capable de faire un petit calcul mental : au restaurant, vous ne vous voyez pas sortir la calculatrice pour contrôler l'addition !

À l'inverse de la procédure habituelle, il est plus simple, en calcul mental, d'effectuer d'abord la somme des unités d'ordre le plus élevé, c'est-à-dire qu'on commence par la gauche.

Exemple : pour calculer $312 + 179$, on se dit, dans l'ordre :

- trois centaines et une centaine, quatre centaines ;
- une dizaine et sept dizaines, huit dizaines ;
- deux unités et neuf unités, onze unités, que je transforme en une dizaine (ce qui m'en fera neuf) et une unité.

Au total, quatre centaines, neuf dizaines, une unité, soit 491.

Préparation d'un calcul mental

En utilisant la commutativité et l'associativité de l'addition, on peut effectuer des groupements de termes habilement choisis, pour que le calcul soit plus facile.

Exemple :

Pour calculer

$$46 + 31 + 54 + 52 + 69$$

il est habile de calculer à part 46 + 54 soit 100, puis 31 + 69 soit 100 et finalement :

$$100 + 100 + 52 = 252$$

On peut ajouter et retrancher un même nombre à l'un des termes de la somme : par exemple, pour ajouter 99 à un nombre, on ajoutera 100 puis on retranchera 1. Parfois, il est utile de le faire pour plusieurs termes.

Exemples :

- Pour calculer mentalement la somme

  9 999 + 99 + 9 999,

  on ajoute 1 à chacun des trois nombres et on retranchera 3 du total facilement obtenu

  10 000 + 100 + 10 000 - 3 = 20 100 - 3 = 20 097.
- Pour calculer mentalement : 654 - 98

  on ajoute 2 à chaque nombre : 656 - 100.
- Pour calculer mentalement : 1457 - 357

  on retranche 57 à chaque nombre : 1400 - 300.
- Pour calculer mentalement : 5 760 - 95

  on ajoute 5 à chaque nombre : 5765 - 100.

Vérification mentale d'un calcul

Il est bon aussi de savoir reconnaître au premier coup d'œil qu'une opération est fausse. Voici une règle de bon sens :

> *Si on ajoute à un même nombre, séparément, deux nombres différents, c'est en ajoutant le plus petit qu'on obtient la somme la plus petite.*

Exemple :

Le calcul 6 463 + 914 = 7 477 est certainement faux puisque, en ajoutant à 6 463 un nombre inférieur à 1 000, on doit trouver une somme inférieure à 7 463.

Complément à l'unité

Un calcul se rencontre fréquemment, et il est utile de savoir le faire mentalement, c'est celui du complément d'un nombre à 100, à 1000, à 10000 etc. En partant du premier chiffre non nul à droite, on prend son complément à 10, puis pour tous les autres, le complément à 9.

Exemple : 10000-4860 :

- complément à 10 de 6 : 4
- complément à 9 de 8 : 1
- complément à 9 de 4 : 5
- différence cherchée : 5140.

Les carrés magiques

On raconte que, en 2200 avant notre ère, l'empereur Yu, au moment de monter sur une embarcation pour naviguer sur la rivière jaune, vit apparaître une tortue : sur son écaille se trouvait gravées des cases avec, à l'intérieur de chacune, la représentation chinoise d'un nombre, ce que nous écrivons aujourd'hui :

8	1	6
3	5	7
4	9	2

Si on calcule la somme des nombres inscrits dans chaque ligne, on trouve le même résultat : 15.

Si on calcule la somme des nombres inscrits dans chaque colonne, on trouve encore le même résultat : 15.

Si on calcule la somme des nombres inscrits dans chaque diagonale, on trouve encore le même résultat : 15.

Ces propriétés servent de définition à l'expression « carré magique ».

Un carré magique est une disposition de nombres entiers, en autant de lignes que de colonnes, en sorte que les sommes des nombres écrits sur chaque ligne, sur chaque colonne, sur chaque diagonale soient toutes égales.

La valeur commune de ces sommes est parfois appelée la constante magique.

Souvent, comme c'est le cas ici, les entiers écrits sont les nombres consécutifs à partir de 1. En s'affranchissant de cette condition, on pourrait se donner l'illusion de découvrir de nombreux autres carrés magiques, puisque en ajoutant un même entier à tous les nombres inscrits dans un carré magique ou en multipliant par un même entier tous les nombres inscrits dans un carré magique, on forme encore un carré magique.

Dans la gravure de Dürer reproduite ci-dessous, datée de 1514, on trouve ce carré :

16	3	2	13
5	10	11	8
9	6	7	12
4	15	14	1

On vérifie qu'il s'agit d'un carré magique (la constante magique est 34). Mais il a d'autres curiosités : en particulier, les sommes des termes dans chaque coin de quatre cases sont encore égales à la constante magique.

Figure 10.1 : Dürer, Melancholia.

De nombreux mathématiciens, même amateurs, se sont penchés sur les carrés magiques. On sait par exemple qu'il existe un seul carré magique construit avec les 9 premiers entiers (aux symétries près), qu'il en existe 880 avec les 16 premiers. Avec 25 entiers, on ignore le nombre exact de carrés magiques possibles, on sait seulement qu'il y en a plus de 300 millions.

Chapitre 11

Multiplier et diviser

Dans ce chapitre :

- Une nouvelle opération ?
- Ranger ses tas de cailloux
- Nul n'est parfait
- Les nombres amicaux
- Les diviseurs communs, c'est pas commun !
- Les théorèmes de Bezout
- Le petit théorème de Fermat

Une nouvelle opération ?

Pas si nouvelle ! La situation n'est pas exceptionnelle d'avoir à calculer une somme telle que :

$$17 + 17 + 17 + 17 + 17$$

dans laquelle les nombres à additionner sont les mêmes.

Pour abréger déjà l'écriture de cette demande de calcul, il suffirait de disposer d'un signe spécial, de l'indication du nombre à répéter, et du nombre de fois qu'il est demandé de le répéter. À quoi bon faire semblant plus longtemps ? Nous disposons de cette écriture :

$$17 \times 5$$

Très tôt dans l'histoire du calcul, on a remarqué que la somme :

$$5+5+5+5+5+5+5+5+5+5+5+5+5+5+5+5+5$$

qui s'abrège, elle, en :

$$5 \times 17$$

donnait le même résultat. Il s'agit donc bien d'une opération nouvelle, celle qu'aujourd'hui nous appelons multiplication.

Les signes de la multiplication

Si les facteurs sont des nombres écrits explicitement, on utilise la croix de multiplication : 5x17. On utilise parfois un point : 5.17.

Si l'un au moins est représenté par une lettre ou une expression entre parenthèses, on l'écrit en second et on omet la croix : $5a$; $4\,(6+4)$; ab ; $a\,(c+b)$.

L'écriture des nombres par les systèmes de position, que ce soit en base dix ou avec tout autre base, se prête merveilleusement bien aux multiplications. Nous avons déjà blêmi à la pensée de devoir effectuer une multiplication avec la numération romaine. Maintenant, tout est simple.

La multiplication égyptienne

Le papyrus Rhind, acheté en 1858 à Louxor par Alexander Rhind, qui le revendit ensuite au British Museum, se présente comme une suite d'exercices de mathématiques pour les futurs scribes. Plusieurs montrent comme faire des multiplications en se ramenant à des doublements. Pour multiplier 12 par 14, il est proposé de doubler de façon répétée le premier nombre, en marquant dans une seconde colonne les mêmes opérations sur le nombre 1 :

12	1
24	2*
48	4*
9	8*

Il suffit ensuite d'observer que 14 est la somme des nombres marqués d'une étoile sur la seconde colonne et de calculer la somme des nombres qui leur sont associés sur la première :

$$24 + 48 + 96 = 168$$

Cette observation est générale : tout nombre peut s'écrire comme une somme de nombres de la suite {1, 2, 4, 8, 16…}, ce qui est exactement la démarche d'écriture de ce nombre en base deux : 14 s'y écrit 1110_2.

Ainsi, en sachant seulement doubler et additionner, on peut effectuer toute multiplication ; c'est long, mais ça marche.

Ranger ses tas de cailloux

Propriétés de la multiplication

La simple observation des rangements rectangulaires de cailloux a fait découvrir très tôt des propriétés simples de cette opération de multiplication, si simples qu'on n'a pas jugé utile, pendant des siècles, de leur donner des noms. Ce sont :

- la commutativité ;
- l'associativité ;
- la distributivité par rapport à l'addition.

La commutativité rappelle qu'on peut dénombrer les cailloux ligne par ligne, ou colonne par colonne, et obtenir le même résultat. Elle se traduit par une formule littérale :

$$b \times a = a \times b$$

L'associativité s'observe plus facilement avec des petits cubes qu'on peut empiler en couches, chacune étant composée d'un rangement en lignes et en colonnes. Trois couches comportant chacune quatre lignes de cinq colonnes, ou cinq couches comportant chacune quatre lignes de trois colonnes, cela fait toujours autant de petits cubes. Cela se traduit par la formule littérale :

$$a \times (b \times c) = (a \times b) \times c$$

Nous avions déjà observé des propriétés analogues pour l'addition.

La distributivité exprime qu'on peut dénombrer séparément les cailloux dans les premières colonnes, puis dans les dernières : en ajoutant ces résultats, on trouve autant de cailloux que dans un dénombrement fait en une seule fois. Cela se traduit par la formule littérale :

$$a \times (b + c) = (a \times b) + (a \times c)$$

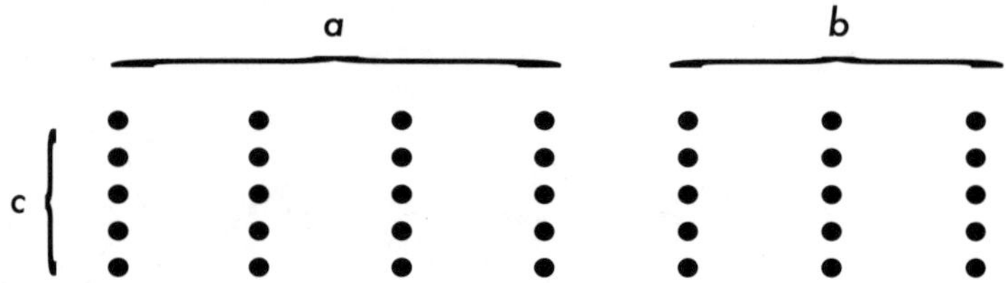

Figure 11.1 : La distributivité.

Les identités remarquables

De ces propriétés, étendues sans difficulté à la soustraction, on déduit, par simple calcul des produits, les égalités suivantes :

- $(a+b)^2 = a^2 + 2ab + b^2$
- $(a-b)^2 = a^2 - 2ab + b^2$
- $(a+b)(a-b) = a^2 - b^2$

De gauche à droite, c'est effectivement une application immédiate des propriétés précédentes. Mais ces formules ont une grande utilité de droite à gauche, car elles permettent de transformer une somme de termes, toujours un peu compliquée à étudier, en un produit. Plusieurs exercices du papyrus Rhind montrent que ces formules étaient connues il y a quarante siècles. Les pythagoriciens savaient les relier à des formules donnant l'aire de rectangles.

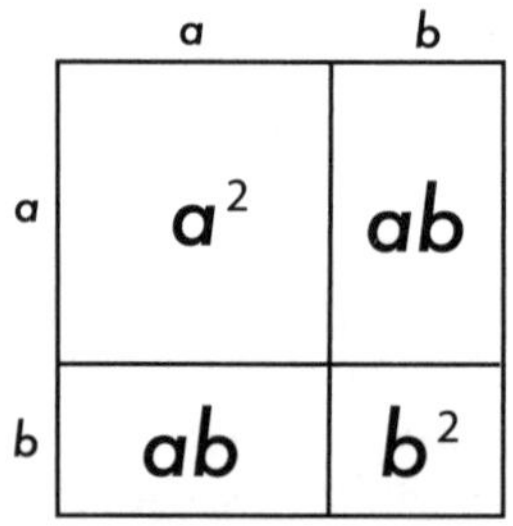

Figure 11.2 : $(a+b)^2 = a^2 + 2ab + b^2$.

Peut-on toujours ranger ?

Il est des tas de cailloux que l'on peut ranger en un tableau rectangulaire. Un tas de 15 cailloux peut être ordonné en 3 rangées de 5 cailloux. Ces rangées permettent de reconstituer l'ensemble initial. C'est très exactement la relation :

$$5 + 5 + 5 = 15$$

$$\text{ou } 3 \times 5 = 15$$

Avec des rangées de 4 cailloux, ce serait impossible ; on pourrait reconstituer des tas de 4, de 8, de 12, de 16 cailloux, mais pas de 15.

Le vocabulaire

Lorsqu'un entier non nul *a* est le produit de deux nombres entiers *b* et *c* :

$$a = b \times c$$

on dit indifféremment que :

- *a* est un multiple de *b* (ou de *c*) ;
- *b* est un diviseur de *a* (ou *c* est un diviseur de *a*).

Les diviseurs d'un entier sont inférieurs à cet entier et sont donc en nombre fini. En revanche, les multiples sont en nombre infini ($b, 2b, 3b, \ldots$).

Dès l'époque d'Euclide, et probablement avant, les diviseurs d'un entier ont fasciné les savants. On avait remarqué par exemple que :

- le nombre 1, l'unité, admet un seul diviseur, lui-même ;
- tout autre entier admet au moins deux diviseurs : lui-même et l'unité ;
- certains entiers n'en admettent pas d'autres (c'est le cas de 2, de 3, de 5, de 7, de 11, de 13 etc., ce sont les nombres premiers, que nous examinerons au chapitre 12, p. 169).

Personne n'est parfait

On se souvient de la célèbre réplique de Joe E. Brown disant à Jack Lemmon : « Personne n'est parfait ! » à la fin du film de Billy Wilder, *Certains l'aiment chaud*. Il n'avait pas lu ce livre. En dehors de lui-même, le nombre 6 admet pour diviseurs les nombres 1, 2 et 3 et l'on remarque que 6 est égal à la somme de ses diviseurs :

$$6 = 1 + 2 + 3$$

Ce n'est pas une propriété banale. Les diviseurs de 8 sont 1, 2 et 4, dont la somme est 7 et non pas 8. Les diviseurs de 12 sont 1, 2, 3, 4 et 6, dont la somme est 16 et non pas 12.

Euclide avait formulé la définition mathématique :

On appelle nombre parfait un entier qui est égal à la somme de ses diviseurs.

Dans cette définition, on inclut le nombre 1 parmi les diviseurs, mais pas l'entier lui-même. Euclide connaissait quatre nombres parfaits, même s'il n'en est sans doute pas le découvreur :

- $6 = 1 + 2 + 3$
- $28 = 1 + 2 + 4 + 7 + 14$
- $496 = 1 + 2 + 4 + 8 + 31 + 62 + 124 + 248$
- $8\,128 = 1 + 2 + 4 + 8 + 16 + 32 + 127 + 254 + 508 + 1\,016 + 2\,032 + 4\,064$

La fabrique des nombres parfaits

On doit en revanche à Euclide lui-même une observation sur ces listes de diviseurs. Prenons les diviseurs de 8 128. On y trouve :

- 1, 2, 4, 8, 16, 32 qui sont des puissances de 2, celles qu'on note aujourd'hui 2^1, 2^2, 2^3, 2^4, 2^5 ;
- 127, 254, 508, 1 016, 2 032, 4 064, qui sont les produits de 127 par les puissances de 2 déjà notées (ce nombre 127 est d'ailleurs la puissance de 2 suivante, 2^7, soit 128 à laquelle on a retranché 1).

Avec nos notations modernes, dont Euclide ne disposait pas, nous écririons :

$$8\,128 = 2^6(2^7 - 1)$$

et il est beaucoup plus simple de vérifier, pour les autres nombres de la liste, que :

$$6 = 2^1(2^2 - 1) \qquad 28 = 2^2(2^3 - 1) \qquad 496 = 2^4(2^5 - 1)$$

Devant cette liste, chacun de nous, et Euclide le premier, se demande si nous n'avons pas laissé échapper un nombre parfait qui s'écrirait :

$$2^3(2^4 - 1) = 8 \times 15 = 120$$

mais les diviseurs de 120 sont :

1, 2, 3, 4, 5, 6, 10, 12, 15, 20, 30, 40, 60

dont la somme est 208 : 120 n'est pas un nombre parfait. Qu'ont donc en commun les nombres :

$$2^1(2^2-1)$$

$$2^2(2^3-1)$$

$$2^4(2^5-1)$$

$$2^6(2^7-1)$$

et que n'a pas le nombre $2^3(2^4-1)$? Tout simplement que :

$$(2^2-1)=3$$

$$(2^3-1)=7$$

$$(2^5-1)=31$$

$$(2^7-1)=127$$

sont des nombres premiers et que $(2^4-1)=15$ ne l'est pas. Euclide a fait de cette remarque une découverte, en énonçant et en démontrant la proposition :

> *Chaque fois que le nombre (2^n-1) est premier, le nombre $2^{n-1}(2^n-1)$ est parfait.*

La démonstration est élémentaire. Les diviseurs de $2^{n-1}(2^n-1)$ peuvent être rangés en deux listes, selon qu'ils sont ou non des multiples du nombre premier $p=(2^n-1)$:

1	2	2^2	2^3	$\ldots\ 2^{n-1}$
p	$2p$	2^2p	2^3p	$\ldots\ 2^{n-2}p$

et une formule bien connue permet de calculer :

$$1+2+2^2+2^3+\ldots\ 2^{n-1}=2^n-1=p$$

On en déduit :

$$p+2p+2^2p+2^3p+\ldots\ 2^{n-1}p=p\,(2^{n-1}-1)$$

de sorte que la somme des diviseurs de notre nombre $2^{n-1}(2^n-1)$ est :

$$p + p(2^{n-1}-1) = p2^{n-1} = 2^{n-1}(2^n-1)$$

ce qui montre que ce nombre est parfait.

Calcul de $1 + x + x^2 + \ldots + x^n$

Il suffit de multiplier cette somme par $1-x$ en écrivant le résultat sur deux lignes :

$$1 + x + x^2 + \ldots + x^n$$

$$- x - x^2 + \ldots - x^{n+1}$$

pour remarquer que, sauf le premier et le dernier, ces termes s'annulent deux à deux :

$$(1-x)(1+x+x^2+\ldots+x^n) = 1-x^{n+1}$$

et donc, si x est différent de 1 :

$$1 + x + x^2 + \ldots + x^n = \frac{1-x^{n+1}}{1-x}$$

Vrai ou faux ?

Beaucoup plus tard, au début du IIe siècle de notre ère, Nicomaque de Gérase publia ce que nous appellerions aujourd'hui un manuel scolaire, *L'Introduction arithmétique*, qui contenait notamment une synthèse des connaissances de l'époque sur les nombres parfaits. Comme c'est souvent le cas en matière d'édition scolaire, les successeurs de Nicomaque reprirent sans discussion ses affirmations, pendant plus de 1 500 ans ! Alors qu'il ne connaissait que les quatre nombres parfaits déjà cités par Euclide, Nicomaque affirmait que :

- Tous les nombres parfaits sont pairs.
- Tous les nombres parfaits sont de la forme $2^{n-1}(2^n-1)$.
- Il existe une infinité de nombres parfaits.
- Il existe des nombres parfaits s'écrivant avec un nombre quelconque de chiffres.

Aujourd'hui encore, on ignore s'il existe des nombres parfaits impairs, mais on sait depuis 1989 que, s'il en existe, ils sont très grands, s'écrivant avec plus de 160 chiffres. On ignore s'il existe une infinité de nombres parfaits ou seulement un nombre fini. On sait qu'il n'existe pas de nombre parfait s'écrivant avec 5 ou 6 chiffres. Euler a démontré que tous les nombres parfaits pairs sont de la forme $2^{n-1}(2^n-1)$, où (2^n-1) est un nombre premier.

Devant la rareté des nombres parfaits, on a pensé à assouplir un peu la condition en autorisant un écart de 1, en plus ou en moins, entre un nombre et la somme de ses diviseurs. Par exemple, 8 est un nombre « presque parfait plus » puisque la somme de ses diviseurs vaut $1+2+4=7$. Il en est de même de 16, 32, 64... et plus généralement de toute puissance de 2.

Mais, à ce jour, nul ne sait :

- s'il existe d'autres nombres « presque parfaits plus » que les puissances de 2 ;
- s'il existe un nombre « presque parfait moins ».

Les nombres amicaux

On avait eu l'idée, dès l'époque pythagoricienne, d'une généralisation de l'idée de nombres parfaits : on prend un nombre, on calcule la somme de ses diviseurs, qui est un nouveau nombre. De ce nouveau nombre, on calcule la somme des diviseurs, et ainsi de suite. On constitue ainsi une sorte de chaîne ; il peut arriver que cette chaîne se referme (on trouve un même nombre une seconde fois). Si elle n'a qu'un seul chaînon, on retrouve un nombre parfait. Si elle en a deux, on dit que les deux nombres ainsi trouvés sont amicaux.

Castor et Pollux

Le plus ancien couple connu est probablement le suivant.
220 a pour diviseurs 1, 2, 4, 5, 10, 11, 20, 22, 44, 55, 110 dont la somme est 284.

284 a pour diviseurs 1, 2, 4, 71, 142 dont la somme est 220.

Depuis une très haute antiquité, cette paire de nombres (220, 284) symbolisait l'amitié ; on l'a retrouvée gravée sur des paires d'anneaux ou de talismans. Ce n'est sans doute pas un hasard si, dans le livre de la Genèse, Esau fait offrande à Jacob de 220 chèvres.

Tout est nombre

C'était la devise des pythagoriciens. Croyant l'embarrasser, un contradicteur de Pythagore lui demande :

« Et l'amitié ? »

Et Pythagore aurait répondu :

« 220 et 284. »

D'autres amis ?

Longtemps, on a cru qu'il n'existait pas d'autres paires de nombres amicaux. Ce n'est qu'au XVIIIe siècle que Fermat en découvrit une seconde, 17 296 et 18 416 (on sait aujourd'hui que cette paire était déjà connue au XIIIe siècle par le mathématicien arabe Al Farisi), puis Descartes découvrit 9 363 584 et 9 437 056. Encore aujourd'hui, malgré nos moyens de calcul, nous restons admiratifs et perplexes devant le travail de ces mathématiciens. C'est pourtant un travail moins besogneux qu'on pourrait le croire à première vue.

En fait Descartes certainement et Fermat très probablement avaient redécouvert une règle remontant au Xe siècle, publiée par le mathématicien arabe Thâbit ibn Qura.

L'idée en est simple : on prend un entier n au moins égal à 2 et on calcule les nombres :

$$h = 3 \cdot 2^n - 1$$

$$t = 3 \cdot 2^{n-1} - 1$$

$$s = 9 \cdot 2^{2n-1} - 1$$

S'il advient qu'ils soient tous les trois premiers, alors les produits $2^n ht$ et $2^n s$ forment un couple de nombres amicaux. Le nombre h est parfois appelé nombre de Thâbit ibn Qura.

Voici quelques exemples.

Avec $n = 2$, on trouve $h = 11$, $t = 5$ et $s = 71$, qui sont trois nombres premiers. Alors :

$$2^n ht = 4 \times 11 \times 5 = 220$$

$$2^n s = 4 \times 71 = 284$$

On obtient le couple antique.

Avec $n = 3$, on trouve $h = 23$, $t = 11$ et $s = 287$, mais 287 est le produit 7 X 41 et n'est pas premier.

Avec $n = 4$, on trouve $h = 47$, $t = 23$ et $s = 1\,151$ qui sont trois nombres premiers. Alors :

$$2^n ht = 16 \times 47 \times 23 = 17296$$

$$2^n s = 16 \times 1\,151 = 18416$$

On obtient le couple découvert par Fermat.

Avec $n = 5$, on trouve $h = 95$ qui n'est pas premier.

Avec $n = 6$, c'est t qui vaut 95 et n'est pas premier.

Euler a étendu cette idée, produisant ce qu'on appelle la règle d'Euler. On prend des entiers m et n non nuls tels que $m < n$ et on calcule les nombres :

$$p = 2^m (2^{n-m} + 1) - 1$$

$$q = 2^n (2^{n-m} + 1) - 1$$

$$r = 2^{n+m} (2^{n-m} + 1)^2 - 1$$

S'ils advient qu'ils sont tous les trois premiers, alors les produits $2^n pq$ et $2^n r$ forment un couples de nombres amicaux.

C'est ainsi qu'Euler put donner une liste de soixante quatre paires de nombres amicaux (dont deux se sont révélées fausses) et Legendre, en 1830, en trouva une nouvelle. Mais il faut noter que ni Thâbit ibn Qura ni ses successeurs n'ont prétendu que ces formules donnaient tous les couples de nombres amicaux. C'est ainsi que, en 1867, un adolescent italien de seize ans, Nicolo Paganini, découvrit la paire (1 184, 1 210) qui avait échappé à tous ses prédécesseurs, bien qu'il s'agisse des plus petits nombres possibles au-delà de la paire antique (220, 284). Les plus grands couples découverts récemment l'ont été par un mathématicien australien, Andrew Walker, qui publia, en mai 2004, un couple de nombres amicaux comportant 16 563 chiffres et un autre de 17 326 chiffres.

Grâce à la rapidité des calculs informatiques, on connaît aujourd'hui avec certitude les plus petits nombres amicaux :

- (220, 284), le couple antique ;
- ((1 184, 1 210), le couple de Paganini ;
- ((2 620, 2 924), (5 020, 5 564), (6 232, 6 368), (10 744, 10 856), (12 285, 14 595), (17 296, 18 416), (63 020, 76 084), découverts par Euler.

Aujourd'hui, on en connaît plus de mille, mais on ignore toujours s'il en existe un nombre fini ou pas. Toutes les paires connues sont formées soit de deux nombres pairs, soit de deux nombres impairs, mais on ignore si c'est une propriété générale. On ne connaît aucune paire de nombres amicaux sans diviseur commun (autre que 1) mais on ignore s'il en existe.

Pour tous les couples de nombres impairs amicaux connus au XIXe siècle, les deux nombres sont divisibles par 3 (par exemple 12 285 et 14 595 sont divisibles par 3). On a longtemps ignoré s'il s'agissait là d'une règle générale et c'est seulement en 1988 que, dans une revue de mathématiques informatiques, S. Battiato et W. Borho proposèrent le premier contre-exemple : les nombres amicaux :

4226269453751486407554495519812 5

et :

24058172711886066974669718418 75

ne sont ni l'un ni l'autre divisibles par 3. De nombreux autres exemples ont été trouvés depuis, tous très grands.

Des amis plus éloignés

On peut imaginer qu'une chaîne se referme après plus de deux étapes. En 1918, le Français G. Poulet proposa une chaîne de cinq nombres :

12 496 14 288 15 472 14 536 14 264

et une de vingt-huit nombres commençant par 14 316. Aujourd'hui, on connaît une centaine de chaînes ; ce n'est qu'à la fin du XXe siècle qu'on trouva une chaîne de trois nombres (1 980, 2 016, 2 556), après avoir cru longtemps que c'était impossible, et une de quatre nombres :

1 236 402 232 1 369 801 928 1 603 118 392 1 412 336 648

On ne dispose d'aucun moyen de savoir s'il existe toujours une chaîne de longueur donnée arbitraire *n*, ni s'il peut en exister une infinité.

La chaîne de Poulet

14316, 19116, 31704, 47616, 83328, 177792, 295488, 629072, 589786, 294896, 358336, 418904, 366556, 274924, 275444, 243760, 376736, 381028, 285778, 152990, 122410, 97946, 48976, 45946, 22976, 22744, 19916, 17716

Des diviseurs communs ?

Pour deux entiers quelconques non nuls, il existe toujours un diviseur commun, ne serait-ce que 1. Mais en existe-t-il toujours d'autres moins banals ? Ces diviseurs sont de toute façon en nombre fini, comme les diviseurs de tout entier, et il en existe donc un plus grand, qu'on appelle tout naturellement le plus grand commun diviseur (PGCD).

Nos vieux amis

Reprenons notre couple historique :

- 220 a pour diviseurs 1, 2, 4, 5, 10, 11, 20, 22, 44, 55, 110, 220 ;
- 284 a pour diviseurs 1, 2, 4, 71, 142, 284.

Les diviseurs communs sont les nombres 1, 2, 4 et le PGCD est donc 4.

Lorsque le PGCD de deux nombres est 1, ces nombres sont dits étrangers. On dit aussi que ces nombres sont premiers entre eux, malgré le risque de confusion avec des nombres premiers (voir chapitre 12, p. 169)

La question piège

Si vous avez un ami qui n'est pas « nul », posez-lui la question suivante : prouver que, parmi cinq entiers consécutifs, il y en a toujours un qui est étranger à tous les autres.

Réponse : si un nombre divise deux de nos cinq nombres, il divise leur différence, qui ne peut pas dépasser 4. Un nombre étranger à tous les autres ne peut pas être pair. Si le plus petit de nos cinq nombres est impair, appelons-le $2n+1$, il suffit de regarder les nombres impairs :

$$2n+1 \qquad 2n+3 \qquad 2n+5$$

et de voir qu'il est impossible que deux d'entre eux soient des multiples de 3, sinon leur différence le serait aussi. Celui qui ne l'est pas n'a donc aucun diviseur commun avec les trois autres, ni avec les deux nombres pairs déjà écartés. Il est donc étranger à tous. Si le plus petit de nos cinq nombres est pair, appelons-le $2n$, il suffit de regarder les nombres impairs :

$$2n+1 \qquad 2n+3$$

et de voir qu'il est impossible qu'ils soient tous deux des multiples de 3, sinon leur différence le serait aussi. Celui qui ne l'est pas n'a donc aucun diviseur commun avec l'autre, ni avec les trois nombres pairs déjà écartés. Il est donc étranger à tous.

Pour trouver le PGCD de deux nombres, on peut bien entendu faire comme dans notre exemple et procéder en trois étapes :

- établir les listes des diviseurs de chacun ;
- puis en déduire celle des diviseurs communs ;
- puis en déduire le plus grand.

C'est long ! Déjà Euclide avait proposé une façon de calculer beaucoup plus rapide, qui est encore la meilleure qu'on connaisse aujourd'hui et que nous appelons l'algorithme d'Euclide.

L'algorithme d'Euclide repose sur une remarque toute simple :

Tout diviseur commun à deux nombres divise leur somme et leur différence.

ATTENTION !

Chercher les diviseurs communs à deux entiers équivaut à chercher par exemple :

- les diviseurs communs à l'un d'eux et à leur différence ;
- les diviseurs communs à l'un d'eux et à leur somme ;
- les diviseurs communs à leur somme et à leur différence.

En particulier, le PGCD de deux entiers est donc tout aussi bien par exemple :

- le PGCD de l'un d'eux et de leur différence ;
- le PGCD de l'un d'eux et de leur somme ;
- le PGCD de leur somme et de leur différence.

Deux méthodes exploitent ces remarques, la méthode par soustractions et la méthode par divisions.

Méthode par soustractions

Puisque tout diviseur commun de (a, b) est diviseur commun de $a-b$ (en supposant qu'on ait noté a le plus grand des nombres a et b) et de b, on ramène le problème à la recherche des diviseurs communs à deux nombres dont le plus grand est inférieur à a. Le processus s'arrêtera donc après un nombre fini d'étapes.

La méthode des soustractions en action

Tout diviseur commun de 620 et 108 est diviseur commun de 620 - 108 = 512 et 108, et est donc :

diviseur commun de 512 - 108 = 404, et 108, et est donc

diviseur commun de 404 - 108 = 296 et 108, et est donc

diviseur commun de 296 - 108 = 188 et 108, et est donc

diviseur commun de 188 - 108 = 80 et 108, et est donc

diviseur commun de 108 - 80 = 28 et 80, et est donc

diviseur commun de 80 - 28 = 52 et 28, et est donc

diviseur commun de 52 - 28 = 24 et 28, et est donc

diviseur commun de 28 - 24 = 4 et 24, et est donc

diviseur commun de 24 - 4 = 20 et 4, et est donc

diviseur commun de 20 - 4 = 16 et 4, et est donc

diviseur commun de 16 - 4 = 12 et 4, et est donc

diviseur commun de 12 - 4 = 8 et 4, et est donc

diviseur commun de 8 - 4 = 4 et 4, et est donc diviseur de 4.

Le PGCD est donc 4.

Au passage, on fait une remarque qu'il ne serait pas difficile de démontrer en toute généralité :

Les diviseurs communs à deux nombres sont les diviseurs de leur PGCD.

Méthode par divisions

La méthode par soustractions peut paraître fastidieuse ; les cinq premières étapes consistent à retrancher 108 autant de fois qu'il est possible. On les résume en proposant de diviser 620 par 108 et de garder le reste :

$$620 = 5 \times 108 + 80$$

Si bien que, en un seul calcul, on se trouve ramené au PGCD de 108 et 80. C'est ce qu'avait proposé Euclide.

La méthode des divisions en action

Tout diviseur commun de 620 et 108 est diviseur commun de 108 et de 80, reste dans la division de 620 par 108, qui est :

diviseur commun de 80 et 28, reste dans la division de 108 par 80, qui est

diviseur commun de 28 et 24, reste dans la division de 80 par 28, qui est

diviseur commun de 24 et 4, reste dans la division de 28 par 24, qui est

diviseur commun de 4 et 0, reste dans la division de 24 par 4, qui est 4.

Tout diviseur commun est diviseur de 4 : 4 est donc le PGCD.

Les théorèmes de Bezout

Prenons deux nombres étrangers a et b, et supposons que a divise le produit bc.

Le PGCD de a et b est 1. Si on multiplie ces deux nombres par c, on obtient ac et bc, dont le PGCD est par conséquent c.

Le nombre a divise ac et bc, et divise donc leur PGCD c.

Ainsi se trouve démontré le premier théorème de Bezout :

Si un nombre divise le produit de deux facteurs et est étranger à l'un d'eux, alors il divise l'autre.

Observons maintenant deux entiers naturels a et b, et la famille F des nombres positifs qui s'écrivent :

$$xa + yb$$

x et y étant des entiers, positifs ou négatifs.

Cette famille contient par exemple 0 (il suffit de choisir $x = b$ et $y = -a$), et de nombreux autres entiers. Notons d le plus petit entier non nul de cette famille :

$$d = xa + yb$$

Tout diviseur commun à a et b divise donc d. D'autre part, si on divise a par d, la division tombe juste : sinon, le reste, qui est inférieur à d, appartiendrait aussi à la famille F, et d ne serait pas le plus nombre positif non nul de la famille. Donc d est un diviseur de a (et de même de b).

Ainsi, nous savons deux choses : d est un diviseur commun et tout diviseur commun divise d : c'est donc que d est le PGCD de a et b.

En particulier, si a et b sont étrangers, il existe des entiers x et y (l'un est positif, l'autre négatif) tels que :

$$ax + by = 1$$

Réciproquement, il est évident que si cette égalité est vérifiée, tout diviseur commun à a et b divise 1, autrement dit que a et b sont étrangers.

Les multiples communs

Deux entiers quelconques ont toujours un multiple commun, ne serait-ce que leur produit. Parmi les multiples communs, il en existe un plus petit, qu'on nomme donc plus petit multiple commun (PPCM).

On vérifie aisément que le produit de deux nombres est égal au produit de leur PGCD par leur PPCM.

Exemple :

pour les nombres 12 et 15

- le PGCD est 3
- le PPCM est 60
- et les produits 12x15 et 3x60 sont égaux.

Le petit théorème de Fermat

C'est seulement en 1749 qu'Euler publia une démonstration de ce résultat, qu'il attribuait lui-même à Fermat :

> *Si p est un nombre premier, quel que soit l'entier a, le nombre $a^p - a$ est un multiple de p.*

Par exemple, avec p = 3 :

$2^3 - 2 = 6 \qquad 3^3 - 3 = 24 \qquad 4^3 - 4 = 60 \qquad 5^3 - 5 = 120\ldots$

sont tous des multiples de 3.

En revanche, avec $p = 4$, $2^4 - 2 = 14$ n'est pas un multiple de 4.

La démonstration est un exemple simple de récurrence. La propriété est une évidence pour $a = 1$. Montrons qu'elle est héréditaire.

Supposons $a^p - a$ multiple de p. Alors, pour vérifier que $(a + 1)^p - a - 1$ est aussi un multiple de p, il suffit de montrer que leur différence en est un :

$$(a+1)^p - a^p - 1 = \binom{p}{1}a^{p-1} + \binom{p}{2}a^{p-2} + \ldots + \binom{p}{p-1}a.$$

Chacun des termes de la somme écrite à droite est un multiple de p (voir chapitre 19, p. 185).

On remarquera que le théorème ne dit pas que seuls les nombres premiers possèdent cette priorité. Ce n'est donc pas, comme on l'a cru quelque temps, un moyen de reconnaître un nombre premier.

On appelle parfois pseudo-premier un nombre qui « passe le test de Fermat » pour un entier a (au moins égal à 2).

Exemples :

Le nombre composé	341	91	15	124	35	25	9	28	33
passe le test avec a =	2	3	4	5	6	7	8	9	10

Il y a mieux : certains nombres passent le test pour tout *a* et pourtant ne sont pas premiers. On les appelle nombres de Carmichael. C'est en 1910 que R. D. Carmichael proposa les premiers exemples de tels nombres (561, 1 105, 1 729, 2 465, 2 821, 6 601, 8 911…) et conjectura qu'il en existe une infinité, ce qui ne fut démontré qu'en 1994 par Alford.

Abréviations

De même que la multiplication par un nombre entier a pu être introduite comme une addition répétée, on s'est trouvé amené à donner un nom et une écriture à des multiplications répétées. Cette notation, nous l'avons déjà employée plusieurs fois, elle consiste à indiquer en exposant le nombre de facteurs égaux qu'il convient de multiplier. On note ainsi par exemple :

$2 \times 2 \times 2 \times 2 \times 2 = 2^5$

$aaaa = a^4$

Il suffit de compter le nombre des facteurs pour rendre évidente la relation :

$a^n a^p = a^{n+p}$

Pour que cette formule reste valable dans le cas particulier où l'un des exposants vaut 0 ou 1, on définit conventionnellement $a^1 = a$ (multiplier par a^1 revient à prolonger le produit d'un facteur égal à *a*) et, du moins si *a* est non nul, $a^0 = 1$.

Dans un même souci d'économie d'écriture, on utilise une notation particulière pour désigner le produit de tous les entiers (non nuls) au plus égal à un entier donné *n* : on écrit *n* ! et on prononce « factorielle *n* ». Par exemple :

$2! = 2 \times 1 = 2$

$3! = 3 \times 2 \times 1 = 6$

$4! = 4 \times 3 \times 2 \times 1 = 24$

$5! = 5 \times 4 \times 3 \times 2 \times 1 = 120$

$6! = 6 \times 5 \times 4 \times 3 \times 2 \times 1 = 720$

$7! = 7 \times 6 \times 5 \times 4 \times 3 \times 2 \times 1 = 5040$

Cette notation rend de grands services dans les questions de dénombrement. Par exemple, s'il faut compter de combien de façons différentes on peut ranger sept livres sur un rayonnage, on écrira que le premier rang peut être attribué à un quelconque des sept livres, le deuxième à l'un quelconque des six livres restants (ce qui fait 7x6 façons différentes de commencer le rangement), le troisième à l'un quelconque des cinq livres restants, et ainsi de suite, donnant ainsi :

$7 \times 6 \times 5 \times 4 \times 3 \times 2 \times 1 = 7! = 5040$

possibilités différentes.

Reste à expliquer le qualificatif de « petit » théorème de Fermat. Il s'agissait de le distinguer d'un autre théorème du même nom, qui énonce que, pour $n > 2$, il n'existe pas d'entiers non nuls *a, b, c* permettant d'écrire :

$$a^n = b^n + c^n$$

(pour $n = 2$, cette relation est vérifiée par les triplets de Pythagore, présentés chapitre 2, p. 28).

Fermat avait prétendu, dans une annotation manuscrite sur un livre de Diophante, avoir trouvé une démonstration de ce théorème, mais que la marge était trop restreinte pour l'y inscrire. Pendant 325 ans, les mathématiciens en ont cherché la démonstration et c'est seulement en 1993 que Andrew Wiles l'a trouvée. Le théorème devrait, en toute justice, être nommé théorème de Wiles, mais l'habitude de le désigner comme le « grand théorème de Fermat » n'est sans doute pas proche d'être abandonnée.

Une histoire d'illuminé

Tout professeur d'université en mathématiques reçoit régulièrement des lettres d'amateurs persuadés d'avoir résolu une énigme mathématique séculaire : quadrature du cercle, duplication du cube, théorème de Fermat… Underwood Dudley, un membre influent de la Mathematical Association of America en a rassemblé de savoureuses dans son livre *Mathematical Cranks*, publié en 1992. Dans l'une d'entre elles, un correspondant lui affirme avoir démontré la réciproque du petit théorème de Fermat pour $a = 2$: « Si $2^{n-1} - 1$ n'est pas un multiple de n, alors n est premier. » Courtois, le professeur lui répond en citant le plus petit nombre pseudo-premier pour $a = 2$, soit 341. En effet, $2^{340} - 1$ est divisible par 341, mais 341 n'est pas premier, il est le produit de 11 par 31. Nullement découragé, son correspondant lui répond : « Oui, mais 341 est un *produit* de nombres premiers. »

Si vous n'avez pas éclaté de rire, rappelez-vous que *tout* entier peut s'écrire comme un produit de facteurs premiers.

Chapitre 12

Les nombres premiers

Dans ce chapitre :

- Des curiosités mathématiques
- Qui est premier ?
- La factorisation des entiers
- La suite des nombres premiers

L'importance quasiment mythique accordée dans l'Antiquité aux diviseurs d'un nombre a permis, très tôt, de mettre en évidence les nombres premiers, comme nous l'avons fait au chapitre précédent.

Des curiosités mathématiques

On trouve dans les *Éléments* d'Euclide des définitions qui ne sont pas démodées :

> *Le nombre premier est celui qui est divisible par la seule unité.*

> *Le nombre composé est celui qui est divisible par quelques nombres.*

En ajoutant cette remarque que tout nombre est divisible par lui-même, la définition moderne est à peine différente :

> *On appelle nombre premier un nombre qui a exactement deux diviseurs.*

Tout nombre étant divisible par lui-même et par l'unité, la petite précision que cette définition apporte est d'exclure 1 de la définition d'un nombre premier (il n'a qu'un diviseur, et non exactement deux) : c'est une pure convention, mais qui allège l'énoncé de certains théorèmes.

Le théorème d'Euclide

Euclide énonça lui-même le résultat suivant :

Tout nombre non premier (autre que 1) est divisible par un nombre premier.

La démonstration nous semble élémentaire, elle montre pourtant l'étendue et la subtilité des connaissances des mathématiciens de la Grèce antique.

Soit a un nombre non premier autre que 1. Il admet des diviseurs autres que 1 (sinon, il serait premier). Notons p le plus petit de ces diviseurs. Il est premier car, s'il admettait un diviseur (autre que 1 et lui-même), ce diviseur, plus petit que p, serait aussi diviseur de a et p ne serait pas le plus petit.

Euclide a utilisé son théorème pour démontrer l'existence d'une infinité de nombres premiers. Son raisonnement n'a pas pris une ride et c'est un des plus anciens exemples de raisonnement par l'absurde.

Euclide le formule pour trois nombres, mais reconnaît que son raisonnement est général. S'il n'existait, écrit-il, que trois nombres premiers a, b, c, je calculerais le nombre :

$$abc + 1$$

Quand on le divise par a (ou par b, ou par c), il y a toujours un reste égal à 1 : ce nombre n'est divisible par aucun des nombres premiers a, b, c. Alors :

- ou bien il est premier, et l'hypothèse selon laquelle il n'existe que trois nombres premiers se trouve infirmée ;
- ou bien il ne l'est pas et, d'après le théorème précédent, il admet au moins un diviseur premier et ce ne peut être ni a, ni b, ni c ; l'hypothèse selon laquelle il n'existe que trois nombres premiers se trouve encore infirmée.

Le théorème de Gauss

Comme c'est assez souvent le cas en mathématiques, cette dénomination est une injustice. Certes, Gauss fut un grand mathématicien, mais ce théorème avait déjà été énoncé par Euclide. Nous en avons d'ailleurs présenté une forme un peu généralisée au chapitre 11 (voir p. 164).

Commençons par une évidence : tout multiple d'un multiple d'un nombre est un multiple de ce nombre. Un instant de réflexion sur le vocabulaire montre que cette phrase est équivalente à la suivante : si un nombre divise l'un des facteurs d'un produit, il divise le produit. Mais la réciproque est inexacte : 6 divise le produit 4x9 = 36, mais il ne divise ni 4, ni 9. La proposition d'Euclide, reformulée par Gauss, affirme :

Si un nombre premier divise un produit de facteurs, il divise l'un des facteurs.

La démonstration la plus simple a été donnée par Gauss et repose sur la notion de PGCD. Soit n un nombre premier qui divise le produit ab. Le PGCD de n et a ne peut être que 1 ou n. Si c'est n, n divise a. Si c'est 1, le PGCD de nb et ab est b ; comme n les divise tous les deux, il divise leur PGCD.

Qui est premier ?

Il n'y a pas que dans la salle d'attente du dentiste qu'on pose cette question. Les plus petits nombres premiers ont été connus très tôt. La simple définition d'un nombre premier permet de découvrir, par essais successifs, si un nombre est ou non premier. Mais cela peut être long ! Par exemple, pour savoir si 23 427 est premier, c'est-à-dire contrôler qu'il n'admet pas de diviseurs autres que 1 et lui-même, on peut penser, au choix :

- à poser 23 425 divisions (essayer tous les entiers entre 2 et 23 426) ;
- à poser seulement 152 divisions (par 2, 3, 4… 153), en remarquant que 154^2, qui vaut 23 716, dépasse 23 427 et que, s'il existait un diviseur supérieur à 154, il en existerait un autre inférieur et on aurait déjà détecté que notre nombre n'est pas premier ;
- à essayer les divisions seulement par les nombres premiers successifs moindres que 152 (ce n'est pas la peine d'essayer un diviseur non premier, car ses propres diviseurs auraient déjà été reconnus).

La méthode du crible

Le troisième choix est le plus économe. La systématisation de ce procédé, non plus seulement pour tester un nombre mais pour dresser une liste, est due à Ératosthène, né à Cyrène (aujourd'hui Shahhat, en Libye) en 276 avant J.-C., et qui fut bibliothécaire de la célèbre bibliothèque d'Alexandrie, où il mourut en 194.

Pour dresser par exemple la table des nombres premiers inférieurs à 100, on range en tableau les cent premiers nombres :

1	2	3	4	5	6	7	8	9	10
11	12	13	14	15	16	17	18	19	20
21	22	23	24	25	26	27	28	29	30
31	32	33	34	35	36	37	38	39	40
41	42	43	44	45	46	47	48	49	50
51	52	53	54	55	56	57	58	59	60
61	62	63	64	65	66	67	68	69	70
71	72	73	74	75	76	77	78	79	80
81	82	83	84	85	86	87	88	89	90
91	92	93	94	95	96	97	98	99	100

Puis on efface :

- le 1 (qui par convention n'est pas premier) ;
- sauf 2 lui-même, les multiples de 2.

	2	3		5		7		9	
11		13		15		17		19	
21		23		25		27		29	
31		33		35		37		39	
41		43		45		47		49	
51		53		55		57		59	
61		63		65		67		69	
71		73		75		77		79	
81		83		85		87		89	
91		93		95		97		99	

Puis, on regarde le plus petit nombre restant (c'est 3) et on efface tous ses multiples.

	2	3		5		7			
11		13				17		19	
		23		25				29	
31				35		37			
41		43				47		49	
		53		55				59	
61				65		67			
71		73				77		79	
		83		85				89	
91				95		97			

On continue ainsi: on regarde le plus petit nombre restant (c'est 5) et on efface tous ses multiples, puis de même pour 7.

	2	3		5		7			
11		13				17		19	
		23						29	
31						37			
41		43				47			
		53						59	
61						67			
71		73						79	
		83						89	
91						97			

Ce n'est pas la peine de continuer : c'est 11 qu'il faudrait essayer maintenant. Or, aucun multiple de 11 n'est à barrer parmi les nombres inférieurs à 100. S'il en existait un, il aurait déjà été barré, puisque l'autre facteur serait inférieur à 11 (le carré de 11, 121, « sort » de la table).

Figure 12.1 : Le crible d'Ératosthène.

En vingt-quatre siècles, cette méthode, appelée le crible d'Ératosthène, n'a pas été modifiée.

Le critère de Wilson

ATTENTION !

Il existe de nombreuses méthodes pour tester un nombre et savoir s'il est premier sans effectuer toutes ces divisions fastidieuses. L'une des plus faciles a été proposée par Euler. On peut la présenter sous forme de question : quels sont les entiers n qui ne sont pas des diviseurs de $(n-1)!$, produit des entiers de 1 à $n-1$? C'est naturellement le cas des nombres premiers ; comme ils ne divisent un produit que s'ils divisent un des facteurs et que n ne peut pas diviser un nombre qui lui serait inférieur, la preuve est faite. Si un entier est le produit de deux nombres différents pq, l'un et l'autre figurent parmi les nombres dont $(n-1)!$ est le produit, et donc n divise ce produit. Mais il reste un cas, où n serait le carré p^2 d'un nombre premier. Le plus grand de nos facteurs, qui est égal à p^2-1 dépasse $2p$ dès lors que p dépasse 2. Dans les facteurs du produit figurent alors p et $2p$, et ce produit est divisible par $p^2=n$. Finalement, les nombres cherchés sont 4 et les nombres premiers. C'est donc un moyen de tester un nombre pour voir s'il est premier.

La longueur du calcul ôte tout intérêt pratique à cette remarque.

Plus « élégant », le théorème de Wilson n'est guère plus utilisé. En fait, il fut découvert par un mathématicien arabe du XIe siècle, Ibn al-Haytham (connu aussi sous le nom de Alhazen), mais il porte le nom de John Wilson (un étudiant du mathématicien anglais Edward Waring, qui le redécouvrit en 1770, sans pouvoir en donner la démonstration). C'est seulement en 1773 que Lagrange donna la démonstration de ce théorème, à l'énoncé simple :

Un entier n est premier si et seulement si le nombre $1+(n-1)!$ est un multiple de n.

Exemples

n	$(n-1)!$	$1+(n-1)!$	
2	1	2	Multiple de 2
3	2	3	Multiple de 3
4	3x2=6	7	Non multiple de 4
5	4x3x2=24	25	Multiple de 5
6	5x4x3x2=120	121	Non multiple de 6
7	6x5x4x3 X 2=720	721	Multiple de 7

Si intéressant qu'il soit, ce théorème n'est donc pas non plus le procédé miracle espéré : la longueur des calculs est pire qu'avec le crible d'Ératosthène.

La factorisation des entiers

Euclide avait démontré, nous l'avons vu au début de ce chapitre (voir p. 170), que tout nombre non premier admet au moins un diviseur premier p :

$$a = pb$$

Si on applique à nouveau ce résultat à b (qui est inférieur à a) et qu'on répète cette opération, on aboutira à reconnaître a comme un produit dont tous les facteurs sont des nombres premiers ; c'est le théorème d'Euclide :

Tout nombre non premier (autre que 1) peut s'écrire comme un produit de nombres premiers.

Euclide a énoncé un résultat encore plus fort : cette décomposition d'un entier en un produit de facteurs premiers est unique, à l'ordre près dans lequel on écrit ces facteurs. Cette unicité de la décomposition joue un rôle très important pour toute la théorie des nombres.

Pendant une bonne vingtaine de siècles, la démonstration proposée par Euclide a été enseignée à des générations d'élèves, recopiée dans des centaines d'ouvrages.

Malheureusement, elle est fausse, ou plutôt elle ne s'applique que pour des entiers qui ne sont pas divisibles par le carré d'un nombre premier, comme :

$$20 = 2^2 \times 5$$

autrement dit qui sont le produit de facteurs premiers tous différents.

La plupart de ceux qui ont utilisé ce théorème auraient certainement été capables de le démontrer correctement, mais nul ne s'en est soucié avant Gauss.

Une fois la remarque faite, la correction est immédiate, par l'utilisation du théorème de Gauss rappelé plus haut. Supposons qu'il existe des entiers qui admettent deux (au moins) décompositions en facteurs premiers et observons le plus petit de ces entiers, a :

$$a = pqr\ldots = p'q'r'\ldots$$

Le nombre premier p divise le produit $p'q'r'\ldots$ Il divise donc l'un de ses facteurs, mais ceux-ci sont premiers : p est donc égal à l'un des facteurs du second produit. On simplifie l'égalité par p, obtenant un nombre plus petit que a dont on aurait deux décompositions distinctes, ce qui est impossible puisque a est le plus petit de ces nombres.

On peut donc énoncer :

> *Tout nombre non premier (autre que 1) peut s'écrire comme un produit de nombres premiers et cette décomposition est unique (à l'ordre près des facteurs).*

La suite des nombres premiers

On sait depuis Euclide que cette suite est illimitée. On en connaît de nombreux termes, jadis rassemblés en des livres, les « tables de nombres premiers ». De nombreuses observations ont été faites sur la suite des nombres premiers.

Nombres premiers jumeaux

En dehors du couple (2, 3), il est évident que deux nombres premiers ont entre eux un écart de 2 au minimum, puisque, de deux nombres consécutifs n et $n+1$, l'un des deux est pair et ne peut donc être premier, sauf l'exception (2, 3) mentionnée. Cet écart de 2 est facile à observer. Ce sont par exemple :

(3, 5) (5, 7) (11, 13) (17,19) (29, 31) (41, 43) (59, 61)...

De tels couples sont appelés des couples de nombres premiers jumeaux. On ignore encore aujourd'hui s'il en existe une infinité, même si on en connaît de très grands, s'écrivant avec plusieurs milliers de chiffres. En 1949, le mathématicien P. A. Clement a énoncé et démontré un résultat qui ressemble au théorème de Wilson :

Des entiers n et $n+2$ forment une paire de nombres premiers jumeaux si et seulement si le nombre $n+4\,[(n-1)!+1]$ est un multiple de $n\,(n+2)$.

Là encore, le gigantisme des nombres mis en cause ôte tout intérêt pratique à ce résultat.

Des nombres clairsemés

Il est facile d'écrire une suite de cent nombres (par exemple) consécutifs dont aucun ne soit premier. Il suffit de prendre le produit :

$$100! = 100 \times 99 \times 98 \ldots \times 3 \times 2$$

et d'observer les nombres :

$$100!+2 \qquad 100!+3 \qquad \ldots \qquad 100!+99 \qquad 100!+100$$

Le premier est divisible par 2, le suivant par 3, le suivant par 4… et le dernier par 100 : aucun de ces nombres n'est premier. Autrement dit, dans la suite des nombres premiers, il y a des « trous » aussi longs qu'on le souhaite.

Des formules trop simples ?

Fermat avait fait une remarque qui pique la curiosité. La formule n^2-n+41 semble ne donner que des nombres premiers : si on l'utilise pour les valeurs successives de n à partir de 0, elle fournit les nombres :

41 41 43 47 53 61 71 83 97 …

Mais bien entendu, pour $n = 41$, elle donne 41^2 qui n'est pas premier ; cependant, les quarante nombres qu'elle donne avant ce piteux échec sont tous premiers. On a conjecturé qu'on peut, par une telle formule, $n^2 - n + A$ obtenir autant de nombres premiers qu'on veut. Mais le nombre A qui convient peut être très grand. Pour battre la formule de Fermat en obtenant 41 nombres premiers, on sait seulement que A existe et qu'il s'écrit avec au moins 18 chiffres.

Quelques familles simples

Les nombres de Mersenne

Les mathématiciens grecs de l'Antiquité savaient que, si a et b sont des entiers autres que 1, le nombre $2^{ab} - 1$ n'est pas premier.

Cela résulte simplement de la remarque plus générale de l'identité :

$$y^a - 1 = (y - 1)\,(y^{(a-1)} + y^{(a-2)} + \dots + y + 1)$$

dans laquelle on remplace y par x^b :

$$x^{ab} - 1 = (x^b - 1)\,(x^{b(a-1)} + x^{b(a-2)} + \dots + x^b + 1)$$

Au passage, la première relation nous donne un résultat amusant : $y^a - 1$ ne peut être premier que si $y - 1 = 1$ (sinon $y - 1$ serait un « vrai » diviseur), donc $y = 2$. Quant à la seconde, elle nous indique que $x^{ab} - 1$ n'est pas premier.

Lorsque $2^n - 1$ est premier, on l'appelle un nombre de Mersenne. Cela exige que n soit premier et on a cru longtemps que cette condition était suffisante. Mais en 1536, Huldaricus Regius montra que $2^{11} - 1$, soit 2 047, était le produit des nombres 23 et 89, et n'était donc pas premier. Un siècle plus tard, le moine Marin Mersenne affirma que $2^n - 1$ était premier pour :

$$n = 2, 3, 5, 7, 13, 17, 19, 31, 67, 127, 257$$

Encore aujourd'hui, on se demande comment Mersenne a fait pour vérifier que $2^{257} - 1$ était premier (c'est un nombre de 77 chiffres). Il a fallu attendre Euler, un siècle plus tard, pour voir prouver que $2^{31} - 1$ est effectivement premier, puis, en 1876, Lucas vérifia que $2^{127} - 1$ était aussi premier. En 1883, Pervouchine montra que $2^{61} - 1$ était premier, montrant ainsi que la liste de

Mersenne était incomplète. Ce n'est qu'au milieu du XXe siècle que les nombres inférieurs à 257 furent tous vérifiés ; Mersenne avait oublié 61, 89 et 107, et il avait inclus à tort 67 (certains historiens des sciences ont crédité Mersenne d'une coquille typographique : l'imprimeur aurait mis 67 pour 61). En 2005, on connaissait 42 nombres de Mersenne, le plus grand a plus de sept millions de chiffres.

Figure 12.2 : Marin Mersenne.

Il reste en 2005 de nombreuses questions non résolues sur les nombres de Mersenne. Par exemple :

- En existe-t-il une infinité ?
- Existe-t-il une infinité de nombres non premiers de la forme 2^n-1, avec n premier ?
- Existe-il un nombre de Mersenne qui soit divisible par un carré parfait ? (On n'en connaît aucun et on a vérifié qu'il n'en existe pas de moins de 13 chiffres.)
- Quels sont les nombres de Mersenne de la forme 2^n-1, où n est lui-même un nombre de Mersenne ? On connaît les exemples évidents 2^3-1, 2^7-1, $2^{31}-1$, $2^{127}-1$, mais on ignore s'il en existe d'autres.

Les nombres de Fermat

Pierre de Fermat avait proposé le processus suivant pour construire des nombres premiers :

- prendre un entier n ;
- calculer $m = 2^n$;
- calculer $2^m + 1$.

Et il avait commencé le tableau de ces nombres (appelés depuis lors nombres de Fermat) :

n	0	1	2	3	4	5	...
$m = 2^n$	1	2	4	8	16	32	...
$2^m + 1$	$F_0 = 3$	$F_1 = 5$	$F_2 = 17$	$F_3 = 257$	$F_4 = 65537$	$F_5 = 4294967297$	...

Pierre de Fermat avait affirmé que tous ces nombres étaient premiers. Dans une lettre datée d'août 1640, il écrit : « Je suis quasiment persuadé que tous les nombres [de Fermat] sont premiers, comme 3, 5, 17, 257, 65 537, 4 294 967 297, et le suivant de vingt chiffres, etc. Je n'en ai pas la démonstration exacte, mais j'ai exclu si grandes quantités de diviseurs par démonstrations infaillibles, et j'ai de si grandes lumières qui établissent ma pensée, que j'aurais peine à me dédire. » Nous savons que c'est vrai pour les premières valeurs de n, les nombres 0, 1, 2, 3 et 4. Euler montra que le nombre de Fermat suivant, F_5, est composé, égal au produit :

$$641 \times 6\,700\,417$$

On ignore encore aujourd'hui s'il existe d'autres nombres de Fermat premiers. Chaque mois ou presque, un nouveau résultat est publié sur Internet. Fin 2004, l'état des connaissances sur les nombres F_m était le suivant :

$m = 0, 1, 2, 3, 4$	Premier
$m = 5, 6, 7, 8$	Décomposé en produit de 2 facteurs premiers
$m = 9$	Décomposé en produit de 3 facteurs premiers
$m = 10$	Décomposé en produit de 4 facteurs premiers
$m = 11$	Décomposé en produit de 5 facteurs premiers
$m = 12$	On en connaît 5 diviseurs premiers
$m = 13$	On en connaît 4 diviseurs premiers
$m = 15, 25$	On en connaît 3 diviseurs premiers
$m = 16, 18, 19, 27, 30, 36, 38, 52, 77, 147, 150, 284, 416$	On en connaît 2 diviseurs premiers
$m = 17, 21, 23, 26, 28, 29, 31, 32, 37, 39, 42, 43$ et 179, plus quelques valeurs éparses entre 43 et 2478782	On en connaît 1 diviseur premier
$m = 14, 20, 22, 24$	Non premier, mais on n'en connaît pas de diviseur
$m = 33, 34, 35, 40, 41, 44, 45, 46, 47, 49, 50$	Aucune information

Le site `http://primes.utm.edu/primes/` se propose de tenir à jour en temps réel une liste des plus grands nombres premiers.

Mais il reste des énigmes dont les énoncés sont très simples et dont on n'a toujours pas la clé. Citons les plus fameux:

- La conjecture de Waring: *Tout entier impair est soit premier soit la somme de trois nombres premiers.*
- La conjecture de Goldbach: *Tout entier pair autre que 2 est la somme de deux nombres premiers.*

Chapitre 13

Les fractions

Dans ce chapitre :

- Encore des parts de tarte
- De nouveaux nombres ?
- Opérations
- Combien de fractions ?
- Le scandale pythagoricien
- Écriture décimale de fractions

Encore des parts de tarte

L'idée d'un partage égal, qu'il s'agisse d'une galette ou d'un trésor, est sans doute aussi vieille que la jalousie : on est prêt à s'indigner si un autre reçoit une part plus grosse. De même qu'au chapitre 9 (voir p. 119), on observait quelque chose de commun entre un couple, une paire, un duo, un binôme, on ressent une parenté entre un tiers de tarte, un tiers de galette, un tiers d'un troupeau… C'est l'idée de parts égales, de fragments dont trois reconstituent l'objet initial.

Pour un troupeau, il est un cas où nous ne trouvons rien de nouveau ; un troupeau de 24 moutons, partagé en trois, donne des groupes de 8 moutons. Plus généralement, évoquer le tiers d'un ensemble dont le nombre d'éléments est un multiple de 3, ce n'est qu'un autre regard sur la division par 3 d'un entier.

En revanche, le tiers d'un troupeau de 25 moutons, le tiers d'une tarte ou d'un champ sont plus difficiles à visualiser. Même pour une tarte, le contrôle de l'exactitude parfaite du partage n'est pas si simple à mettre en œuvre.

Il y a plus de trois millénaires, les égyptiens disposaient d'une notation et maîtrisaient donc la notion de parts égales. Ils les désignaient en surmontant d'un point le nombre de parts. Avec l'anachronisme de nos notations, on pourrait suggérer leurs écritures en notant :

- $\dot{3}$, ce que nous appelons un tiers ;
- $\dot{4}$, ce que nous appelons un quart…

Cela leur suffisait, au prix de grandes difficultés des calculs, pour représenter, quel que soit le partage, un nombre quelconque de parts. Là où nous écrivons aujourd'hui $\frac{2}{15}$ pour représenter ce que mange celui qui prend deux parts d'un gâteau coupé en quinze, ils ne savaient noter que la somme $\frac{1}{15}+\frac{1}{15}$.

Le problème, c'est qu'il devient très difficile d'identifier deux gourmands qui en ont mangé autant. Comment reconnaître ce qui nous semble évident, l'équivalence entre manger un tiers de la tarte ou en manger deux sixièmes ?

Les fractions égyptiennes

Pour répondre à ce besoin, les égyptiens avaient développé une règle d'écriture, selon laquelle dans une somme de « fractions » (selon leur définition, c'est-à-dire de celle que nous notons aujourd'hui $\frac{1}{2}, \frac{1}{3}, \frac{1}{4}, \ldots$) on ne doit jamais trouver deux fois la même fraction. Ainsi, au lieu d'écrire $\frac{1}{15}+\frac{1}{15}$, ils écrivaient $\frac{1}{9}+\frac{1}{45}$ (vous pouvez vérifier !). Mais c'était plus une coquetterie d'écriture qu'une technique utile, car nous savons aujourd'hui que, pour toute fraction, il existe une infinité de façons de l'écrire comme somme de fractions de la forme $\frac{1}{n}$ avec des dénominateurs tous différents. Il reste cependant en ce domaine des questions ouvertes.

Par exemple, pour une fraction $\frac{p}{q}$ dans laquelle p vaut 2 ou 3, on prouve de façon élémentaire qu'il existe une décomposition en somme d'au plus trois fractions égyptiennes de dénominateurs différents. Pour $p=4$ ou $p=5$, nul n'a jamais trouvé d'exemple de fraction qu'on ne puisse décomposer en somme de trois fractions égyptiennes de dénominateurs différents. Mais nul n'a pu prouver que c'était toujours le cas.

Un des plus anciens textes dont nous disposons est le célèbre papyrus du scribe Ahmed, écrit vers 1650 avant notre ère, qui se présentait comme une copie d'un document antérieur de la XXe dynastie (environ 1800 avant J.-C.). On y trouve la table des fractions que nous notons aujourd'hui $\frac{2}{n}$, écrite comme des sommes de fractions « pures » (celles que nous notons $\frac{1}{p}$), et ce pour toutes les valeurs de n jusqu'à 101. On savait donc doubler une fraction et, comme on connaissait aussi le procédé de multiplication par doublements (voir chapitre 11, p. 150), on savait effectuer toute multiplication d'une fraction par un nombre entier. Par exemple, pour multiplier par 19, on multipliait par 16, par 2 (et par 1) avant d'additionner.

On comprend qu'il ait fallu de longues études pour apprendre à additionner des fractions!

La musique tarte

Sous ce titre irrespectueux se cache une assimilation toute pythagoricienne: on avait remarqué depuis longtemps que certains accords musicaux étaient produits par des tiges ou des cordes dont les longueurs étaient dans un rapport simple. En employant le langage moderne:

- l'intervalle d'un octave est produit par deux tiges dont les longueurs sont dans le rapport 2;
- l'intervalle d'une quinte est produit par deux tiges dont les longueurs sont dans le rapport $\frac{3}{2}$;
- l'intervalle d'une tierce majeure est produit par deux tiges dont les longueurs sont dans le rapport $\frac{5}{4}$;
- l'intervalle d'une tierce mineure est produit par deux tiges dont les longueurs sont dans le rapport $\frac{6}{5}$;
- l'intervalle d'une quarte est produit par deux tiges dont les longueurs sont dans le rapport $\frac{4}{3}$.

Il y avait là, pour des personnes ignorant la notion de fréquence de vibration, une sorte de miracle, confortant la devise pythagoricienne: « Tout est nombre. »

De nouveaux nombres?

Ce qui a entraîné les mathématiciens égyptiens sur cette piste ardue, c'est cette tentation de représenter toute partie d'une ou plusieurs tartes par un « nombre ». Certes, pas toujours un nombre entier, mais quelque chose qui lui ressemblerait. Et les fractions n'y suffisent pas, à cause de la difficulté de reconnaître que deux fractions représentent la même quantité de gâteau. En somme, nous percevons que $\frac{1}{2}, \frac{2}{4}, \frac{3}{6}, \frac{4}{8}$... ne sont que des façons différentes pour représenter ce qu'on appelle aujourd'hui un nombre rationnel.

Pour les linguistes, *rationnel* est de la famille de *raison*. Un nombre conforme à la raison. Mais le rapprochement avec *ration* (au sens de part: ration alimentaire) est plus qu'un jeu de mots.

Pour y voir clair, on distingue donc :

- fraction : couple de nombres entiers, dont le premier, qui représente le nombre de portions mangées, est appelé le numérateur et le second, qui indique comment les parts ont été découpées, dénominateur (bien entendu, le dénominateur ne peut jamais être nul) ;
- nombre rationnel : ensemble de fractions « équivalentes », comme $\frac{1}{2}$, $\frac{4}{2}$, $\frac{3}{6}$, $\frac{4}{8}$..., idée qu'il faut maintenant préciser.

Les fractions équivalentes

La première idée pour construire des fractions équivalant à une fraction donnée s'appuie encore sur les parts de gâteaux : si on fait des parts deux fois plus petites et qu'on en prend deux fois plus, cela revient au même, comme prendre *n* fois plus de parts *n* fois plus petites. D'où notre première règle :

Lorsqu'on multiplie numérateur et dénominateur d'une fraction par un même nombre, on obtient une fraction équivalente.

Bien entendu, cela peut se dire dans l'autre sens : lorsqu'on divise numérateur et dénominateur d'une fraction par un même nombre (à supposer qu'ils soient multiples de ce nombre), on obtient une fraction équivalente. On dit alors qu'on a « simplifié » la fraction. Lorsque le numérateur et le dénominateur n'ont pas de diviseur commun autre que 1, autrement dit lorsque ces nombres sont étrangers, la fraction ne peut pas être simplifiée, elle est irréductible. La simplification la plus forte est obtenue lorsqu'on a simplifié par le plus grand nombre possible, autrement dit par le PGCD du numérateur et du dénominateur. On peut en tirer une règle pratique assez commode.

Observons les fractions équivalentes $\frac{a}{b}$ et $\frac{ma}{mb}$. Les « produits en croix » :

$$a \times mb$$
$$b \times ma$$

sont égaux. Inversement, étant donné deux fractions $\frac{a}{b}$ et $\frac{c}{d}$ telles que les produits en croix soient égaux :

$$ad = bc$$

d'après les règles établies, nous savons que $\frac{a}{b}$ est équivalente à $\frac{ad}{bd}$, qui est exactement la fraction $\frac{bc}{bd}$, qui est équivalente à $\frac{c}{d}$.

C'est la « règle des produits en croix » :

On reconnaît des fractions équivalentes à l'égalité des produits en croix.

Caractères de divisibilité

La simplification se fait souvent par étapes. Certes, en recherchant le PGCD du numérateur et du dénominateur, on obtient la meilleure simplification possible mais, s'il y a un diviseur commun évident, on peut commencer par simplifier par ce diviseur. C'est le principal intérêt des caractères de divisibilité, qui permettent de reconnaître, sans faire la division, qu'un entier admet un diviseur simple. Tous sont liés à la base dix que nous utilisons.

On reconnaît un multiple de :

- 10 au fait que son dernier chiffre est un zéro ;
- 2 au fait que son dernier chiffre est 0, 2, 4, 6 ou 8 ;
- 5 au fait que son dernier chiffre est 0 ou 5 ;
- 9 au fait que la somme de ses chiffres est un multiple de 9 ;
- 3 au fait que la somme de ses chiffres est un multiple de 3 ;
- 11 au fait que la somme alternée de ses chiffres est un multiple de 11 (la somme alternée s'obtient en ajoutant et retranchant alternativement les chiffres). Exemple :

  712173 $7-1+2-1+7-3=11$

  712173 est un multiple de 11.

  52416 $5-2+4-1+6=12$

  52416 n'est pas un multiple de 11.

Il est utile ici de remarquer que, si on fait de chaque gâteau une seule part, deux, trois, quatre parts reviennent à deux, trois, quatre gâteaux : une fraction de dénominateur 1 est équivalente à un entier, son numérateur.

Réduire au même dénominateur

Lorsqu'il faut savoir qui a le plus de tarte, il est nettement plus commode que les assiettes soient garnies de parts de même taille. J'ai cinq parts, tu en as six, j'en ai moins que toi. Mais si, individuellement observées, tes parts sont plus petites que les miennes, la comparaison n'est plus aussi simple.

Pour comparer deux nombres représentés par des fractions, il vaut mieux qu'elles aient même dénominateur. Si ce n'est pas le cas, il est préférable de les réduire au même dénominateur.

Exemple : je veux comparer $\frac{5}{6}$ et $\frac{6}{7}$. En multipliant numérateur et dénominateur de la première fraction par 7, j'obtiens la fraction équivalente $\frac{35}{42}$. En multipliant numérateur et dénominateur de la seconde fraction par 6, j'obtiens la fraction équivalente $\frac{36}{42}$.

La comparaison est alors immédiate : la seconde est la plus grande. Ce qui permet le calcul et assure son succès, c'est l'idée de prendre 42 pour dénominateur commun, un multiple de 6 et de 7.

Ainsi :

On peut toujours réduire deux fractions au même dénominateur en choisissant pour dénominateur commun le produit de leur dénominateur.

Mais ce qui importe, c'est que 42 soit un multiple commun à 6 et 7. Tout autre multiple commun aurait permis de réduire nos fractions au même dénominateur. C'est naturellement le plus petit commun multiple (PPCM) qui assure les calculs les plus simples (dans notre exemple, 6 et 7 sont étrangers, et le PPCM est le produit de ces nombres).

Opérations

Additionner les contenus de deux assiettes lorsque les parts sont de même taille est aisé : il n'y a qu'à additionner les nombres de parts. Traduit en langage de fractions, cela devient :

Pour additionner des nombres représentés par des fractions de même dénominateur, on écrit la fraction ayant encore ce même dénominateur et ayant pour numérateur la somme des numérateurs.

Exemple :

$$\frac{4}{15}+\frac{10}{15}=\frac{14}{15}$$

Si les écritures données ne sont pas des fractions de même dénominateur, on sait les transformer pour les réduire au même dénominateur :

$$\frac{4}{15}+\frac{2}{3}=\frac{4}{15}+\frac{10}{15}=\frac{14}{15}$$

Le dur métier de notaire

Dans un livre publié en 1612, Claude Bachet racontait l'histoire d'un Arabe (peut-être l'avait-il tirée d'un ouvrage de mathématique arabe) qui, en mourant, laissa pour tout bien un troupeau de 17 chameaux. Par son testament, il laissait la moitié de ses biens à son fils aîné, le tiers à son second et le neuvième au benjamin. Perplexité des héritiers devant le massacre qui se préparait pour fractionner ainsi ces pauvres bêtes. Survient alors un vieux sage, sur son chameau, qui généreusement, leur offre sa monture pour compléter l'héritage.

Avec 18 chameaux, tout devient facile: l'aîné en prend la moitié, 9, le deuxième le tiers, 6, et le troisième le neuvième, 2. Il reste alors un chameau que le vieux sage enfourche avant de s'éloigner.

La clé du mystère gît dans le testament. Le défunt était un «nul», il n'avait pas attribué toute sa fortune, puisque la somme:

$$\frac{1}{2}+\frac{1}{3}+\frac{1}{9}$$

est égale, comme on le vérifie sans peine, à $\frac{17}{18}$.

En ce qui concerne la multiplication, la règle est beaucoup plus simple: pour calculer le produit de deux fractions, on forme une fraction dont le numérateur est le produit des numérateurs et dont le dénominateur est le produit des dénominateurs.

Exemple:

$$\frac{3}{4} \times \frac{8}{9} = \frac{24}{36}$$

Soit:

$$\frac{a}{b} \times \frac{c}{d} = \frac{ac}{bd}$$

en particulier, si on multiplie une fraction par cette fraction «renversée»:

$$\frac{a}{b} \times \frac{b}{a} = \frac{ab}{ab}$$

qu'on peut simplifier en $\frac{1}{1}$, où nous reconnaissons l'entier 1. On retient que l'inverse d'une fraction s'obtient en y échangeant le numérateur et le dénominateur.

Pourquoi les années bissextiles ?

La Terre tourne sur elle-même en un jour. C'est d'ailleurs ainsi qu'on a défini le jour pour unité de temps. Mais elle tourne autour du Soleil en une période qui n'est pas un nombre entier de jours. Une valeur approchée connue des astronomes modernes est 365,242217 jours.

Dans l'Antiquité, les Égyptiens connaissait l'approximation de 365 jours, ce qui est une remarquable approximation (avec une erreur inférieure à 0,001 %) compte tenu des instruments rudimentaires dont ils disposaient. Nous savons que cette approximation est par défaut : l'année réelle est un peu plus longue que ce que croyaient les Égyptiens. Mais d'année en année, le décalage se faisait sentir. En 100 ans, les saisons se décalèrent cent fois de 0,242217 jours soit plus de 24 jours.

Jules César décida, en l'an 46 avant J.-C., une grande réforme : le calendrier julien. D'abord, pour rattraper le retard des saisons accumulé en plus de trois siècles, il ajouta 80 jours (l'année 46 compta donc 445 jours). Ensuite, il décida qu'une année sur quatre comporterait un jour de plus. La durée moyenne de l'année devenait :

$$365+\frac{1}{4}=365,25$$

Le calendrier julien fut adopté par l'Occident et resta en vigueur jusqu'au XVIe siècle.

L'année julienne est un peu trop longue de :

$$365,25-365,242217=0,007783 \text{ jours}$$

En 1582, seize siècles après la réforme de César, le calendrier était en avance sur les saisons de 0,007783 x 1 600 soit plus de 12 jours.

Ce fut alors l'entrée en vigueur du calendrier grégorien. C'est en effet le pape Grégoire XIII qui décida de supprimer 10 jours : le lendemain du jeudi 4 octobre fut le vendredi 15 octobre. En outre, l'avance étant d'environ 3 jours en 4 siècles, il décida de supprimer 3 années bissextiles sur 400. Le plus simple était de prendre les années séculaires (dont le millésime se termine par « 00 » et est donc divisible par 4, si bien que ces années auraient dû être bissextiles), et de décider une exception à la règle : seules celles dont le millésime est divisible par 400 restent bissextiles. Ainsi 1700, 1800 et 1900 ne sont pas bissextiles ; mais 2000 l'est.

L'année grégorienne moyenne dure donc :

$$365,25-\frac{1}{100}+\frac{1}{400}=365,2425 \text{ jours}$$

Cette fois, l'erreur n'est plus que de :

$$365,24255-365,242217=0,000283 \text{ jours}$$

C'est une approximation par excès. Il faudra donc environ 4 000 ans pour qu'un écart, ayant atteint 1 jour, rende utile une nouvelle réforme : ajouter un jour « hors calendrier » pour attendre les saisons.

Combien de fractions ?

Tolérons pour l'instant le caractère un peu naïf de la question pour répondre simplement : il y en a beaucoup.

Entre deux fractions, par exemple $\frac{5}{6}$ et $\frac{8}{9}$, on peut toujours en intercaler une troisième, ne serait-ce que leur moyenne :

$$\frac{1}{2}\left(\frac{5}{6}+\frac{8}{9}\right)$$

C'est naturellement une fraction, qu'il est loisible d'expliciter :

$$\frac{1}{2}\left(\frac{30}{36}+\frac{32}{36}\right)=\frac{31}{36}$$

et ce travail est possible, quelles que soient les fractions qu'on choisit. Il semble donc que les fractions soient « très serrées ».

Et pourtant, au XIXe siècle, Cantor a mis en évidence une façon d'associer à chaque fraction un nombre entier, de « numéroter » en quelque sorte les fractions, prouvant ainsi ce paradoxe : il y a autant de fractions que de nombres entiers.

L'idée est simple : on définit la hauteur d'une fraction comme la somme de son numérateur et de son dénominateur et on écrit successivement :

- les fractions de hauteur 1 : $\frac{0}{1}$;
- les fractions de hauteur 2 : $\frac{0}{2}, \frac{1}{1}$;
- les fractions de hauteur 3 : $\frac{0}{3}, \frac{1}{2}, \frac{2}{1}$;
- les fractions de hauteur 4 : $\frac{0}{4}, \frac{1}{3}, \frac{2}{2}, \frac{3}{1}$, et ainsi de suite.

La numérotation cherchée s'en déduit. On attribue les numéros en croissant, aux fractions de hauteur 1, puis aux fractions de hauteur 2, et ainsi de suite. Par exemple la fraction $\frac{1}{3}$ porte le numéro 8.

Conséquence amusante : toutes les fractions étant représentées sur un axe, donnez-moi un morceau de ruban adhésif, aussi court soit-il, et je recouvrirai toutes les fractions. Les fractions ayant été numérotées comme il vient d'être indiqué, sur la première fraction on collera la moitié du ruban disponible. Sur la deuxième, la moitié de ce qui reste, et ainsi de suite. La quantité de ruban nécessaire est alors, exprimée en longueurs du ruban donné :

$$\frac{1}{2}+\frac{1}{4}+\frac{1}{8}\ldots$$

somme dont on voit sans trop de peine (voir encadré chapitre 11, p. 156) qu'elle est égale à 1, et en tout cas immédiatement qu'elle ne dépasse pas 1 : comme à chaque étape, on n'utilise que la moitié du ruban disponible, il en restera toujours.

Le scandale pythagoricien

Bien avant Euclide, on savait qu'il existait des longueurs incommensurables : il n'existe entre elles aucune mesure commune, c'est-à-dire aucune longueur qui soit contenue un nombre entier de fois dans l'une et dans l'autre. Un exemple célèbre, raconté par Platon, est un dialogue entre Socrate et un esclave de Menon. Traçant sur le sable un carré de deux pieds de côté, Socrate demande à l'esclave comment construire un carré d'aire double. Quatre pieds de côté ? L'aire serait quadruplée. Trois pieds ? Elle serait multipliée par $\frac{9}{4}$, et c'est encore trop. Et Socrate de présenter non un calcul mais une construction géométrique : en repliant les quatre « coins » autour des droites en pointillé, on met en évidence le rapport 2 entre les aires du grand et du petit carré.

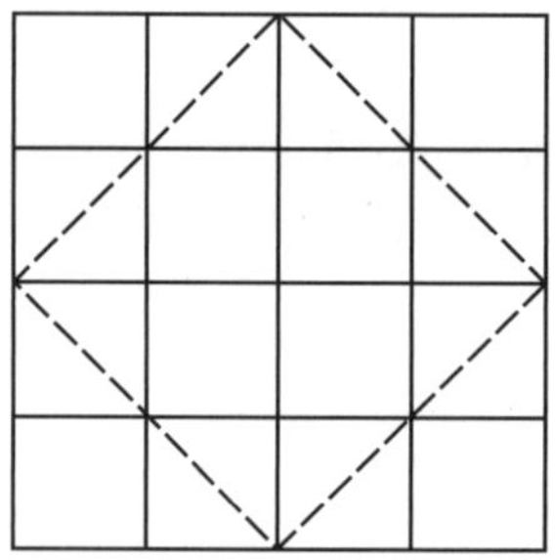

Figure 13.1 : L'aire du grand carré est double de celle du petit.

Il y a là un paradoxe déjà connu des pythagoriciens. Pour les plus anciens d'entre eux, tout est nombre (entier). À la rigueur, rapport de nombres. Si seuls existent le nombre entier et les rapports de nombres entiers, la diagonale du carré de côté 1 n'a pas de longueur : le nombre qui, pour nous, s'écrit $\sqrt{2}$ n'est pas égal au quotient de deux entiers.

Aristote expose avec un modernisme étonnant la démonstration. « On prouve par l'exemple l'incommensurabilité de la diagonale, écrit-il, par cette raison que les pairs deviendraient impairs si on posait cette diagonale commensurable. Ainsi on prouve l'incommensurabilité de la diagonale par ce qu'une conclusion fausse découlerait de la proposition contradictoire. »

La démonstration à laquelle se réfère Aristote s'énoncerait, en langage moderne, comme suit.

Remarque préalable n°1 :

Le carré d'un nombre impair est impair :

$$(2m+1)^2 = 4m^2 + 4m + 1$$

Remarque préalable n°2 :

Toute fraction est équivalente à une fraction dont le numérateur et le dénominateur ne sont pas tous les deux pairs. (En effet, si les deux termes d'une fraction sont pairs, on peut la simplifier par 2 et on recommence aussi longtemps que c'est nécessaire ; un nombre fini de simplifications étant possible, on parviendra à une fraction de la forme souhaitée.)

Démonstration :

S'il existait une fraction $\frac{p}{q}$ ainsi simplifiée dont le carré soit égal à 2, on aurait :

$$p^2 = 2q^2$$

et p serait pair d'après la remarque 1. Au nom de la remarque 2, q serait donc impair. Écrivant $p = 2m$ (m est le nombre entier égal à la moitié de p), on aurait, après simplification :

$$2m^2 = q^2$$

et q serait pair, selon la remarque 1. Nul nombre ne peut être à la fois pair et impair et il est donc impossible qu'il existe une fraction dont le carré soit 2.

Écriture décimale de fractions

Lorsqu'on « pose la division » d'un entier par un entier et qu'on la « pousse » avec des décimales, il se peut qu'un des restes partiels successifs soit un zéro : la division finit par « tomber juste ». Cela se produit par exemple si on divise par une puissance de 2, une puissance de 5 ou le produit de telles puissances. On dit alors que la fraction est décimale. Mais de toute façon, les restes partiels successifs :

1	7
10	0,1428571428571
30	
20	
60	
40	
50	
10	

qui sont des nombres infèrieurs à 7 ne peuvent être indéfiniment différents : un moment viendra où l'on retrouvera un reste déjà écrit. Dans notre exemple, c'est le septième reste. Au-delà, les calculs vont se répéter et on obtiendra pour le quotient la répétition de la même succession de chiffres :

$$\frac{1}{7} = 0{,}142857142857142857 14\ldots$$

Il n'est pas difficile de démontrer la réciproque. Si un nombre a une écriture décimale qui, à partir d'un certain rang, comporte la répétition indéfinie d'une même suite de chiffres, c'est le quotient de deux entiers. Un exemple suffit à donner une idée de la démonstration. Prenons le nombre :

$$x = 0{,}4315123123123123\ldots$$

dans lequel la séquence 123 se répète indéfiniment. Alors :

$$1000x = 431{,}5123123123123\ldots$$

En écrivant :

$$x = 0{,}4315 + 0{,}0000123123123123\ldots$$

et de même :

$$1000x = 431{,}5123 + 0{,}0000123123123123\ldots$$

on rend manifeste, en calculant la différence $1000x$-x, que $999x$ a une écriture décimale limitée et est donc une fraction (décimale). Le nombre x est donc aussi une fraction.

À l'inverse, un nombre tel que 0,123456789101112131415161718... formé en juxtaposant les entiers successifs n'est donc pas rationnel : si « serrés » que soient les nombres rationnels, ils laissent des « trous ». Nous connaissions $\sqrt{2}$, et en voilà un autre. Et c'est seulement au XIXe siècle que Cantor a prouvé que ces trous étaient bien plus « nombreux » que les nombres rationnels.

Son procédé, appelé depuis procédé diagonal de Cantor, a connu de nombreuses applications. C'est encore une fois une démonstration par l'absurde. Supposons, dit-il, que tous les nombres, rationnels ou non, soient aussi nombreux que les entiers. On pourrait alors les ranger, désignant un n° 1, un n° 2, et ainsi de suite.

En se limitant aux nombres compris entre 0 et 1, on les écrirait dans l'ordre :

- $0, a_1, a_2, a_3... a_n...$
- $0, b_1, b_2, b_3... b_n...$
- $0, c_1, c_2, c_3... c_n...$
- $0, d_1, d_2, d_3... d_n...$
- ...

Pour éviter des difficultés, convenons de ne pas écrire de nombres qui ne comporteraient que le chiffre 9 à partir d'un certain rang. Au lieu de :

0,1239999999999999999...

on écrirait :

0,1240000000000000000...

dont on peut démontrer que ce sont deux écritures du même nombre.

Écrivons alors un nombre :

0, *xyz*...

dont :

- le premier chiffre après la virgule est déterminé par le premier chiffre après la virgule du premier nombre, a_1 (si ce chiffre est 0, on prendra $x = 1$, sinon on prendra $x = 0$) ;
- le deuxième chiffre après la virgule est déterminé par le deuxième chiffre après la virgule du deuxième nombre, b_2 (s'il vaut 0, on prendra $y = 1$, sinon on prendra $y = 0$) ;

- le troisième chiffre après la virgule est déterminé par le troisième chiffre après la virgule du troisième nombre, c_3 (s'il vaut 0, on prendra $z = 1$, sinon on prendra $z = 0$) ;
- etc.

On écrit ainsi un nombre dont il est clair qu'il n'était pas dans la liste (avec tout nombre de la liste, il a au moins un chiffre différent), réduisant ainsi à l'absurde la prétention d'avoir rangé tous les nombres.

Ces nombres, bien plus nombreux que les nombres rationnels, s'appellent les nombres réels : nous y reviendrons à plusieurs reprises.

Chapitre 14

Les nombres négatifs

Dans ce chapitre :

- Une idée familière
- Une invention tardive
- La notation moderne
- Unissons nos fortunes !
- Propriétés de l'addition
- La multiplication

Une idée familière

En janvier, nul ne s'étonne ni ne se méprend lorsque la télévision annonce dans certaines régions des températures négatives. Il fait -4° à Nancy, 0° à Blois et 5° à Nice, chacun perçoit l'ordre de ces températures. C'est que nous avons tous en tête l'axe des températures, comme il est figuré sur un thermomètre :

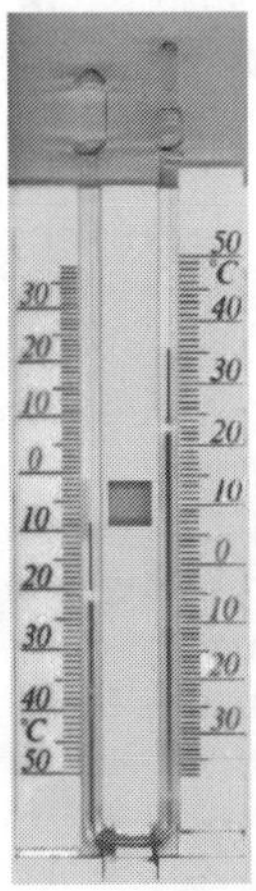

Figure 14.1 : Thermomètre.

Pourtant, certains téléspectateurs sentent bien que les températures ne sont pas des nombres comme les autres. Un immense éclat de rire aurait dû secouer la France en cette soirée de novembre où le présentateur annonçait de grands écarts de température. Elles allaient « du simple au double, 6° à Nancy et 12° à Montpellier ». (Pour ceux qui n'ont pas ri, qu'ils pensent que le 0° est fixé par décret et, par exemple en pays anglo-saxon, ne désigne pas la même température que chez nous. Si la Convention avait choisi la température à laquelle le Beaujolais se prend en glace, -6° dans notre échelle, le présentateur aurait dû annoncer 12° à Nancy et 18° à Montpellier. Du simple au double ?)

Les immeubles modernes, aux multiples étages de sous-sol nous ont rendus familiers les boutons d'ascenseur portant les indications -3, -2, -1, 0, 1 ou 2. Il arrive à chacun de nous d'avoir occasionnellement un solde négatif sur son compte en banque. Y lire -345 euros, ou + 123 euros, nul ne s'y trompe.

Sur un relevé de la banque, nous savons parfaitement ce que signifie un solde négatif ; nous devons remettre de l'argent rapidement et nous savons très bien pourquoi : il nous reste « moins que rien ».

Les contribuables qui déclarent des revenus fonciers sont invités, dans le même colonne, à déclarer « bénéfice (+) ou déficit (-) ».

Une invention tardive

Il y a une vingtaine de siècles, les comptables chinois utilisaient des baguettes de couleurs différentes pour figurer les dettes et les avoirs. Ils savaient faire des additions séparées et tirer un bilan à la fin du calcul, en retranchant les dettes de l'avoir, si elles étaient inférieures, ou le contraire si elles étaient supérieures.

En Inde au VIIe siècle, Brahmapoutre explicitait les règles d'opérations pour prendre en compte des créances et des dettes et pour les synthétiser en un seul nombre :

> *Une dette retranchée de rien devient un avoir, un avoir retranché de rien devient une dette.*

Mais de là à reconnaître des nombres négatifs, il y avait un pas à franchir que l'héritage grec ne rendait pas facile : les nombres y représentaient des longueurs, à la rigueur des aires ou des volumes. Comment concevoir une longueur négative ? Encore au XVe siècle, les savants européens avaient quelque peine avec ces « nombres ». Et, beaucoup plus tard, au début du XIXe siècle, le mathématicien Lazare Carnot, membre de l'Académie des sciences, expliquait: «Pour obtenir réellement une quantité négative isolée, il faudrait retrancher une quantité effective de zéro, ôter quelque chose de rien: opération impossible. Comment donc concevoir une quantité négative isolée?»

cerfa
N° 10334 * 09

Liberté • Égalité • Fraternité
RÉPUBLIQUE FRANÇAISE

2044

Cette déclaration est une annexe à votre déclaration d'ensemble des revenus n° 2042. Pour la remplir, aidez-vous de la notice. Les chiffres indiqués à gauche de certaines lignes vous y renvoient.

– Déclaration des revenus fonciers

– Contribution sur les revenus locatifs (CRL)

Revenus de 2004

Si certains de vos immeubles sont :
- possédés en nue-propriété,
- classés monuments historiques,
- situés dans un secteur sauvegardé ou assimilé,
- situés dans une zone franche urbaine,

ou si vous possédez des parts de sociétés immobilières propriétaires de tels immeubles, vous devez remplir, **pour l'ensemble de vos revenus fonciers**, une déclaration n° 2044 spéciale.
Si vous avez opté pour la déduction au titre de l'amortissement des logements neufs (dispositif « Robien », « Besson » ou « Périssol »), cette déclaration spéciale est également nécessaire.

Vous n'avez pas à remplir cette déclaration si le montant des revenus fonciers bruts perçus en 2004 par votre foyer fiscal n'excède pas 15 000 € et si vous ne possédez que des propriétés ordinaires. Vous relevez, en effet, de plein droit du régime du micro foncier. Vous pouvez toutefois opter pour le régime réel des revenus fonciers en déposant cette déclaration (voir notice).

100 **Désignation du déclarant**

Nom et prénoms ....

Adresse complète du domicile ....

110 **Parts de sociétés immobilières** **non passibles de l'impôt sur les sociétés**

Propriétés rurales et urbaines

	Option 40 % (Besson ancien)	Option 60 % (Lienemann)	Nom et adresse des sociétés
Immeuble 1	☐	☐	
Immeuble 2	☐	☐	
Immeuble 3	☐	☐	
Immeuble 4	☐	☐	
Immeuble 5	☐	☐	
Immeuble 6	☐	☐	

	Immeuble 1	Immeuble 2	Immeuble 3	Immeuble 4	Immeuble 5	Immeuble 6	
111 Revenus bruts							A
112 Frais et charges (sauf *intérêts d'emprunts*)							B
113 Intérêts d'emprunts							C
114 Bénéfice (+) ou déficit (–)							D

115 Total de chaque ligne, *à reporter page 4*

Figure 14.2 : Bénefice (+) ou déficit (-).

Lorsque des nombres négatifs apparaissent dans un calcul, par exemple dans la résolution d'une équation, Descartes les appelle des fausses solutions, Cardan des solutions fictives et Stifel des solutions absurdes ! On considère souvent que le problème a été mal posé et qu'il convient de le reformuler.

Exemple : un père a 56 ans et son fils en a 29. Dans combien d'années l'âge du père sera-t-il le double de celui de son fils ?

Si on représente par une lettre x le nombre d'années demandé, les conditions se traduisent par la relation :

$$56 + x = 2\,(29 + x)$$

et a pour solution $x = -2$.

Solution absurde, ou fictive. Il faut reformuler le problème : depuis combien d'années l'âge du père a-t-il atteint le double de l'âge du fils ? La relation s'écrit :

$$56 - x = 2\,(29 - x)$$

et a pour solution $x = 2$.

Tout cela nous semble aujourd'hui bien inutilement compliqué.

De même, au début du XVIIe siècle, on savait résoudre des équations du second degré (voir chapitre 15, p. 221), mais on se croyait obligé d'étudier séparément trois cas :

- $x^2 + bx = c$
- $x^2 + c = bx$
- $x^2 = bx + c$

Les lettres b et c représentent « évidemment » des nombres positifs.

La notation moderne

C'est à l'Allemand Adam Riese (1492-1559), auteur de manuels d'arithmétique très répandus, que l'on doit la notation d'un nombre négatif avec le signe -. L'écriture -5 indique une dette de 5 unités. Un nombre négatif comporte donc le signe - et un nombre ordinaire qu'on appelle « sa valeur absolue ». Par souci d'uniformité, un nombre ordinaire est parfois qualifié de « positif » et est même écrit avec le signe + ; on écrit ainsi +5 au lieu de 5.

Figure 14.3 : Adam Riese (DR).

Un nombre affecté d'un signe, + ou -, avec une signification illustrée par ces quelques exemples, s'appelle un nombre relatif. S'il est précédé du signe +, il est dit positif ; s'il est précédé du signe -, il est dit négatif.

On évite des confusions en mettant parfois des parenthèses : (-5), (+2)...

Opposé d'un nombre

Deux nombres de même valeur absolue mais de signes différents sont dits opposés. On dit aussi que l'un est l'opposé de l'autre, rendant ainsi évident le fait que l'opposé de l'opposé d'un nombre est ce nombre lui-même.

Exemple

(-6) et (+6) sont opposés.

Par exception, 0 s'écrit sans signe. Pour la généralité de certains énoncés, il est commode de considérer que 0 est à la fois un nombre positif et un nombre négatif. Il est donc son propre opposé.

Sur une calculatrice

Sur la calculatrice, il existe une touche ± qui remplace le nombre affiché par son opposé. Ainsi, si l'on frappe 2,2 ± on obtient l'affichage -2,2. Si on frappe encore ±, on obtient 2,2.

On peut aussi entrer directement sur la calculatrice le signe - avant les chiffres.

Unissons nos fortunes !

L'interprétation des nombres relatifs comme un état de fortune rend aisées les règles de comparaison et d'addition des nombres positifs et négatifs que Riese exposait, même s'il n'en est pas l'auteur.

Comparaison

Qui a du bien est plus riche que qui a des dettes.	(+2) > (-5)	Tout nombre négatif est inférieur à tout nombre positif.
Celui des deux qui a le plus de bien est le plus riche.	(+5) > (+2)	De deux nombres positifs, le plus grand est celui qui a la plus grande valeur absolue.
Celui des deux qui a le moins de dettes est le plus riche.	(-2) > (-5)	De deux nombres négatifs, le plus grand est celui qui a la plus petite valeur absolue.

Addition

L'image concrète des apports ou des retraits d'argent rend intuitives les règles d'addition des nombres relatifs.

Qui a du bien lui ajoute ce qu'il reçoit.	(+5) + (+2) = (+7)	La somme de deux nombres positifs est positive. La valeur absolue est la somme des valeurs absolues.
Qui a des dettes lui ajoute toute nouvelle dette.	(-2) + (-5) = (-7)	La somme de deux nombres négatifs est négative. La valeur absolue est la somme des valeurs absolues.
Qui a plus de dettes qu'il ne reçoit reste endetté, mais sa dette diminue d'autant.	(-5) + (+2) = (-3)	La somme de deux nombres de signes contraires a le signe de celui de plus grande valeur absolue. Sa valeur absolue est différence des valeurs absolues.
Qui a moins de dettes qu'il ne reçoit devient tranquille. Son bien est ce qu'il reçoit diminué de sa dette.	(+5) + (-2) = (+3)	

Si on peut faire remonter ces intuitions à Brahmapoutre, d'excellents mathématiciens ne les jugeaient guère évidentes au XVIIIe siècle.

Clairaut, Éléments d'algèbre (1746)

« On demandera peut-être si on peut ajouter du négatif avec du positif, ou plutôt si on peut dire qu'on ajoute du négatif. À quoi je réponds que cette expression est exacte quand on ne confond point ajouter avec augmenter. Que deux personnes par exemple joignent leurs fortunes, quelles qu'elles soient, je dirai que c'est là ajouter leurs biens, que l'un ait des dettes et des effets réels, si les dettes surpassent les effets, il ne possédera que du négatif, et la jonction de la fortune à celle du premier diminuera le bien de celui-ci, en sorte que la somme se trouvera, ou moindre que ce que possédait le premier, ou même entièrement négative. »

Propriétés de l'addition

Quels que soient les signes des nombres relatifs en cause, on vérifie facilement les propriétés suivantes :

- Commutativité : la somme de deux nombres ne dépend pas de leur ordre.
- Associativité : la somme de plusieurs nombres ne dépend pas des groupements qu'on y fait.
- Opposés : la somme d'un nombre quelconque et de son opposé est égale à zéro (exemple : $(-4) + (+4) = 0$).

Notation littérale

Une lettre peut parfaitement représenter un nombre relatif. Par exemple, on écrit sans hésiter $a = -3$. Dans ces conditions, l'opposé de a est noté $-a$.

ATTENTION !

Attention : Lorsque la valeur de a n'est pas précisée, on ne peut pas affirmer que $-a$ est négatif. Par exemple, si $a = -3$, alors $-a$ est le nombre positif $+3$.

C'est un sens de plus accordé à ce signe, mais il n'y a pas de risque de confusion gênante. En effet, le signe - peut indiquer :

- l'opération de soustraction : 7 - 3 = 4 ;
- un nombre négatif : - 15 ;
- l'opposé d'un nombre :- *a*.

La soustraction

La différence $a - b$ de deux nombres relatifs n'exige pas qu'on énonce une nouvelle définition : c'était pour nous le nombre qui, additionné à b donne a. Notons provisoirement b' l'opposé de b. Nous savons que ;

$$b' + b = 0$$

et par conséquent :

$$a = a + (b' + b) = (a + b') + b$$

Ceci manifeste que le nombre $a + b'$, additionné à b, donne a. C'est exactement notre définition, d'où la règle simple :

Pour retrancher un nombre, on ajoute son opposé.

La multiplication

Si des traces de tout ce qui vient d'être dit peuvent se trouver chez des auteurs très anciens, il n'en est pas de même de la multiplication. Les supports concrets comme les soldes bancaires ne se prêtent pas à la multiplication. Certes, on peut doubler le solde d'un compte, ou le tripler, mais, en dehors de ces cas, on ne voit guère quel sens donner au produit de (-3,2) par (-1,5).

La seule démarche cohérente nous semble aujourd'hui simple, mais il a fallu attendre le début du XXe siècle pour la voir s'imposer. Elle consiste à mettre de côté toute tentative d'interprétation matérielle et à poser le problème ainsi : trouver une façon de définir, si c'est possible, le produit $a \times b$ de deux nombres relatifs, en sorte que :

1. s'il advient que les nombres soient positifs, leur produit est ce qu'on a toujours appelé produit de deux nombres ;

2. les propriétés familières de la multiplication restent vraies pour la multiplication de nombres relatifs, ce sont :

- la commutativité: le produit de deux nombres ne dépend pas de leur ordre:

$$a \times b = b \times a$$

- la distributivité: pour multiplier un nombre par une somme, on peut le multiplier séparément par chaque terme de la somme, puis additionner les produits obtenues:

$$a \times (b + c) = a \times b + a \times c$$

Si le problème a une solution, les exigences posées en entraînent quelques autres:

- le produit de deux nombres positifs est positif;
- le produit d'un nombre par 0 est égal à 0.
- En effet, $a \times b = a \times (b + 0) = a \times b + a \times 0$
- les produits d'un nombre *a* par deux nombres opposés *b* et *b*' sont des nombres opposés (en effet, si *b* et *b*' sont deux nombres opposés, le produit $a \times (b + b')$, qui est $a \times 0$, est nul et il est égal à $a \times b + a \times b'$);
- on peut aussi dire que, si on change un facteur en son opposé, le produit change de signe.

La règle des signes

Les remarques qui précèdent permettent d'énoncer la règle des signes:

- le produit de deux nombres positifs est positif;
- le produit d'un nombre positif et d'un nombre négatif est un nombre négatif;
- le produit de deux nombres négatifs est positif.

Exemples:

$(+2) \times (+5) = (+10)$ $\quad$ $(-2) \times (-5) = (+10)$

$(+2) \times (-5) = (-10)$ $\quad$ $(-2) \times (+5) = (-10)$

La règle des signes vue par Euler (1770)

« Il nous reste à résoudre encore ce cas où - est multiplié par - ou, par exemple $-a$ par $-b$. Il est évident d'abord que, quant aux lettres, le produit sera ab ; mais il est incertain encore si c'est le signe + ou bien le signe - qu'il faut mettre devant ce produit ; tout ce qu'on sait, c'est qu'il faut bien que ce soit l'un ou l'autre. Or je dis que ce ne peut être le signe - ; car $-a$ par $+b$ donne $-ab$ et $-a$ par $-b$ ne peut produire le même résultat que $-a$ par $+b$; mais il doit en résulter l'opposé, c'est-à-dire $+ab$; par conséquent nous avons cette règle : + multiplié par + fait +, de même que - multiplié par -. »

Si l'un des facteurs est nul, le produit est nul : on ne lui donne pas de signe. Inversement, si un produit est nul, l'un (au moins) des facteurs est nul.

Quelques remarques :

- le produit par (+ 1) d'un nombre relatif est égal à ce nombre ;
- le produit par (-1) d'un nombre relatif est égal à son opposé ;
- le carré d'un nombre relatif a, qui est le produit de deux facteurs identiques, est positif, quel que soit a, puisque les deux facteurs ont évidemment le même signe (un carré est toujours positif) ;
- le signe du produit de plusieurs facteurs ne dépend que du nombre de facteurs négatifs : si ce nombre est pair, le produit est positif, si ce nombre est impair, le produit est négatif.

Notation

Comme pour les nombres entiers ou les décimaux, lorsque les nombres sont donnés explicitement, comme (-2) ou (+5), on utilise la croix de multiplication, comme dans l'exemple précédent. Les parenthèses et le signe + peuvent être omis dans le cas d'un facteur positif, mais il faut absolument conserver les parenthèses et le signe - dans le cas d'un nombre négatif. On écrit :

$$2 \times (-5) \qquad (-2) \times 5$$

Lorsque l'un des nombres est représenté par une lettre, on l'écrit en second et on omet généralement le signe x :

$$5a \qquad (-3)a$$

Dans ce dernier exemple, on peut remarquer que la notation $-3a$, qui, normalement, désigne l'opposé du nombre $3a$, désigne aussi bien le produit $(-3)a$.

Lorsque les deux nombres sont représentés par des lettres, on omet le signe x :

$$ab$$

Les derniers résistants

Cette démarche abstraite, longtemps après qu'elle n'a plus été remise en cause, a suscité des interrogations de la part de savants, fort estimables par ailleurs, qui ne pouvaient s'arracher à l'interprétation concrète d'un nombre.

C'est par exemple le janséniste Antoine Arnauld, correspondant de Blaise Pascal qui s'étonne de l'égalité :

$$\frac{-1}{1} = \frac{1}{-1}$$

« Comment un nombre plus petit pourrait-il être à un plus grand comme un plus grand à un plus petit » (Arnauld pense à des rapports de longueurs).

Sous l'Empire, c'est Argand, qui, en 1806, souligne : « Ces idées sont très élémentaires ; néanmoins, il n'est pas si aisé qu'il pourrait le paraître d'abord de les établir d'une manière bien lumineuse, et d'y donner cette généralité que demande leur application aux calculs. On ne peut d'ailleurs douter de la difficulté du sujet, si l'on réfléchit que les sciences exactes avaient été cultivées pendant un grand nombre de siècles, et qu'elles avaient fait de grands progrès avant qu'on eût acquis les véritables notions des quantités négatives, et qu'on eût conçu la manière générale de les employer. »

Exposants négatifs

On se souvient que, pour m entier au moins égal à 2, la notation 3^m est une abréviation commode pour désigner le produit de m facteurs égaux à 3 :

$$3^m = 3 \times 3 \times \ldots 3$$

ou, plus généralement, a^m pour désigner le produit de m facteurs égaux au nombre a.

Stendhal et les nombres négatifs

Voici ce qu'écrivait l'écrivain français Stendhal, dans son roman autobiographique *La Vie d'Henri Brulard*, en 1835, pour exprimer son désarroi face à la règle des signes :

« Mon grand malheur était cette figure :

Supposons que RP soit la ligne qui sépare le positif du négatif, tout ce qui est au-dessus est positif, comme négatif tout ce qui est au-dessous ; comment, en prenant le carré B autant de fois qu'il y a d'unités dans le carré A, puis-je parvenir à faire changer de côté au carré C ?

Et, en suivant une comparaison gauche que l'accent souverainement traînard et grenoblois de M. Chabert rendait encore plus gauche, supposons que les quantités négatives sont les dettes d'un homme, comment, en multipliant 10 000 francs de dette par 500 francs, cet homme aura-t-il ou parviendra-t-il à avoir une fortune de 5 000 000, cinq millions de francs ? »

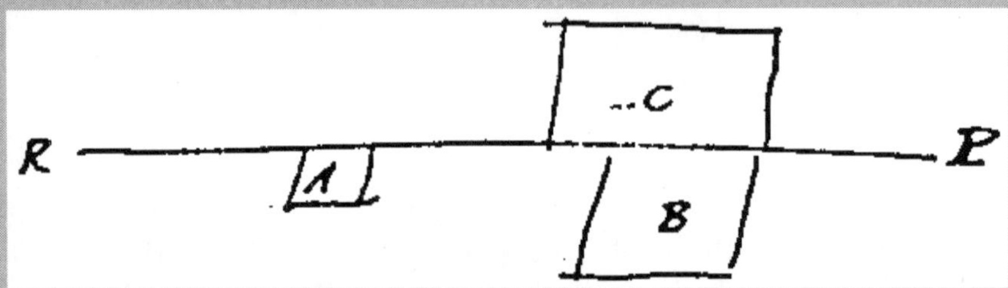

L'idée est de donner un sens commode à une écriture telle que 3^{-2}. Commode a ici un sens précis, un peu dans l'esprit avec lequel nous avons étendu la règle du produit à des nombres négatifs (voir p. 205) : faire en sorte que la règle qu'exprime la formule :

$$3^m \times 3^n = 3^{m+n}$$

reste encore respectée. Il n'y a pas d'inconvénient à conserver le nombre 3 si cela peut aider certains lecteurs, ce qui suit reste correct pour tout autre nombre, positif ou négatif : on exclut cependant 0 pour éviter certaines contradictions.

Définir 3^1

À première vue, on ne voit pas quel sens donner à une prétendue multiplication alors qu'on disposerait seulement d'un seul facteur ! Mais on sait d'une part que 3^{m+1} est le produit de $m+1$ facteurs égaux à 3, d'autre part que 3^m est le produit de m facteurs égaux à 3. Dès lors, si la règle doit rester valable :

3^{m+1}	=	$3^m \times 3^1$
$m+1$ facteurs 3		m facteurs 3

il n'y a pas le choix, 3^1 doit désigner 3. Ainsi, par convention :

Pour tout nombre a, on définit a^1 comme étant égal à a.

Définir 3^0

À première vue, on ne voit pas quel sens donner à une prétendue multiplication alors qu'on ne disposerait d'aucun facteur ! C'est encore pire que précédemment ! Mais on sait que 3^m est le produit de m facteurs égaux à 3. Dès lors, si la règle doit rester valable :

3^{m+0}	=	$3^m \times 3^0$
m facteurs 3		m facteurs 3

il n'y a pas le choix, 3^0 doit désigner 1. Ainsi, par convention :

Pour tout nombre a, on définit a^0 comme étant égal à 1.

Définir 3^{-m}

À première vue, on ne voit pas quel sens donner à une prétendue multiplication dont le nombre des facteurs serait négatif ! C'est de pire en pire ! Mais si la règle doit rester valable, d'une part :

$$3^{m-m} = 3^m \times 3^{-m}$$

d'autre part :

$$3^{m-m} = 3^0 = 1$$

il n'y a pas le choix, 3^{-m} doit désigner le nombre qui, multiplié par 3^m donne 1, ce que nous appelons l'inverse de 3^m. Donc :

Pour tout nombre a, on définit a^{m} comme étant égal à $\frac{1}{a^m}$.

Troisième partie

Opération algèbre

Dans cette partie...

Un pas supplémentaire vers l'abstraction a été franchi lorsqu'on a su calculer avec des nombres dont la valeur n'était pas précisée en début de calcul (les x et les y des manuels scolaires). Des notions fort anciennes, comme la proportionnalité, en fait connue d'Euclide et des Égyptiens, sont devenues plus simples à énoncer et plus fécondes. Et lorsque Descartes a eu l'idée des systèmes de coordonnées, la voie s'est ouverte à une unification des mathématiques, non plus simplement juxtaposées comme dans l'œuvre d'Euclide, mais se soutenant mutuellement : les calculs donnent des propriétés des courbes et celles-ci ouvrent à leur tour la voie à des calculs plus simples et plus élégants. L'algèbre, abordée ici, traduit ces développements.

Chapitre 15

Les équations

Dans ce chapitre :

- Les opérations à trous
- Algébristes et rebouteux
- Les équations du premier degré
- Le second degré
- Et au-delà...

Opérations à trous

Il est un schéma fort ancien qui alimente encore des tours de « magie », au moins dans les cours de récréation. Le magicien demande : « Sans me le révéler, pense à un nombre. Additionne-lui 5, multiplie le résultat par 2, retranche le nombre initial... » et ainsi de suite, avec plus ou moins d'étapes selon le niveau des interlocuteurs. Le sujet est invité à révéler le résultat final, mettons qu'il déclare 13, et le « magicien » lui donne le nombre de départ.

En se bornant aux étapes décrites, si on note x le nombre initial, le programme de calcul se traduit par la formule :

$$(x+5) \times 2 - x$$

et le magicien résout en fait l'équation :

$$2(x+5) - x = 13$$

Le papyrus Rhind, auquel plusieurs allusions ont déjà été faites dans les chapitres précédents, contient de nombreux problèmes de ce type. Les plus simples demandent seulement une opération mystère, une addition. Dans notre langue, nous dirions : « Quel nombre faut-il ajouter à 6 pour obtenir 14 ? » La pédagogie scolaire appelle cela une « opération à trou ». On écrit :

$$\square + 6 = 14$$

À nous qui connaissons la soustraction, la réponse apparaît immédiatement. Le nombre cherché est la différence 14-6, que nous savons calculer : 8.

Il n'y a pas toujours une réponse. Lorsqu'on ne peut utiliser que des entiers naturels, une opération à trou telle que :

$$\square + 16 = 14$$

est impossible à compléter : si on ajoute un entier naturel à 16, on ne peut pas obtenir 14.

Une égalité « à trou » s'appelle une **équation**.

Trouver le nombre à écrire dans la case pour qu'elle soit vérifiée, c'est **résoudre** l'équation. Le nombre ainsi trouvé s'appelle une **solution** de l'équation.

Quel type de nombre cherchez-vous ?

Attention, une équation n'a pas toujours une solution. Par exemple, l'équation :

$25 + \square = 20$

n'a pas de solution : quel que soit le nombre qu'on ajoute à 25, on ne peut pas obtenir 20. Essayez de payer votre note de 25 euros au restaurant avec un billet de 20 euros en espérant qu'on vous rende la monnaie ! De même, pour l'esclave de Socrate, l'équation $x^2 = 2$ n'avait pas de solution (sous forme de fraction).

C'est justement pour faire face à des situations de ce type que, au long des siècles, on a « inventé » de nouveaux nombres, dans le premier exemple, les nombres négatifs, dans le second le nombre $\sqrt{2}$. Il importe donc, en présence d'une équation, de préciser quel type de nombre est recherché comme solution : un entier naturel, un entier relatif, un nombre rationnel…

Lorsqu'on avance un peu, le champ des opérations à trous s'étend. On peut en écrire :

- avec la soustraction :

  $\square - 6 = 14$ ou $18 - \square = 14$
- avec la multiplication :

  $\square \times 6 = 14$
- avec la division :

  $\square / 6 = 14$ ou $6 / \square = 14$

- ou même avec une succession d'opérations :

  (□+5) x □-2=4

Les écritures deviennent vite pesantes. Apparue pour la première fois dans un traité de Francisco Maurolico en 1575, généralisée peu après par François Viète, l'idée de remplacer ce « trou » par une lettre qui représenterait le nombre inconnu nous apparaît aujourd'hui comme une évidence. Les équations précédentes prennent des formes plus maniables :

$$x+6=14$$
$$x-6=14$$
$$6x=14...$$

Une écriture telle que :

$$x^3+x-30=0$$

remplace un discours long et difficile à suivre, dont pourtant les mathématiciens se sont accommodés pendant des siècles : quel est le nombre qui, multiplié par lui-même et encore par lui-même, puis ajouté à lui-même est tel que, retranchant 30 du résultat, on obtient 0 ?

Algébristes et rebouteux

Dans le *Don Quichotte* de Cervantès, on trouve cette remarque à propos d'un chirurgien : « C'est un excellent algébriste. » Dans la langue de l'époque, cela signifiait qu'il était habile à remettre bien en face les fragments d'un os brisé. Ce terme est l'équivalent de notre « rebouteux », celui qui remet les *bouts* de membres en face. C'est une allusion à la façon dont, à l'époque, une équation était posée, sans utilisation de nombres négatifs. Résoudre par exemple l'équation :

$$x^2+6=5x$$

c'était trouver le (ou les) nombre(s) tel(s) que, en le(s) mettant à la place de x, les deux membres se trouvent prendre la même valeur, comme les morceaux d'un tibia fracturé.

On peut procéder par essais successifs, en écrivant :

- pour $x=0$ $6=0$ échec
- pour $x=1$ $7=5$ échec
- pour $x=2$ $10=10$ succès

- pour $x = 3$ 15 = 15 succès
- pour $x = 4$ 22 = 20 échec
- etc.

La méthode laisse à désirer : jusqu'où continuer ? Pourquoi n'avoir pas essayé des nombres décimaux ? Des fractions ? Des nombres plus compliqués encore ? On aimerait disposer d'une procédure systématique, nous donnant toutes les solutions (s'il en existe) par des formules faisant appel aux opérations connues, les « quatre opérations », plus les extractions de racines. Maintenant que nous n'avons plus peur des nombres négatifs, nous pouvons écrire l'équation précédente sous la forme :

$$x^2 - 5x + 6 = 0$$

regroupant ainsi sous une seule forme générale :

$$x^2 + bx + c = 0$$

des équations qu'on devait écrire jadis en distinguant les cas :

$$x^2 + 7x = 8$$
$$x^2 = 6x + 1$$

C'est sous cette forme que nous traiterons désormais des équations. Une fonction polynôme f étant donnée, résoudre l'équation $f(x) = 0$, c'est chercher les nombres x dont l'image par f est nulle. Selon la forme de la fonction f, on parle d'une :

- équation du premier degré de la forme : $ax + b = 0$
- équation du deuxième degré de la forme : $ax^2 + bx + c = 0$
- équation du troisième degré de la forme : $ax^3 + bx^2 + cx + d = 0$
- équation du quatrième degré…

La solution ? Les solutions !

Une erreur fréquente consiste à croire qu'une équation ne peut pas avoir plusieurs solutions. D'une part, cela dépend du type de nombre cherché. L'équation $x^2 = 1$ a une solution et une seule (qui vaut 1) si on cherche un nombre positif ; elle en admet deux (qui sont 1 et -1) si on cherche un nombre relatif.

Mais même si l'on parle des seuls nombres entiers, il est tout à fait possible d'obtenir plusieurs solutions.

La devinette de Dan Brown

Dans son livre à succès *Anges et Démons*, l'auteur reprend une vieille devinette, qu'on trouve dans les *Problèmes plaisants et délectables* de Bachet et qui se résume ainsi : choisissez secrètement un nombre de deux chiffres ; retranchez 4 ; retranchez de ce nombre la somme des chiffres du nombre que vous aviez choisi ; calculez la somme des deux chiffres du nombre obtenu ; si cette somme est un nombre de deux chiffres, calculer leur somme.

Et, avec la solennité qu'exige une puissance si mystérieuse, le maître annonce : vous avez obtenu 5. Si on exprime par une formule la suite des calculs prescrits, qui transforme x en $f(x)$, l'affirmation du maître est simplement : l'équation $f(x)=5$ admet tout entier à deux chiffres pour solution. Cela n'a rien de mystérieux.

La remarque préalable à faire est que, lorsqu'on retranche à un nombre la somme de ses chiffres, on obtient un multiple de 9. Pour un nombre de deux chiffres par exemple, si l'on met en évidence ses chiffres a et b, il s'écrit alors $10a+b$, et $10a+b-a-b=9a$ est un multiple de 9. Les instructions successives demandent de calculer :

$$10a+b-4$$

puis :

$$10a+b-4-a-b$$

soit $9a-4$, qui est bien un multiple de 9 augmenté de 5.

Les équations du premier degré

Sous leur forme la plus simple, de telles équations ne mettent en jeu qu'une seule fois le nombre à trouver et seulement deux opérations, l'addition et la multiplication. En suivant les conseils de Viète, nous l'écrivons :

$$ax+b=0$$

étant convenu que a et b sont des nombres connus. Si on n'en précise pas immédiatement les valeurs, c'est que beaucoup de raisonnements généraux peuvent être faits sans que cette information soit nécessaire.

EXEMPLE

Les nécessités d'une situation concrète ou la malice de l'auteur d'un exercice peuvent dissimuler cette forme simple et exiger quelques calculs préalables. Si on propose l'équation :

$$3(2x+4)-2(4x-1)=5(1-x)$$

il faut un peu d'entraînement pour voir que les règles de calcul des additions, soustractions et multiplications permettent de la ramener à la forme désirée. On écrit successivement :

$$6x+12-8x+2=5-5x$$
$$-2x+14=5-5x$$

On applique alors une règle propre aux équations : si on ajoute un même nombre aux deux membres d'une équation, on ne change pas ses solutions. Cela vaut aussi pour retrancher un même nombre (c'est seulement ajouter son opposé). Cela vaut encore si le nombre ajouté est inconnu.

Grâce à l'addition de $5x$ aux deux membres, on écrit :

$$3x+14=5$$

Grâce à l'addition de -14 aux deux membres, on écrit :

$$3x=-9$$

On voit par quelle arrière-pensée ont été choisis les nombres à ajouter, $5x$ ou -14. Il s'agissait d'isoler dans l'un des membres les nombres connus et d'isoler dans l'autre les nombres inconnus. On peut maintenant appliquer une autre règle propre aux équations : si on multiplie par un même nombre non nul les deux membres d'une équation, on ne change pas ses solutions. Cela vaut aussi pour une division. On obtient ainsi :

$$x=-3$$

Si l'équation étudiée provient d'un problème concret, il faut s'assurer que le résultat du calcul a une interprétation convenable. Par exemple, si on recherche le nombre d'élèves étudiant à la fois le latin et l'espagnol, une solution d'un calcul qui donnerait 23,4 serait à rejeter. Nos règles de calcul étant valables pour tous les nombres relatifs et toutes les fractions, c'est généralement à la fin du calcul qu'on se soucie de cette cohérence, en posant la question : le nombre trouvé répond-il à toutes les conditions du problème posé ?

Les équations à plusieurs inconnues

Certains problèmes demandent de rechercher, non une seule valeur inconnue, mais plusieurs. Exemple : « Dans trois ans, un père aura trois fois l'âge de son fils ; quel est son âge et celui de son fils ? »

Désignons par x l'âge du père et par y celui de son fils.

L'information « dans trois ans, le père aura trois fois l'âge du fils » se traduit par la relation :

$$x+3=3\,(y+3)$$

Sous cette forme, ou sous la forme « simplifiée » :

$$x-3y=6$$

on voit immédiatement que cette équation a de nombreuses solutions. Par exemple :

$$x=18 \text{ et } y=4$$
$$x=21 \text{ et } y=5$$
$$x=30 \text{ et } y=8\ldots$$

C'est pourquoi, le plus souvent, une seconde information est donnée, par exemple : « Il y a trois ans, le père avait cinq fois l'âge du fils. »

Cette information se traduit par la relation :

$$x-3=5\,(y-3)$$

On dispose ainsi d'un système de deux équations à deux inconnues :

$$\begin{cases} x+3=3\,(y+3) \\ x-3=5\,(y-3) \end{cases}$$

Résolution d'un système de deux équations à deux inconnues

Deux méthodes se partagent les faveurs des enseignants de collège : la méthode de substitution et la méthode de combinaisons.

La méthode de substitution

Elle consiste à tirer d'une des équations une expression de x (par exemple) à l'aide de l'autre inconnue, puis à substituer cette expression à x (dans notre exemple) à l'intérieur de la seconde équation.

Dans notre exemple, on tire x de la première équation :

$$x=3\,(y+3)-3$$

soit :

$$x=3y+6$$

et on reporte dans la seconde équation qui devient :

$$(3y+6) - 3=5(y-3)$$

à laquelle on peut appliquer les techniques présentées au paragraphe précédent. Elles conduisent à écrire successivement :

$$3y+3=5y-15$$
$$3=2y-15$$
$$18=2y$$
$$y=9$$

L'expression de x à l'aide de y permet enfin de trouver :

$$x=3y+6=27+6=33$$

Le père a 33 ans et le fils 9.

Celui qui résout a le choix entre :

- tirer x de la première équation, comme cela vient d'être fait ;
- tirer x de la deuxième équation et reporter dans la première ;
- tirer y de la première équation et reporter dans la deuxième ;
- tirer y de la deuxième équation et reporter dans la première.

La facilité du calcul dicte souvent le choix. Avec une équation qui s'écrirait :

$$x+17y=5$$

il vaut mieux tirer x que y. Certes, le résultat final sera le même mais, avec le second choix, on aurait traîné tout au long du calcul des fractions de dénominateurs 17 !

La méthode de combinaisons

Elle consiste à ajouter membre à membre les équations, après les avoir multipliées respectivement par des coefficients bien choisis, de sorte que l'une des inconnues disparaisse dans l'addition.

Gardons le même exemple :

$$\begin{cases} x+3=3(y+3) \\ x-3=5(y-3) \end{cases}$$

On multiple les deux membres de la seconde équation par -1 avant d'additionner. On obtient:

$$6 = 3y + 9 - 5y + 15$$

qui se réduit en:

$$2y = 18$$

d'où $y = 9$.

On aurait pu aussi choisir de multiplier les deux membres de la première équation par 5, ceux de la seconde par - 3, avant d'additionner membre à membre. On aurait ainsi obtenu:

$$5x - 3x + 15 + 9 = 15y + 45 - 15y + 45$$

qui se réduit en:

$$2x = 66$$

d'où $x = 33$.

Les équations du second degré

Quelques équations élémentaires

Depuis des millénaires, on avait remarqué que le carré de côté 2 peut être recouvert par quatre carrés de côté 1, ce que nous écrivons aujourd'hui $2^2 = 4$. Si, inversement, on pose la question: « Comment fixer la longueur du côté d'un carré pour que son aire soit 4? », la réponse spontanée fuse: « 2, évidemment. » Voire…

Certes, 2 est une bonne réponse, mais est-ce la seule? S'il s'agit, comme dans notre historiette, de longueurs, il faut déjà ajouter un argument, par exemple appuyé sur la croissance. Pour un carré de longueur moindre que 2, argumentera-t-on, l'aire est moindre que 4. Pour un carré de longueur supérieure à 2; l'aire surpasse 4.

ATTENTION !

Si on quitte le domaine géométrique et qu'on saute jusqu'à une époque où les nombres négatifs sont définis, on dira aussi que $(-2)^2 = 4$. En résumé, nous connaissons à l'équation $x^2 = 4$ deux solutions : 2 est la seule solution positive et on voit sans difficulté que -2 est la seule solution négative.

La question est un peu plus compliquée quand on n'a pas préparé l'exercice avec une solution à l'esprit. C'est le dialogue de Socrate et de l'esclave. Les Grecs n'avaient aucun doute sur l'existence d'un nombre positif x tel que $x^2 = 2$, ou plus généralement $x^2 = p$, la lettre p désignant un nombre positif donné (pour être précis, il faudrait écrire : « aucun doute sur l'existence d'une longueur x telle que $x^2 = 2$ », ou plus généralement $x^2 = p$, la lettre p désignant une aire donnée). Les Égyptiens savaient en donner des approximations, par une technique que les livres actuels ne désavoueraient pas.

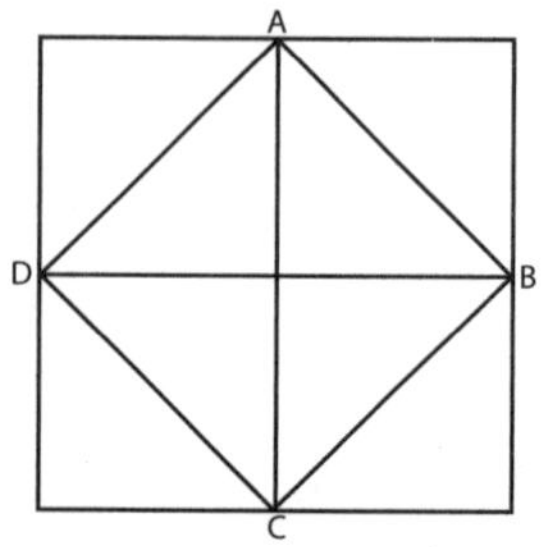

Figure 15.1 : ABCD, un carré d'aire 2.

On part d'un nombre positif u_0, dont le carré n'est pas trop éloigné de p, tout en restant en dessous. Par exemple, s'agissant de l'équation $x^2 = 10$, on partira de 3.

Si u_0 est trop petit, le quotient $\frac{p}{u_0}$ est trop grand :

$$\left(\frac{P}{u_0}\right)^2 > \frac{P^2}{u_0} > \frac{P^2}{P}$$

La moyenne de cette approximation par défaut et de cette approximation par excès est sans aucun doute plus proche de la « vraie » valeur. On la désigne par u_1, et on recommence.

Et on sait aujourd'hui démontrer qu'on se rapproche ainsi indéfiniment de la « vraie » valeur. Par exemple, pour l'équation de l'esclave, $x^2 = 2$, en partant de $u_0 = 1$, on obtient en trois étapes une approximation avec six décimales.

u_0	$\frac{2}{u_0}$	**somme**	**moyenne**
1	2	3	1,5
1,5	1,333333	2,833333	1,416667
1,416667	1,411765	2,828431	1,414216
1,414216	1,414211	2,828427	1,414214
1,414214	1,414214	2,828427	1,414214

Les équations produits

Ce que nous savons de la multiplication rend particulièrement simple la résolution d'un type particulier d'équations, qui s'écrivent :

$$(x-m)(x-n)=0$$

dans laquelle *m* et *n* sont des nombres donnés.

Nous savons en effet qu'un produit est nul si et seulement si l'un des facteurs est nul. Par conséquent, l'équation proposée admet pour solutions les nombres *m* et *n,* et eux seulement. On peut ainsi retrouver un résultat de l'alinéa précédent, en se souvent d'une « identité remarquable »,

$$x^2-a^2=(x-a)(x+a)$$

L'équation $x^2=a^2$ admet donc deux solutions (et seulement deux) qui sont des nombres opposés, $-a$ et a.

Bien entendu, le résultat s'étend à un produit de plus de deux facteurs. Par exemple, les solutions de l'équation :

$$(x-1)(x+2)(x-3)=0$$

sont les nombres 1, - 2 et 3.

Inversement, un résultat très important, généralement attribué à d'Alembert énonce que, si un polynôme P s'annule pour une valeur *a* de *x*, il existe un autre polynôme Q permettant d'écrire :

$$P(x)=(x-a)\,Q(x)$$

On dit que le polynôme P est divisible par $x - a$.

La démonstration est très simple. On commence par observer que, si le théorème est vrai pour deux polynômes P_1 et P_2, il est vrai pour leur somme :

$$P_1(x) = (x - a)\, Q_1(x)$$
$$P_2(x) = (x - a)\, Q_2(x)$$
$$P_1(x) + P_2(x) = (x - a)\, [Q_1(x) + Q_2(x)]$$

Il suffit donc de démontrer le théorème pour les polynômes particuliers de la forme x^n, ce que la formule :

$$x^n - a^n = (x - a)\,(x^{n-1} + ax^{n-2} \ldots + a^{n-2}x + a^{n-1})$$

rend immédiat.

L'équation générale

La forme la plus générale d'une équation du second degré est :

$$ax^2 + b'x + c' = 0$$

dans laquelle les nombres a, b', c' sont connus. Le nombre a peut être supposé non nul car, s'il était nul, on retrouverait une équation plus simple, du premier degré, déjà examinée plus haut.

Dans ces conditions, on peut simplifier l'écriture en divisant par a, obtenant ainsi pour forme générale :

$$x^2 + bx + c = 0$$

Résolution

La pratique du calcul littéral rend aujourd'hui très simple la résolution de l'équation précédente. L'idée est de reconnaître dans la somme $x^2 + bx$ le début du développement d'un carré, de la forme :

$$(x + k)^2 = x^2 + 2kx + k^2$$

si bien que cette reconnaissance suppose de choisir $k = \frac{1}{2}b$. Alors :

$$x^2 + bx = \left(x + \frac{b}{2}\right)^2 - \frac{b^2}{4}$$

et l'équation prend la forme :

$$(x+\frac{b}{2})^2-\frac{b^2}{4}+c=0$$

Il est alors d'usage de noter le nombre b^2-4c par la lettre grecque Δ. On l'appelle le discriminant de l'équation. L'équation s'écrit alors :

$$(x+\frac{b}{2})^2-\frac{\Delta}{4}=0$$

On voit alors que plusieurs cas sont possibles selon les valeurs de b et c.

Premier cas : $\Delta < 0$. Comme, quelque valeur qu'on donne à x, le carré $(x+\frac{b}{2})^2$ est positif ou nul, en lui ajoutant un nombre strictement positif, on ne peut évidemment pas obtenir zéro. L'équation n'admet aucune solution.

Deuxième cas : $\Delta = 0$. L'équation s'écrit alors $(x+\frac{b}{2})^2=0$, et est vérifiée lorsque $x=-\frac{b}{2}$, et seulement en ce cas. L'équation admet une solution et une seule.

Troisième cas : $\Delta > 0$. Il existe alors un nombre positif dont le carré est égal à Δ, celui que nous notons $\sqrt{\Delta}$. Notre équation s'écrit :

$$(x+\frac{b}{2})^2-\left(\frac{\sqrt{\Delta}}{2}\right)^2=0$$

et admet évidemment les deux solutions :

$$x'=\frac{1}{2}(-b+\sqrt{\Delta})$$

$$x''=\frac{1}{2}(-b-\sqrt{\Delta})$$

Somme et produit des racines

Avec les formules ci-dessus, il est immédiat de calculer la somme et le produit des racines :

$$x'+x''=\frac{1}{2}(-b+\sqrt{\Delta})+\frac{1}{2}(-b-\sqrt{\Delta})=-b$$

$$x'x''=\frac{1}{4}(-b+\sqrt{\Delta})(-b-\sqrt{\Delta})=c$$

Inversement, cela permet de résoudre un problème classique : trouver deux nombres en connaissant leur somme s et leur produit p. Par identification, ces nombres, s'ils existent, sont les racines de l'équation :

$$x^2-sx+p=0$$

Prendre le mal à la racine

Parfois, une équation du second degré a une racine évidente. Par exemple, l'équation :

$x^2 - 21x + 20 = 0$

admet évidemment la racine 1 (puisque $1 - 21 + 20 = 0$).

Le produit des racines étant égal à 20, l'autre racine est 20 et l'usage des formules n'est pas nécessaire.

Pour aller plus loin

Si les calculs ci-dessus sont si simples, c'est que nous disposons sans états d'âme des notations modernes, que nous connaissons les nombres négatifs et les racines carrées. On mesure l'ingéniosité des Mésopotamiens qui, il y a quarante siècles, savaient résoudre ces problèmes en multipliant les cas particuliers.

C'est encore plus vrai pour des équations de degré supérieur.

La température monte : les équations du troisième degré

La résolution à l'aide des seules opérations élémentaires d'équations de degré 3, de la forme :

$$x^3 + ax^2 + bx + c = 0$$

a été beaucoup plus tardive. C'est dans les années 1530, à l'occasion d'un tournoi mathématique, que Nicolo Tartaglia prouva qu'il était capable de résoudre des équations d'une des formes suivantes :

$$x^3 + bx = c \qquad x^3 + ax^2 = c$$

Mais, fidèle aux habitudes de l'époque, il ne publia pas sa méthode ; dissimulée en un poème, il la confia à Cardan qui la publia en 1545 dans son *Ars Magna*. La méthode de Cardan se traduit, en langage moderne, par les étapes suivantes. Pour étudier l'équation :

$$x^3+ax^2+bx+c=0$$

on cherche, non pas x mais $y=x+\frac{a}{3}$. La raison de cette ruse apparaît immédiatement lorsqu'on écrit $x=y-\frac{a}{3}$ de sorte que l'équation devient :

$$(y-\frac{a}{3})^3+a\,(y-\frac{a}{3})^2+b\,(y-\frac{a}{3})+c=0$$

Il suffit de développer cette écriture pour voir disparaître le terme en y^2, se ramenant ainsi à une équation d'écriture plus simple, de la forme :

$$y^3+py+q=0$$

L'idée de Tartaglia est de chercher y comme la somme $u+v$ de deux nombres, auxquels il se réserve d'imposer plus tard une autre condition. L'équation se transforme alors en :

$$u^3+v^3+(3uv+p)\,(u+v)+q=0$$

et la condition à imposer saute aux yeux : exiger $uv=-\frac{p}{3}$, ce qui ramène l'équation à la forme :

$$u^3+v^3+q=0$$

On se trouve ainsi chercher deux nombres, u^3 et v^3 connaissant leur somme, $-\ q$ et leur produit $-\frac{p^3}{27}=0$. D'après l'étude faite plus haut, u^3 et v^3 sont racines de l'équation du second degré :

$$z^2+qz\ -\frac{p^3}{27}=0$$

Lorsque cette équation a des racines (c'est-à-dire lorsque le discriminant $\Delta=q^2\ +\frac{4p^3}{27}$ est positif), on obtient une racine de l'équation du troisième degré sous la forme :

$$x\ =\ \sqrt[3]{-\frac{q}{2}+\sqrt{\frac{q^2}{4}+\frac{p^3}{27}}}\ +\ \sqrt[3]{-\frac{q}{2}-\sqrt{\frac{q^2}{4}+\frac{p^3}{27}}}$$

Les surprises de Cardan

Appliquant la méthode décrite ci-dessous à l'équation :

$$x^3+6x-20=0$$

Cardan trouve la racine :

$$\sqrt[3]{\sqrt{108}+10}-\sqrt[3]{-\sqrt{108}-10}$$

L'appliquant à l'équation :

$$x^3-15x-4=0$$

Cardan trouve la racine :

$$\sqrt[3]{\sqrt{-121}+2}+\sqrt[3]{-\sqrt{-121}+2}$$

dans laquelle apparaît la racine carrée d'un nombre négatif !

Quelques années plus tard, Bombelli porte le trouble à de nouvelles extrémités, en feignant de croire que $\sqrt{-1}$ est un « nombre » auquel les règles usuelles de calcul s'appliquent. Il note alors :

$$(2+\sqrt{1})^3 = 2+11\sqrt{-1} = 2+\sqrt{-121}$$
$$(2-\sqrt{1})^3 = 2-11\sqrt{-1} = 2-\sqrt{-121}$$

et la racine trouvée par Cardan s'écrit alors :

$$2+\sqrt{-121}+2-\sqrt{-121} = 4$$

Il s'avère en effet que 4 est bien une racine de l'équation donnée. Ainsi, en passant par l'intermédiaire de ces « nombres » imaginaires, on trouve un nombre parfaitement réel, qui est bien racine de l'équation.

Au cours des siècles qui suivirent, les mathématiciens apprirent à apprivoiser ces « nombres », appelés aujourd'hui nombres complexes.

À peu près à la même époque, et par une généralisation de la méthode de Cardan, Ferrari donna la méthode de résolution de l'équation de degré 4 :

$$x^4+ax^3+bx^2+cx+d=0$$

Qui dit mieux ?

Les mathématiciens des siècles suivants perfectionnèrent ces méthodes, mais ne purent s'attaquer à l'équation de degré 5, en dehors de quelques cas particuliers. Il fallut attendre 1799 pour qu'un mathématicien italien, Ruffini, publie un livre dans lequel il affirme qu'il est impossible de résoudre algébriquement les équations de degré 5 et plus. C'est Cauchy en 1815 qui en donna la preuve.

Chapitre 16

Réduire les inégalités

Dans ce chapitre :

- Tous inégaux
- Propriétés des inégalités
- Inégalités et opérations
- L'inégalité de la moyenne
- Les inégalités de Cauchy
- Inéquations
- Inégalités géométriques

Tous inégaux !

Au moment de l'élaboration du texte de la Constitution européenne, on a beaucoup discuté le point de l'allusion, dans le préambule, aux racines chrétiennes de l'Europe. Qui sait encore que l'envie était l'un des sept péchés capitaux ? Aujourd'hui, cela s'appelle la réduction des inégalités.

Les inégalités qui nous intéressent ici sont moins controversées. Il s'agit d'inégalités entre nombres, explicitement écrits ou représentés par des lettres.

Par une subtilité qui s'avère parfois utile, on distingue diverses écritures, comme par exemple :

- $x > 4$ qui se lit : x est strictement supérieur à 4 ;
- $x < 4$ qui se lit : x est strictement inférieur à 4 ;
- $x \geq 4$ qui se lit : x est supérieur ou égal à 4 ;
- $x \leq 4$ qui se lit : x est inférieur ou égal à 4.

Longtemps controversées, les expressions « supérieur à » ou « inférieur à » sans autre précision sont à éviter car elles demeurent ambiguës.

Lorsqu'on a appris à reconnaître préalablement si un nombre est positif, on peut utiliser cette capacité pour définir les inégalités. Par exemple, on écrira $x > 4$ pour exprimer que le nombre x-4 est strictement positif.

Les propriétés des inégalités

Quelques propriétés sont si élémentaires qu'on hésite à les énoncer. Pourtant, si on leur a donné des noms spécifiques, c'est qu'elles ont leur intérêt et sont sources de généralisations utiles.

La réflexivité

Tout nombre est supérieur ou égal à lui-même. Ou encore, quel que soit x :

$$x \geq x$$

Notre « définition » d'un nombre positif signifie qu'on considère 0 comme un cas particulier de nombre positif et c'est en effet la convention usuelle.

La transitivité

Prenons des nombres x, y, z tels que :

$$x \geq y$$
$$y \geq z$$

Alors, $x \geq z$. Si je suis plus grand (au sens : au moins aussi grand, qui autorise l'égalité) que quelqu'un qui est plus grand que toi, alors je suis plus grand que toi. Avec notre « définition », cela signifie que la somme de deux nombres positifs (x-y et y-z) est positive (c'est x-z).

L'antisymétrie

Prenons des nombres x, y tels que :

$$x \geq y$$
$$y \geq x$$

Alors, $x=y$. Si je suis plus grand que toi, et que tu es plus grand que moi, alors je suis exactement aussi grand que toi. Avec notre « définition » des nombre positifs, cela signifie que le seul nombre qu'on puisse à la fois considérer comme positif et comme négatif est zéro.

EXEMPLE

La divisibilité des entiers

Ces propriétés paraissent moins « creuses » quand on observe que d'autres relations les vérifient. Un bel exemple en est la divisibilité dans l'ensemble des entiers naturels non nuls. Rappelons seulement qu'un entier a est dit divisible par un entier b s'il existe un entier c tel que $a=bc$. On peut alors vérifier nos trois propriétés :

- La réflexivité : tout nombre est divisible par lui-même, ou encore, quel que soit x,

$x=x \times 1$

- La transitivité : prenons des nombres x, y, z tels que x est divisible par y, autrement dit il existe un entier c tel que $x=yc$, que y est divisible par z, autrement dit il existe un entier d tel que $y=zd$. On en déduit $x=zdc$, autrement dit x est divisible par z.
- L'antisymétrie : prenons des nombres x et y tels que x est divisible par y, autrement dit il existe un entier c tel que $x=yc$, que y est divisible par x, autrement dit il existe un entier d tel que $y=xd$. On en déduit $x=xdc$, donc, comme x est non nul, $dc=1$; or, si le produit de deux entiers naturels est 1, ces deux entiers sont égaux à 1, et donc x est égal à y.

Inégalités et opérations

Quelques propriétés évidentes des opérations élémentaires ont une traduction en termes d'inégalités.

Inégalité et addition

La différence de deux nombres ne change pas si on ajoute un même nombre à chacun ; si j'ai trois ans de plus que mon frère, dans vingt ans, j'aurai encore trois ans de plus. Donc :

- si $x > 4$ (autrement dit : le nombre x-4 est strictement positif), alors $x+y > 4+y$;
- si $x \geq 4$ (autrement dit : le nombre x-4 est positif, ou nul), alors $x+y \geq 4+y$.

Au collège, on retient cette propriété en disant : on peut ajouter un même nombre aux deux membres d'une inégalité. Il se trouve des rigoristes pour critiquer cette formulation en affirmant qu'on *peut* toujours écrire n'importe quoi, l'important étant ce qui n'est pas exprimé : l'inégalité reste valable.

Bien entendu, la même propriété vaut pour les inégalités $<$ et $\leq$.

Inégalité et soustraction

De la même manière, la différence de deux nombres ne change pas si on retranche un même nombre à chacun ; si j'ai trois ans de plus que mon frère, il y a deux ans, j'avais déjà trois ans de plus. Donc :

- si $x > 4$ alors, quel que soit y, $x-y > 4-y$;
- si $x \geq 4$ alors, quel que soit y, $x-y \geq 4-y$.

Dans notre langue de collégiens, on retient de même qu'on *peut* retrancher un même nombre aux deux membres d'une inégalité. Bien entendu, la même propriété vaut à nouveau pour les inégalités $<$ et $\leq$.

L'addition membre à membre

Prenons quatre nombres x, y, z, t tels que ;

$$x > y$$
$$z > t$$

De la première inégalité, on déduit, en ajoutant z aux deux membres :

$$x+z > y+z$$

De la seconde inégalité, on déduit, en ajoutant y aux deux membres :

$$y+z > y+t$$

Enfin, par la propriété de transitivité, on déduit de ces deux résultats l'inégalité :

$$x+z>y+t$$

Tout se passe comme si on avait ajouté d'une part les premiers membres *x* et *z* de nos inégalités et d'autre part les seconds membres.

On en déduit, encore en langage familier, qu'on peut ajouter membre à membre deux inégalités (évidemment de même sens, soit > comme dans notre exemple, soit <).

Le piège

Attention : il est question d'ajouter membre à membre, pas de retrancher ! Dans le rapport des jurys de concours, même pour une école aussi prestigieuse que HEC, on lit régulièrement des plaintes du jury : des candidats croient qu'on peut retrancher membre à membre des inégalités. C'est évidemment faux.

Des inégalités exactes :

$10>4$
$8>1$

on ne peut pas déduire que 10 - 8 est supérieur à 4 - 1.

Multiplication ou division

La différence de deux nombres ne change pas de signe si on la multiplie par un nombre positif. Donc, si *c* est un nombre positif et :

- si $x \geq y$, alors $cx \geq cy$;
- si $x \leq y$, alors $cx \leq cy$.

Une fois encore, on retient cette propriété en disant : on peut multiplier par un même nombre *positif* les deux membres d'une inégalité.

Bien entendu, la même propriété vaut pour une division.

La différence de deux nombres change de signe si on la multiplie par un nombre négatif. Donc si *c* est un nombre négatif et :

- si $x \geq y$, alors $cx \leq cy$;
- si $x \leq y$, alors $cx \geq cy$.

Une fois encore, on retient cette propriété en disant : on peut multiplier par un même nombre *négatif* les deux membres d'une inégalité à condition de changer le sens de cette inégalité.

Bien entendu, la même propriété vaut pour une division.

L'inégalité de la moyenne

Une inégalité rend de grands services dans de nombreuses applications ; elle concerne exclusivement les nombres positifs. Elle s'écrit sous diverses formes. La plus simple indique que, si a et b sont deux nombres positifs, alors :

$$(a+b)^2 \geq 4ab$$

Sa démonstration est élémentaire. Elle repose sur l'égalité :

$$(a-b)^2 = (a+b)^2 - 4ab$$

qu'on peut elle-même vérifier en développant ces carrés, puisqu'elle s'écrit alors :

$$a^2 + 2ab + b^2 = a^2 - 2ab + b^2 + 4ab$$

Le carré $(a-b)^2$ étant toujours positif, on en déduit l'inégalité demandée. On peut même faire une remarque supplémentaire : $(a-b)^2$ est nul seulement si $a = b$. Autrement dit, sauf dans le seul cas où $a = b$, on a même une inégalité stricte :

$$(a+b)^2 > 4ab$$

Cette inégalité est la clé de plusieurs questions amusantes.

Pourquoi inégalité de la moyenne?

L'inégalité trouvée peut s'écrire aussi:

$$\frac{a+b}{2} \geq \sqrt{ab}$$

Le premier membre est la moyenne arithmétique des nombres *a* et *b*, le second leur moyenne géométrique. La règle énonce que la moyenne arithmétique de deux nombres est toujours au moins égale à leur moyenne géométrique, et ne peut lui être égale que dans le cas de deux nombres égaux.

On prouve que cet énoncé s'étend à plus de deux nombres. Par exemple pour trois nombres, elle s'écrira:

$$\frac{a+b+c}{3} \geq \sqrt[3]{abc}$$

Ce cas peut être établi directement en partant de l'évidence suivante, pour tous nombres *x*, *y*, *z*:

$$(x-y)^2+(y-z)^2+(z-x)^2 \geq 0$$

(l'égalité étant possible dans le seul cas où $x=y=z$). En développant, on obtient:

$$x^2+y^2+z^2 - (xy+yz+zx) \geq 0$$

qu'on multiple par $(x+y+z)$ supposé positif, pour obtenir, après réduction:

$$x^3+y^3+z^3 \geq 3xyz$$

ce qui est l'inégalité cherchée, si l'on y pose $a=x^3$, $b=y^3$ et $c=z^3$. Là encore l'inégalité est stricte sauf dans le seul cas où les nombres *a*, *b*, *c* sont égaux.

Rectangles et carrés

Observons la famille des rectangles de même aire $ab=G$. Nous savons que $(a+b)^2$ est supérieur à 4G et ne peut lui être égal que si $a=b$. Cela peut s'énoncer géométriquement:

> *De tous les rectangles de même aire, celui qui a le plus petit périmètre est le carré.*

On peut considérer cela dans l'autre sens. Observons des rectangles de même périmètre $2(a+b)=2p$. Le produit ab (égal à l'aire du rectangle de côtés a et b) est au plus égal à p^2 et ne peut lui être égal que si $a=b$. Cela peut s'énoncer géométriquement:

> *De tous les rectangles de même périmètre, celui qui a la plus grande aire est le carré.*

Par exemple, de façon moins concrète, le produit de deux nombres (positifs) de somme 1 vaut au plus $\frac{1}{4}$. De même, la somme de deux nombres positifs dont le produit est égal à 1 vaut au moins $\frac{1}{4}$.

Pour tout x strictement positif :

$$x(1-x) \leq \frac{1}{4}$$

$$x+\frac{1}{x} \geq \frac{1}{4}$$

Le même type d'inégalité, jointe à la formule de Héron (voir chapitre 2, p. 25), permet de démontrer une propriété amusante : de tous les triangles de même périmètre, c'est le triangle équilatéral qui a l'aire la plus grande.

Notons a, b, c les longueurs des côtés, $2p$ le périmètre. La formule de Héron donne pour l'aire S :

$$S^2 = p(p-a)(p-b)(p-c)$$

L'inégalité de la moyenne nous donne :

$$\sqrt[3]{(p-a)(p-b)(p-c)} < \frac{1}{3}\left[(p-a)+(p-b)+(p-c)\right]$$

C'est-à-dire :

$$(p-a)(p-b)(p-c) < \left(\frac{p}{3}\right)^3$$

Ce produit est maximum, et donc aussi l'aire, lorsque les trois nombres $(p-a)$, $(p-b)$ et $(p-c)$ sont égaux, donc lorsque $a=b=c$. Le triangle est donc équilatéral.

De l'honnêteté des bouchers d'antan

Il y a bien longtemps, on pesait un morceau de viande en le pendant à une extrémité d'un fléau et en pendant des masses marquées à l'autre extrémité, en sorte d'atteindre l'équilibre.

Figure 16.1 : Balance à fléau.

Bien évidemment, si les bras de la balance ont des longueurs l et l' différentes, l'équilibre n'assure pas l'égalité des masses. On peut prouver que, si les masses m et m' y sont respectivement suspendues, on a l'égalité :

$$lm = l'm'$$

Voulant devancer les critiques d'un concurrent malveillant, notre boucher annonce que, pour donner toute garantie aux chalands, il fera la pesée deux fois, en échangeant la viande et les masses marquées, et qu'il fera payer le prix correspondant à la moyenne des deux pesées. Est-ce juste ? Observons les pesées en notant M la masse du morceau de viande, m et m' les résultats des deux pesées :

$$lm = l'M$$
$$lM = l'm'$$

De ces relations, on déduit par multiplication :

$$ll'M^2 = ll'mm'$$

et donc :

$$M^2 = mm'$$

La masse exacte est donc la moyenne géométrique des masses suspendues. En faisant payer le prix de la moyenne arithmétique, le boucher y gagne un peu à chaque transaction.

L'inégalité de Cauchy

On prend des nombres arbitraires a, b, c, d. L'inégalité de Cauchy exprime que :

$$(ab + cd)^2 \leq (a^2 + c^2)\,(b^2 + d^2)$$

La démonstration repose sur le calcul de la différence :

$$(a^2 + c^2)\,(b^2 + d^2) - (ab + cd)^2$$

qu'on développe en :

$$a^2b^2 + c^2d^2 + a^2d^2 + c^2b^2 - (a^2b^2 + c^2d^2 + 2abcd) = a^2d^2 + c^2b^2 - 2abcd = (ad - bc)^2$$

Ce calcul est sans attraits, mais d'une part il prouve l'inégalité demandée et d'autre part il montre que cette inégalité est stricte, sauf le cas où $ad = bc$, c'est à dire que les nombres a et c sont proportionnels à b et d.

Indiquons une démonstration ingénieuse de la formule générale, due à Lagrange. On donne des nombres $a_1, a_2, \ldots a_n$ et $b_1, b_2, \ldots b_n$ et on se propose de démontrer l'inégalité :

$$(a_1b_1 + a_2b_2 \ldots + a_nb_n)^2 \leq (a^2{}_1 + a^2{}_2 \ldots + a^2{}_n)\,(b^2{}_1 + b^2{}_2 \ldots + b^2{}_n)$$

ainsi que ce petit supplément : l'égalité n'a lieu que si les nombres $a_1, a_2, \ldots a_n$ sont proportionnels aux nombres $b_1, b_2, \ldots b_n$.

Lagrange observe la somme de carrés :

$$(a_1 - sb_1)^2 + (a_2 - sb_2)^2 \ldots + (a_n - sb_n)^2$$

qui est manifestement positive quelle que soit la valeur donnée à s : elle ne peut être nulle que pour un éventuel s qui vérifierait toutes les égalités :

$$a_1 = sb_1$$
$$a_2 = sb_2 \ldots$$
$$a_n = sb_n$$

Comme on le verra un peu plus bas, cela signifie que le discriminant Δ de ce qui est un trinôme du second degré en s, est négatif. Or, ce discriminant s'écrit :

$$(2a_1b_1 + 2a_2b_2 \ldots + 2a_nb_n)^2 - 4\,(a^2{}_1 + a^2{}_2 \ldots + a^2{}_n)\,(b^2{}_1 + b^2{}_2 \ldots + b^2{}_n)$$

et on a bien l'inégalité recherchée.

Avec de nombreuses interprétations possibles, notamment géométriques, cette inégalité est parfois appelée inégalité de Cauchy-Schwartz.

Elle donne aussi la clé de nombreux exercices à l'énoncé très simple, mais susceptibles de faire « sécher » longtemps un « pas nul » qui ne penserait pas à l'inégalité de Cauchy. En voici quelques exemples à poser à ceux qui, autour de vous, se disent forts !

Exemple 1 : on donne des nombres positifs u et v de somme égale à 1. Prouver l'inégalité :

$$(u + \tfrac{1}{u})^2 + (v + \tfrac{1}{v})^2 \geq \frac{25}{2}$$

Si on applique l'inégalité de Cauchy avec $a = u + \frac{1}{u}$, $b = 1$, $c = v + \frac{1}{v}$ et $d = 1$, on obtient :

$$2\,[(u+\tfrac{1}{u})^2 + (v+\tfrac{1}{v})^2] \geq [(u+\tfrac{1}{u}) + (v+\tfrac{1}{v})]^2$$

Le terme de droite, puisque $u + v = 1$ se réduit en $(1 + \frac{1}{uv})^2$

Or :

- le produit de deux nombres de somme 1, vaut au plus $\frac{1}{4}$(résultat énoncé plus haut) ;
- $\frac{1}{uv}$ vaut donc au moins 4 ;
- $1 + \frac{1}{uv}$ vaut au moins 5 ;
- $(1 + \frac{1}{uv})^2$ vaut au moins $5^2 = 25$.

Si l'inégalité devient une égalité, c'est que les nombres $u + \frac{1}{u}$ et $v + \frac{1}{v}$ sont proportionnels aux nombres 1 et 1, autrement dit sont égaux. L'égalité :

$$u + \frac{1}{u} = v + \frac{1}{v}$$

se réduit, après un calcul simple, à l'égalité :

$$(u - v)\,(uv - 1) = 0$$

et exige :

- soit $u = v$, et ces deux nombres de somme 1 sont alors égaux à $\frac{1}{2}$
- soit $uv = 1$, ce qui est impossible.

Exemple 2 : on donne des nombres $a_1, a_2, \ldots a_n$ et $b_1, b_2, \ldots b_n$ strictement positifs. Prouver que l'un au moins des deux nombres :

$$\frac{a_1}{b_1} + \frac{a_2}{b_2} \ldots + \frac{a_n}{b_n}$$

$$\frac{b_1}{a_1} + \frac{b_2}{a_2} \ldots + \frac{b_n}{a_n}$$

surpasse n.

Là encore, aucune chance à qui ne pense pas à Cauchy. En revanche, l'inégalité de Cauchy permet d'écrire :

$$\sqrt[n]{\frac{a_1\,a_2.\cdots a_n}{b_1\,b_2.\cdots b_n}} \leq \frac{1}{n}\left(\frac{a_1}{b_1}+\frac{a_2}{b_2}+\cdots+\frac{a_n}{b_n}\right)$$

$$\sqrt[n]{\frac{b_1\,b_2.\cdots b_n}{a_1\,a_2.\cdots a_n}} \leq \frac{1}{n}\left(\frac{b_1}{a_1}+\frac{b_2}{a_2}+\cdots+\frac{b_n}{a_n}\right)$$

Si les deux sommes données étaient inférieures à n, les deux radicaux seraient inférieurs à 1, alors qu'on voit aisément que leur produit vaut 1.

Les inéquations

Une inéquation ressemble fortement à une équation, mais, au lieu de recherche les valeurs de x (par exemple) pour laquelle une expression donnée est égale à 0, on cherche à ce qu'elle soit positive (par exemple).

Inéquation du premier degré

Une relation de la forme $ax+b>0$ s'appelle une inéquation du premier degré. La résoudre, c'est chercher l'ensemble des valeurs de x pour laquelle l'inégalité écrite est exacte.

On définit de façon analogue des inéquations du type :

$$ax+b \geq 0$$
$$ax+b < 0$$
$$ax+b \leq 0$$

La résolution est élémentaire, par l'usage des règles de calcul sur les inégalités.

L'inéquation étant mise sous la forme équivalente :

$$ax > -b$$

les règles rappelées sur la multiplication des inégalités permettent alors de conclure.

Exemple 1

Soit l'inéquation :

$$5x+1>0$$

Retranchons 1 aux deux membres :

$$5x>-1$$

On peut diviser par le nombre positif 5 et obtenir ainsi :

$$x>-\frac{1}{5}$$

Exemple 2

Soit l'inéquation

$$-5x+1>0$$

Retranchons 1 aux deux membres :

$$-5x>-1$$

On peut diviser par le nombre négatif - 5 (à condition de changer le sens de l'inégalité) et obtenir ainsi :

$$x<\frac{-1}{-5}$$

c'est-à-dire :

$$x<\frac{1}{5}$$

Représentation graphique

On représente graphiquement les solutions en dessinant un axe sur lequel on hachure les parties représentant des nombres qui **ne sont pas** solutions. Pour les exemples précédents, on obtient :

Exemple 1 :

////////////////////////////////////// $-\frac{1}{5}$ ——0——

Les solutions sont les nombres supérieurs à $-\frac{1}{5}$.

Exemple 2 :

——0—— $\frac{1}{5}$ //////////////////////////

Les solutions sont les nombres inférieurs à $\frac{1}{5}$.

L'intérêt de cette pratique se manifeste lorsqu'on cherche les nombres qui vérifient simultanément deux ou plusieurs inéquations. S'il reste des parties non hachurées, elles représentent les solutions communes.

Inéquation du deuxième degré

Une relation de la forme :

$$ax^2 + bx + c > 0$$

s'appelle une inéquation du deuxième degré, dès lors que a n'est pas nul. La résoudre, c'est chercher l'ensemble des valeurs de x pour laquelle l'inégalité écrite est exacte.

On définit encore de façon analogue des inéquations du type :

$$ax^2 + bx + c \geq 0$$
$$ax^2 + bx + c < 0$$
$$ax^2 + bx + c \leq 0$$

L'inéquation étant mise sous la forme équivalente :

$$a\left(x^2 + \frac{b}{a}x + \frac{c}{a}\right) > 0$$

il suffit de savoir étudier le signe d'un trinôme, de la forme :

$$x^2 + bx + c$$

La technique utilisée pour les équations reste parfaitement adéquate.

À nouveau, on reconnaît dans la somme $x^2 + bx$ le début du développement d'un carré, de la forme :

$$(x + k)^2 = x^2 + 2kx + k^2$$

si bien que cette reconnaissance suppose de choisir $k = \frac{1}{2}b$. Alors :

$$x^2 + bx = \left(x + \frac{b}{2}\right)^2 - \frac{b^2}{4}$$

et le trinôme prend la forme :

$$(x+\frac{b}{2})^2-\frac{b^2}{4}+c$$

Notant encore le nombre b^2-4c par la lettre grecque Δ, le trinôme s'écrit alors :

$$(x+\frac{b}{2})^2-\frac{\Delta}{4}$$

Le nombre Δ est encore appelé le discriminant du trinôme, puisqu'il permet de discriminer les différents cas.

On peut alors distinguer trois cas, selon les valeurs de Δ, donc de b et c.

Premier cas : $\Delta < 0$. Comme, quelque valeur qu'on donne à x, le carré $(x+\frac{b}{2})^2$ est positif ou nul, en lui ajoutant un nombre strictement positif, on obtient un nombre strictement positif. Ainsi :

- l'inéquation $x^2+bx+c > 0$ est vérifiée quel que soit x ;
- l'inéquation $x^2+bx+c \leq 0$ n'admet aucune solution.

Deuxième cas : $\Delta=0$. Le trinôme s'écrit alors $(x+\frac{b}{2})^2$, de sorte que :

- l'inéquation $x^2+bx+c > 0$ est vérifiée quel que soit x différent de $-\frac{b}{2}$;
- l'inéquation $x^2+bx+c \geq 0$ est vérifiée quel que soit x ;
- l'inéquation $x^2+bx+c < 0$ n'admet aucune solution ;
- l'inéquation $x^2+bx+c \leq 0$ admet l'unique solution $x=-\frac{b}{2}$.

Troisième cas : $\Delta > 0$. Nous avons vu au chapitre précédent qu'il existe deux racines :

$$x'=\frac{1}{2}(-b+\sqrt{\Delta})$$

$$x''=\frac{1}{2}(-b-\sqrt{\Delta})$$

et le trinôme s'écrit alors :

$$x^2+bx+c=(x-x')(x-x'')$$

Un tableau permet de comprendre ce qui se passe pour le signe de ce produit, selon les valeurs de x :

Signe de		x''		x'	
$x-x'$	-		-		+
$x-x''$	-		+		+
Produit	+		-		+

On retient généralement ce résultat en exprimant qu'un trinôme est positif, sauf pour les valeurs de x comprises entre ses racines.

Les inégalités géométriques

Tout un groupe d'inégalités concernent différentes longueurs liées au triangle et, en premier lieu, l'inégalité triangulaire.

Si a, b, c sont les longueurs des côtés d'un triangle, alors :

$$a \leq b+c$$
$$b \leq c+a$$
$$c \leq a+b$$

Ces inégalités étant même strictes si les trois sommets du triangle ne sont pas sur une même droite (triangle aplati). Dans toute la suite, on notera $2p$ le périmètre du triangle :

$$a+b+c=2p$$

On peut, par les techniques présentées dans ce chapitre, déduire quelques autres inégalités simples.

Distances d'un point aux sommets d'un triangle

On donne un point O à l'intérieur d'un triangle ABC.

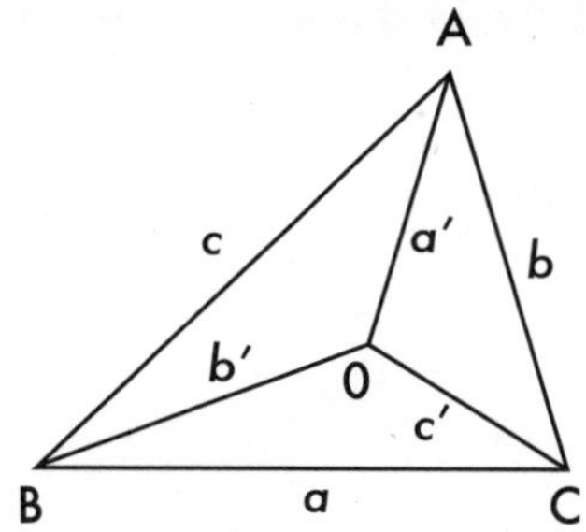

Figure 16.2 : Distances dans le triangle.

Nous voulons encadrer la somme des distances de O aux trois sommets.

Dans le triangle AA'C, l'inégalité triangulaire permet d'écrire :

$$AA' < AC + CA'$$

Dans le triangle OA'B, de même :

$$OB < OA' + A'B$$

Additionnons membre à membre en décomposant AA'en AO + OA' :

$$AO + OA' + OB < AC + CA' + OA' + A'B$$

et donc :

$$OA + OB < CA + CB$$

ou :

$$a' + b' < a + b$$

En raisonnant de même avec les autres sommets, on obtient aussi :

$$b' + c' < b + c$$
$$c' + a' < c + a$$

Il ne reste qu'à additionner membre à membre les trois inégalités obtenues et à diviser par 2 pour obtenir :

$$a' + b' + c' < a + b + c$$

ou :

$$a' + b' + c' < 2p$$

En appliquant l'inégalité triangulaire aux triangles BOC, COA et AOB, on obtient respectivement :

$$a < b' + c'$$
$$b < c' + a'$$
$$c < a' + b'$$

et, par addition membre à membre de ces inégalités, on obtient :

$$a + b + c < 2(a' + b' + c')$$

ou :

$$p < a' + b' + c'$$

On a donc obtenu un encadrement de la somme des distances de O aux trois sommets :

$$p < a' + b' + c' < 2p$$

Ainsi, la somme des distances aux trois sommets d'un point intérieur à un triangle est comprise entre le demi-périmètre et le périmètre de ce triangle.

Périmètre d'un quadrilatère

On donne un quadrilatère convexe ABCD.

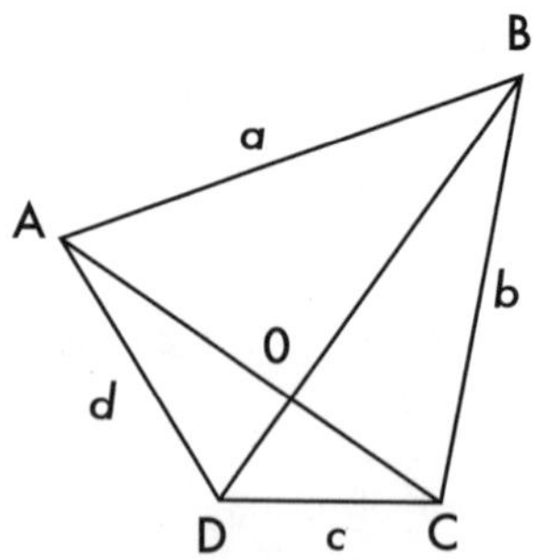

Figure 16.3 : Côtés et diagonales.

Nous souhaitons encadrer son périmètre $a + b + c + d$ à l'aide des longueurs des diagonales.

L'application répétée de l'inégalité triangulaire permet d'écrire :

$$\begin{aligned} BD &< AB + AD \\ BD &< DC + CD \\ AC &< AB + BC \\ AC &< AD + DC \end{aligned}$$

et par addition membre à membre de ces quatre inégalités, puis en divisant par 2 le résultat, on obtient :

$$AC + BD < (a + b + c + d)$$

D'autre part et par une observation similaire, on obtient les inégalités :

$$\begin{aligned} AB &< OA + OB \\ BC &< OB + OC \\ CD &< OC + OD \\ DA &< OD + OA \end{aligned}$$

et par addition membre à membre de ces quatre inégalités, on obtient :

$$a + b + c + d < 2\,(AC + BD)$$

Ainsi, le périmètre d'un quadrilatère convexe est compris entre la somme des longueurs des diagonales et son double :

$$AC + BD < a + b + c + d < 2\,(AC + BD)$$

Chapitre 17

La proportionnalité

Dans ce chapitre :

- Nous sommes cernés
- La reconnaître
- « Bidonner » ses mesures
- À chacun sa juste part
- Un gros mot ?

Nous sommes cernés !

Nous vivons dans un monde de proportionnalités mais nous n'en avons pas toujours une conscience claire. Et pourtant, quand nous sommes consommateurs, salariés, observateurs d'images imprimées dans nos journaux ou animées sur des écrans, à chaque instant, des situations de proportionnalité s'imposent.

Avis aux consommateurs

Dans un hypermarché, en dehors de toute promotion, chacun a pu faire l'expérience suivante : j'achète cinq plaques de chocolat, identiques ; après passage en caisse, j'ai un regret et je retourne en acheter quatre autres.

En dehors du temps perdu, il aurait été équivalent d'acheter d'un seul coup neuf plaques.

Si on note $f(x)$ le prix payé pour x plaques, cette équivalence se traduit par une relation bien plus impressionnante :

$$f(5)+f(4)=f(9)$$

ou, pour des nombres quelconques de plaques, notons-les x et y :

$$f(x)+f(y)=f(x+y)$$

On peut dire que le prix payé est une fonction additive du nombre de plaques achetées. On peut multiplier les observations de ce type dans la journée d'un consommateur : acheter x litres de carburant à la pompe, payer, en acheter y et payer, ou acheter en une seule fois $x+y$ litres, c'est parfaitement équivalent pour notre compte en banque. Dans ce deuxième exemple, x et y n'ont même pas besoin d'être des nombres entiers ; les pompes peuvent délivrer la quantité désirée au centilitre près.

La validité de notre exemple exclut des opérations promotionnelles du type « une plaque gratuite pour six achetées » ou « un euro de remise chaque fois que vous passez à la caisse » : dans le premier cas, il est avantageux de grouper ses achats et, dans le second, de les fractionner.

Surveillez vos feuilles de paie

Dans un pays où les salariés seraient payés quotidiennement pour le nombre d'heures qu'ils ont accompli, celui qui travaille cinq heures un jour et quatre heures le lendemain aura reçu le même salaire que celui qui aura travaillé seulement le deuxième jour pendant neuf heures. Si la CSG ampute les salaires de 10 %, un couple avec deux salaires et un autre qui aurait le même revenu avec un seul salaire paieront le même tribut à la solidarité. C'est encore une relation de la forme :

$$f(x)+f(y)=f(x+y)$$

qui traduit cette égalité. Il en irait différemment si la cotisation était plafonnée ou si elle ne s'appliquait pas dès le premier euro gagné.

Additivité et multiplication

Il y a dans les exemples précédents une règle non énoncée, mais évidente : le prix à payer est le résultat d'une multiplication, celle de la quantité achetée par le prix unitaire.

Moyennant une petite condition supplémentaire qui, par exemple, peut être la croissance de la fonction f (plus on en achète, plus on paye cher), on peut démontrer que, inversement, toute fonction additive est tout simplement une multiplication : si f est une fonction additive, alors, pour tout nombre x :

$$f(x)=x\,f(1)$$

Ne haussez pas les épaules, ce n'est pas une banalité. Certes, dans l'autre sens, il n'y a pas de problème ; s'il est convenu qu'on doit payer k par plaques, ou k par litre, le prix à payer pour x plaques (pour x litres) est kx. Et c'est une propriété élémentaire de la multiplication que :

$$kx+ky=k\,(x+y)$$

Mais la démonstration que toute fonction additive (et croissante) est de cette forme est un peu plus difficile. En voici les principales étapes :

On calcule :

$$f(2)=f(1)+f(1)=2f(1)$$
$$f(3)=f(2)+f(1)=2f(1)+f(1)=3f(1)$$

On étend à tout entier n par un raisonnement par récurrence.

On calcule :

$$f(1/2)+f(1/2)=f(1)$$
$$\text{et donc } f(1/2)=1/2f(1)$$

On étend à toute fraction de la forme $1/n$.

On étend à toute fraction.

On étend à tout nombre, même non fractionnaire, en utilisant la croissance.

Vu à la télévision

Au rayon téléviseurs d'un grand magasin, il peut être amusant d'observer les images diffusées par un modèle de 51 cm et un écran de 102 cm, lorsqu'ils diffusent la même chaîne. Sans avoir besoin de faire des copies d'écran, nous voyons bien que toute longueur sur une image du second est le double de celle de l'image correspondante sur le premier. Si la longueur du prototype d'Airbus à un instant est 17 cm sur le petit téléviseur, elle est de 34 cm sur l'autre. C'est encore une relation multiplicative :

$$f(x)=2x$$

(ici, x désigne la longueur de l'image sur le petit modèle et $f(x)$ la longueur de l'image correspondante sur le grand).

Reconnaître la proportionnalité

Sur un tableau

L'existence d'une relation de proportionnalité n'est pas toujours assurée par les usages du commerce ou les pompes à essence. Parfois, un expérimentateur dispose d'une série de mesures, par exemple l'allongement d'un ressort en fonction du poids qu'on y suspend.

poids (grammes)	5	8	10	12	13	15	20
allongement (cm)	1	1,6	2	2,4	2,6	3	4

Reconnaître une proportionnalité est alors élémentaire : il doit exister un nombre k tel que, en multipliant un nombre de la première ligne par k, on trouve le nombre associé de la deuxième ligne. Ou, ce qui revient au même s'il n'y a pas de zéros dans le tableau, le rapport de tout nombre de la deuxième ligne à son correspondant sur la première est le même pour toutes les colonnes (c'est encore notre k).

Ce nombre k s'appelle le coefficient de proportionnalité.

On peut aussi écrire, ce qui revient encore au même, que le rapport de tout nombre de la première ligne à son correspondant sur la deuxième est le même pour toutes les colonnes (c'est alors l'inverse $\frac{1}{k}$ de k). Ici, on a bien l'égalité des rapports :

$$\frac{5}{1} \qquad \frac{8}{1{,}6} \qquad \frac{10}{2} \qquad \frac{12}{2{,}4} \qquad \frac{13}{2{,}6} \qquad \frac{15}{3} \qquad \frac{20}{4}$$

Un cas particulier joue un rôle important dans les applications, c'est celui ou le tableau n'a que deux colonnes. Par exemple :

Poids (grammes)	8	15
Allongement (cm)	1,6	3

Selon notre règle, la proportionnalité se constate par l'égalité des rapports :

$$\frac{8}{1{,}6} \qquad \frac{15}{3}$$

ou, ce qui est parfois plus rapide à vérifier, par l'égalité des « produits en croix »

$$8 \times 3 = 1,6 \times 15$$

Sur un graphique

Même si la méthode laisse subsister une certaine imprécision, sa rapidité est un atout important. L'idée est de constater « à vue d'œil », quitte à vérifier ensuite par un calcul précis du type précédent. En mobilisant les résultats de quelques chapitres antérieurs, deux méthodes sont à notre disposition.

Méthode de Thalès

On trace deux droites se coupant en un point O et on porte sur l'une les mesures de la première ligne, sur l'autre les mesures de la seconde. On joint ensuite les points associés à une même colonne.

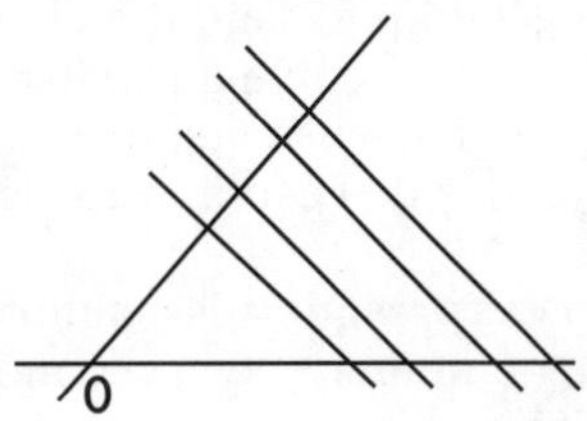

Figure 17.1 : Vérification selon Thalès.

Le théorème de Thalès nous dit que les droites tracées sont parallèles si, et seulement si, les deux séries de mesures sont proportionnelles.

Méthode de Descartes

On utilise un repère du plan et chaque couple de mesures est représenté par le point dont il constitue les coordonnées. Par exemple, la première colonne du tableau précédent est représentée par le point de coordonnées (5, 1).

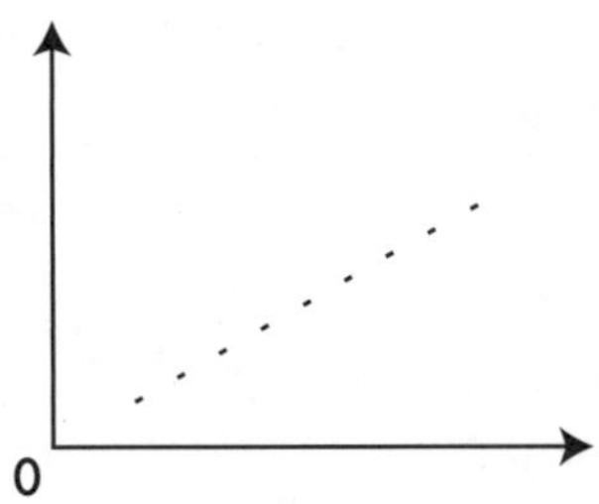

Figure 17.2 : Vérification selon Descartes.

La proportionnalité des coordonnées se traduit par l'alignement des points marqués sur une droite qui contient l'origine.

« Bidonner » ses mesures

La petite histoire de la recherche scientifique regorge, hélas, de comptes-rendus d'expériences un peu « améliorés ». Double tentation, pour qui veut mettre en évidence une loi physique de proportionnalité : éliminer les observations « aberrantes » ou les « rectifier ».

L'élimination est la technique la plus simple. Elle relève des méthodes précédentes de reconnaissance : si le rapport calculé pour une colonne n'est pas égal au nombre *k* attendu, on élimine cette colonne ; si un point n'est pas sur la droite qui passe par les autres, on décrète l'essai correspondant non valide. Cette sélection peut d'ailleurs être involontaire. En voici un exemple (on a tellement raconté l'histoire que les sources en sont perdues) : la scène se passe dans un pays très sous-développé, où une mission internationale d'oculistes vient étudier l'acuité visuelle des enfants. Ils vont dans une école : tous les enfants ont 10 dixièmes ; dans une autre, dans une troisième, même constat. Surprise émerveillée. On échafaude alors des hypothèses : s'agit-il d'un caractère génétique ? Faut-il rechercher une cause dans l'alimentation ? Jusqu'à ce qu'on s'aperçoive que, l'instruction n'étant pas obligatoire, les enfants ayant une mauvaise vue ne lisaient pas le tableau et étaient rapidement éliminés de l'école, considérés comme incapables d'apprendre.

La rectification est presque aussi simple : on ne garde du tableau que la première ligne, un nombre de la seconde, et la certitude intime d'une proportionnalité.

Poids (grammes)	5	8	10	12	13	15	20
Allongement (cm)				2,4			

C'est alors un jeu d'enfant de remplir le tableau ; on calcule le rapport *k* avec la colonne complète, ici $\frac{2,4}{12} = 0,2$ et on complète alors en calculant les produits :

- $5k = 5 \times 0,2 = 1$
- $8k = 8 \times 0,2 = 1,6$
- $10k = 10 \times 0,2 = 2$
- $12k = 12 \times 0,2 = 2,4$
- $15k = 15 \times 0,2 = 3$
- $20k = 20 \times 0,2 = 4$

Naturellement, un « bidonneur » de mauvaise foi modifiera imperceptiblement ces résultats pour les rendre plausibles et tenir compte de l'imprécision des mesures ; il affirmera avoir observé, non 1,6 mais 1,5978 !

On peut noter que la tâche de remplir un tableau de proportionnalité est parfaitement répétitive : dès lors qu'on sait compléter un tableau réduit à deux colonnes, comme :

15	13
3	

il suffit de recommencer en associant successivement la colonne remplie à chacune des autres. Appelons x le nombre manquant. La règle de remplissage nous demande d'écrire l'égalité des rapports :

$$\frac{15}{3} \quad \frac{13}{x}$$

ce qui équivaut (règle des produits en croix) à l'égalité :

$$15x = 13 \times 3$$

d'où :

$$x = 13 \times \frac{3}{15}.$$

Ce petit calcul que nous venons de faire porte un nom dans les cauchemars de beaucoup d'écoliers : la règle de trois.

La règle de trois en pratique

Pour 10 euros, on a 6 cendriers. Combien en obtient-on pour 15 euros ?

Le raisonnement « élémentaire » consiste à écrire successivement :

- pour 10 euros, on a 6 cendriers ;
- pour 1 euro, on en a dix fois moins, soit 0,6 cendriers ;
- pour 15 euros, on en a quinze fois plus, soit 15x0,6=9 cendriers.

La règle de trois a été imaginée pour passer sous silence cette étape gênante des fragments de cendriers. On dresse le tableau de proportionnalité :

10	15
6	

et on le complète comme précédemment.

À chacun sa juste part

Une remarque va faciliter les calculs. Reprenons un des tableaux de proportionnalité précédents, ou même simplement un fragment.

12	13	15	
2,4	2,6	3	

C'est intentionnellement qu'une colonne vide a été ajoutée. Plaçons maintenant dans chaque case vide la somme des nombres écrits à sa gauche :

$$12+13+15=40$$

$$2{,}4+2{,}6+3=8$$

Ce devrait être sans surprise qu'on remarque que, ainsi complété, le tableau est encore un tableau de proportionnalité. Sans surprise, car c'est simplement la propriété d'additivité :

$$f(12)+f(13)+f(15)=f(12+13+15)$$

Cette remarque donne la clé d'un problème pratique : le partage proportionnel. Trois amis investissent dans une start-up et souscrivent respectivement 12, 13 et 15 parts. La première année, la jeune entreprise dégage un profit de 8000 euros ; comment doivent-ils partager ?

On repart du tableau complété :

12	13	15	40
			8000

Il est alors routinier, nous l'avons fait plusieurs fois dans ce chapitre, de remplir les cases vides de ce tableau de proportionnalité. On retrouve évidemment :

12	13	15	40
2400	2600	3000	8000

Le premier associé a droit à 2400 euros, la part du deuxième est 2600 euros et celle du dernier 3000 euros.

Un gros mot ?

Exemples usuels

Au mot *proportionnalité* sont substituées, en français, tant d'expressions qu'on pourrait presque l'assimiler à un gros mot. Par exemple :

- Quand on entend : « Les organisateurs facturent le buffet à 35 euros *par* personne », il faut comprendre : le prix à payer en euros est proportionnel au nombre d'invités et le coefficient de proportionnalité est 35.
- Quand on entend : « Le train se déplace *à* 210 km à l'heure », il faut comprendre : la distance parcourue en kilomètres est proportionnelle au temps de trajet exprimé en heures et le coefficient de proportionnalité est 210.
- Quand on entend : « Le service n'est pas compris, il est de 15 *pour cent* », il faut comprendre : l'addition doit être complétée par une somme pour le service, cette somme est proportionnelle au montant de l'addition et le coefficient de proportionnalité est $\frac{15}{100}$.
- Quand on entend : « Il demande 30 euros *de* l'heure », il faut comprendre : la somme à payer en euros est proportionnelle au temps passé exprimé en heures et le coefficient de proportionnalité est 30.
- Quand on entend : « Cette moquette coûte 80 euros le mètre carré », il faut comprendre : le prix à payer en euros est proportionnel à l'aire du morceau acheté exprimée en mètres carré et le coefficient de proportionnalité est 80.

Sitôt décodée la formulation, l'interprétation et les calculs ne posent pas de difficulté particulière. Sauf peut-être dans un cas : le pourcentage.

Le pourcentage

On voit souvent exprimés à l'aide d'un pourcentage :

- une taxe ou un impôt ;
- une réduction commerciale ;
- un intérêt (par exemple l'intérêt donné pour une somme déposée sur un livret d'épargne) ;

- une proportion (on dit que 43 % des électeurs se sont abstenus : cela signifie que, sur 100 électeurs inscrits sur les listes, 43 n'ont pas voté ; bien entendu, ce calcul n'est pas fait sur une liste de 100 personnes, mais sur un ensemble beaucoup plus vaste).

Une erreur fréquente consiste à oublier qu'un pourcentage est un coefficient de proportionnalité et que, appliquer un pourcentage, c'est multiplier par un nombre. En voici un exemple : un objet est affiché 50 euros. Une réduction de 10 % se monte à :

$$\frac{10 \times 50}{100}$$

soit 5 euros. Le prix à payer après réduction est donc de :

$$50 - 5 = 45 \text{ euros}$$

On aurait pu le calculer directement en multipliant le prix affiché par 0,95. On retrouve ainsi la règle :

Après une réduction proportionnelle au taux i, le prix à payer se trouve multiplié par 1 - i.

De façon symétrique :

Après une augmentation proportionnelle au taux i, le prix à payer se trouve multiplié par 1 + i.

L'utilisation de ces règles permet d'éviter les erreurs trop classiques dont voici quelques exemples.

- Une baisse de 10 % suivie d'une hausse de 10 % ne se compensent pas. Cela conduit à multiplier le prix initial par 0,9, puis à multiplier le résultat par 1,1. Il revient au même de le multiplier en une seule fois par :

  $$0{,}9 \times 1{,}1 = 0{,}99$$

  ce qui exprime une baisse de 1 %.
- Une baisse de 10 % suivie d'une seconde baisse de 10 % ne conduit pas à une baisse de 20 %. Cela conduit à multiplier le prix initial par 0,9, puis à multiplier le résultat par 0,9. Il revient au même de le multiplier en une seule fois par :

  $$0{,}9 \times 0{,}9 = 0{,}81$$

  ce qui exprime une baisse de 19 %.

- Une hausse de 10 % suivie d'une hausse de 10 % ne conduit pas à une hausse de 20 %. Cela conduit à multiplier le prix initial par 1,1, puis à multiplier le résultat par 1,1. Il revient au même de le multiplier en une seule fois par :

$$1{,}1 \times 1{,}1 = 1{,}21$$

ce qui exprime une hausse de 21 %.

Les pourcentages au XVIIe siècle

On n'a pas toujours considéré que l'expression d'une réduction ou d'une taxe ou d'un intérêt sous la forme de pourcentage était la plus simple. Dans la pièce de Molière *L'Avare*, acte II, scène 1, La Flèche rapporte à Cléante les conditions du prêt d'argent qu'il a sollicité :

La Flèche : Le prêteur, pour ne charger sa conscience d'aucun scrupule, prétend ne donner son argent qu'au denier dix-huit. [...] Mais, comme ledit prêteur n'a pas chez lui la somme dont il est question, et que, pour faire plaisir à l'emprunteur, il est contraint lui-même de l'emprunter d'un autre sur le pied du denier cinq, il conviendra que ledit premier emprunteur paye cet intérêt sans préjudice du reste, attendu que ce n'est que pour l'obliger que ledit prêteur s'engage à cet emprunt.

Cléante : Comment diable ! [...] C'est plus qu'au denier quatre.

Suivant la manière de s'exprimer à l'époque de Molière, un prêt « au denier dix-huit » stipulait un intérêt pour un an de un denier pour dix-huit deniers empruntés. Aujourd'hui, on dirait :

$$\frac{1}{18} \approx 0{,}056$$

soit un pourcentage d'environ 5,6 %.

Les autres taux d'intérêt du texte peuvent aussi être transposés en langage moderne :

- « au denier cinq » : $\frac{1}{5}=0{,}2$ correspondant à un pourcentage 20 % ;
- « au denier quatre » : $\frac{1}{4}=0{,}25$ correspondant à un pourcentage 25 %.

Si, pour 100 deniers empruntés, Cléante doit en payer 5,6 à son prêteur direct et 20 au prêteur d'origine, ce prêt lui coûte plus de 25 deniers d'intérêt : « C'est plus qu'au denier quatre. »

Le risque d'erreur est d'autant plus grand qu'on applique davantage de hausses ou de baisses. C'est en particulier ce qui se produit quand on observe une croissance annuelle (ou une décroissance) sur une longue période. Par exemple, une croissance annuelle de 2 % observée pendant cinquante ans ne conduit pas à une hausse de 100 %, c'est-à-dire à un doublement. La règle précédente conduit à calculer une hausse de 2 % en multipliant par 1,02. La succession de cinquante telles augmentations se calcule donc en multipliant cinquante fois par 1,02, ce qui se résume en une seule multiplication par $1{,}02^{50}$. Une valeur approchée de ce nombre est 2,69, si bien que la grandeur observée n'est pas multipliée par 2, mais par 2,69 !

Chapitre 18

Un rappel sur les coordonnées

Dans ce chapitre :

- Sur une trajectoire
- Dans un plan
- Dans l'espace

L'expression appartenait initialement au domaine des mathématiques, mais elle s'est répandue dans la langue courante. Elle signifie : laissez-moi une adresse, un numéro de téléphone, une adresse électronique, en un mot un moyen de vous joindre, précisément et sans erreur. Il faut avoir cherché un village sur une carte routière, une rue sur un plan de ville pour savoir que, sans indications complémentaires, cette recherche peut être longue et fastidieuse.

Sur une trajectoire

Il y a pourtant un cas dans lequel la recherche est simple, c'est lorsque le point cherché est sur une ligne connue : une voie ferrée, une chaussée d'autoroute ou, en géométrie, une courbe ou une droite donnée. Il suffit de parcourir cette ligne pour tomber sur le point demandé. Mieux encore, un nombre suffit à le situer exactement :

- la voiture accidentée est au kilomètre 136 ;
- la voie ferrée est affaissée au kilomètre 31 ;
- le point M est, sur la demi-droite donnée, à 6 cm de l'origine.

Aux questions de forme près, qui importent peu ici, le cas de la droite résume toutes les trajectoires.

La folie des maths modernes

Dans les années 1960, le ministère de l'Éducation nationale était pris de cette maladie. Au point que, cas probablement unique dans les annales de cet hebdomadaire satirique peu porté d'ordinaire sur les mathématiques, *Le Canard enchaîné* a publié la définition de la droite imposée alors aux élèves de quatrième par le programme officiel :

On appelle droite une double famille de bijections de R sur R telle que, si f *et* g *sont deux telles bijections, on a soit*

$f(x) = g(x) + \text{constante pour tout } x$,

soit $f(x) = -g(x) + \text{constante pour tout } x$.

C'est tout droit

Là où le programme de quatrième n'avait pas tout à fait tort, c'est qu'une droite géométrique ne suffit pas à permettre de retrouver un point à partir d'un nombre. Si on nous dit : « le point A est à 12 cm », c'est une information sans grand intérêt : à 12 cm de quoi ? Pour pouvoir faire nos repérages, il nous faut :

JARGON

- un point O à partir duquel on comptera les distances, on l'appelle origine ;
- un sens, qui nous permettra de savoir si on cherche le point A à droite ou à gauche de O ;
- une unité (nous pensions au centimètre, mais toute longueur fera l'affaire).

Une droite ainsi équipée s'appelle un axe.

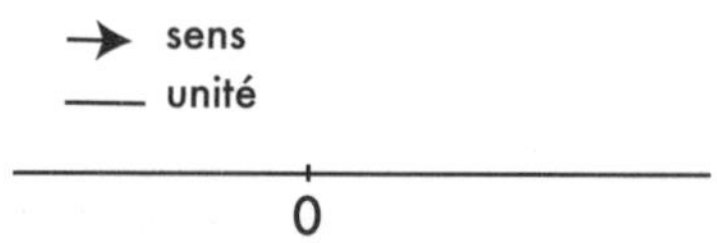

Figure 18.1 : Axe.

Une convention commode permet de désigner en même temps l'unité et le sens : elle consiste à marquer sur la droite un point I à la distance d'une unité (celle qu'on choisit) de l'origine.

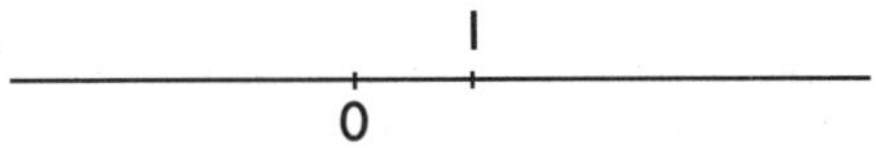

Figure 18.2 : Donnée simplifiée d'un axe.

Ce point est le point unité, et c'est grâce à un nombre relatif qu'on repère n'importe quel point de la droite :

- les points situés du même côté de O que le point I sont repérés par des nombres positifs ;
- les points situés du côté opposé sont repérés par des nombres négatifs ;
- le nombre qui repère un point de l'axe s'appelle l'abscisse de ce point ;
- le point qui représente un nombre est appelé l'image de ce point.

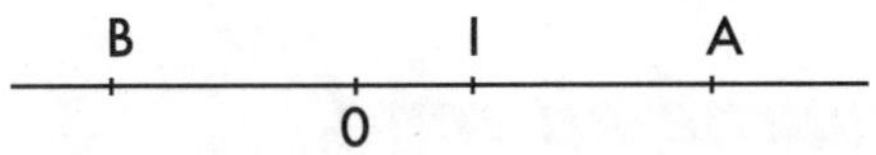

Figure 18.3 : Le nombre +3 repère le point A, le nombre -2 repère le point B.

Changement de repère

Changer d'origine

Si nous prenons une autre origine, toutes les abscisses vont se trouver augmentées d'un même nombre (si on déplace l'origine du côté négatif) ou diminuée d'un même nombre (si on déplace l'origine du côté positif). Autrement dit, si $f(M)$ est l'abscisse d'un point M dans l'ancien repère, et $g(M)$ son abscisse dans le nouveau, on a la relation :

$$f(M) = g(M) + \text{constante}$$

Changer de sens

Si nous changeons le sens sur l'axe, toutes les abscisses vont changer de signe : un point dont l'abscisse était + 3 dans l'ancien repère aura pour abscisse - 3 dans le nouveau. Si $f(M)$ est l'abscisse d'un point M dans l'ancien repère et $g(M)$ son abscisse dans le nouveau, on a la relation :

$$f(M) = -g(M)$$

Nous voilà bien proches du programme des malheureux élèves de quatrième des années 1960 !

Changer d'unité

Si nous divisons par deux l'unité de longueur, toutes les distances sont multipliées par deux (comme lorsque nous avons multiplié par 6,65 l'unité monétaire, tous les prix ont été divisés par ce nombre. Si $f(M)$ est l'abscisse d'un point M avec l'ancienne unité et $g(M)$ son abscisse dans la nouvelle, on a la relation :

$$f(M) = ag(M)$$

On tourne en rond

Nous avons signalé que la forme de la trajectoire n'avait aucune importance pour tout ce qui précède : qu'une autoroute présente des virages ne complique en rien la tâche des poseurs de bornes kilométriques.

Figure 18.4 : Cette courbe se traite comme une droite.

ATTENTION ! Il y a pourtant un cas qui nous mettrait dans l'embarras : une courbe qui se refermerait sur elle-même, comme un cercle. Certes, nous pouvons toujours marquer un point origine A, définir un sens de parcours et une unité, mais, au fur et à mesure que l'abscisse augmente, le point repéré va revenir à son départ, une infinité de fois.

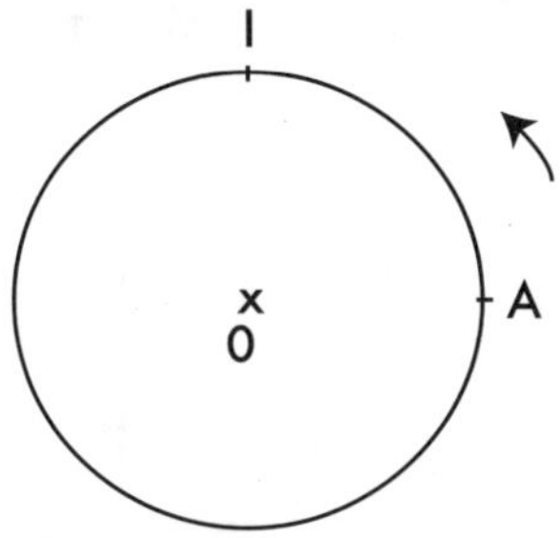

Figure 18.5: A a plusieurs abscisses.

Deux unités de longueur sont couramment employées pour repérer ainsi un point sur un cercle: l'arc associé au quart de tour et le rayon.

Le quart de tour

Le point origine A a pour abscisse 0, mais aussi 4 (après un tour, on revient en A), 8, 12, 16…

On peut aussi tourner dans l'autre sens, obtenant ainsi les abscisses -4, -8, -12…

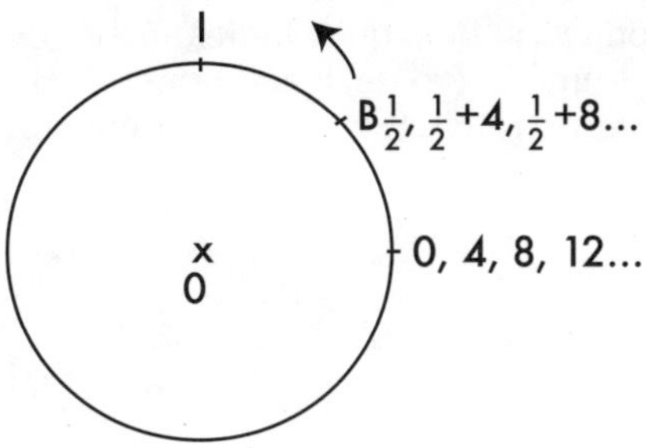

Figure 18.6: Unité = le quart de tour.

Une remarque analogue peut être faite pour tout autre point. Le point B par exemple a une infinité d'abscisses:

$$\ldots \frac{1}{2} - 12 \quad \frac{1}{2} - 8 \quad \frac{1}{2} - 4 \quad \frac{1}{2} \quad \frac{1}{2} + 4 \quad \frac{1}{2} + 8 \quad \frac{1}{2} + 12 \ldots$$

Le rayon

La longueur du cercle est alors 2π. Le point origine A a pour abscisse 0, mais aussi 2π (après un tour, on revient en A), 4π, 6π, 8π…

On peut aussi tourner dans l'autre sens, obtenant ainsi les abscisses -2π, -4π, -6π…

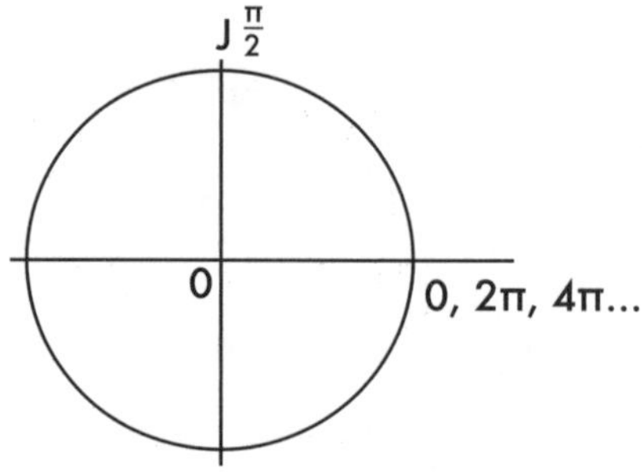

Figure 18.6 : Unité = le rayon

L'une des abscisses du point J est alors $\frac{\pi}{2}$. Cette pratique est à l'origine d'une unité d'arc et d'angle couramment utilisée, le radian. Un arc d'un radian a une longueur égale au rayon du cercle.

Dans un plan

Pour permettre de retrouver facilement une rue sur un plan de la ville, on marque généralement un quadrillage. Les carreaux sont numérotés, en lignes et en colonnes, si bien que l'indication de deux nombres, un numéro de colonne et un numéro de ligne permet de déterminer un « petit » territoire dans lequel se trouve la rue ou le monument recherché.

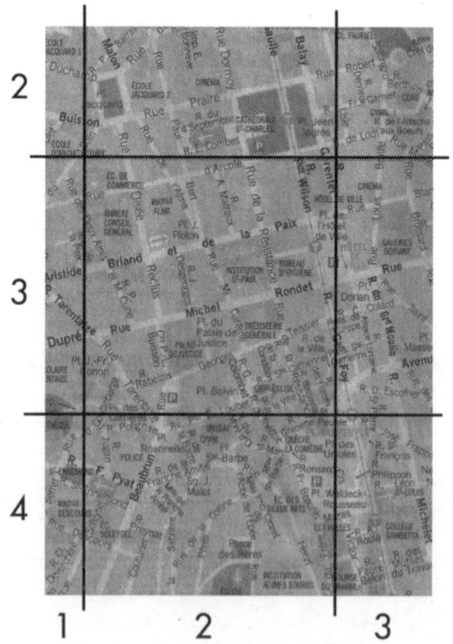

Figure 18.7 : Les « carreaux » permettent de se repérer.

Repères cartésiens

On attribue généralement à Descartes l'idée de repérer les points d'un plan en utilisant deux axes de même origine O. Le plus simple est de définir complètement ces axes en précisant en plus le point unité de chacun, de sorte que le repère est parfaitement défini par la donnée des trois points :

- O origine commune ;
- I, point unité de l'un des axes, qu'on trace le plus souvent parallèle au bord inférieur de la feuille de papier ;
- J, point unité du second axe.

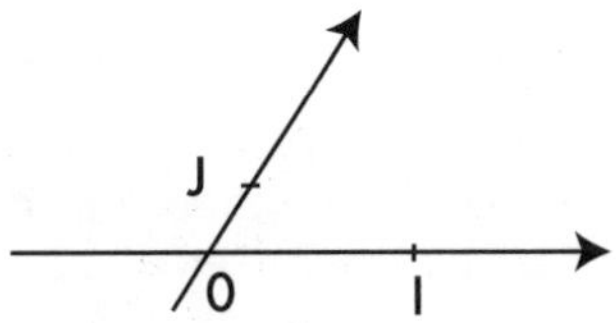

Figure 18.8 : Repère du plan.

On parlera du repère (O, I, J).

Même si c'est l'usage le plus répandu, rien n'impose que ces axes soient perpendiculaires (autrement dit que le triangle OIJ soit rectangle en O). Si c'est le cas, le repère est qualifié d'orthogonal. Rien n'impose non plus qu'en outre les unités des deux axes soient les mêmes (autrement dit que le triangle OIJ soit isocèle de sommet O). Si c'est le cas, le repère est qualifié d'orthonormal.

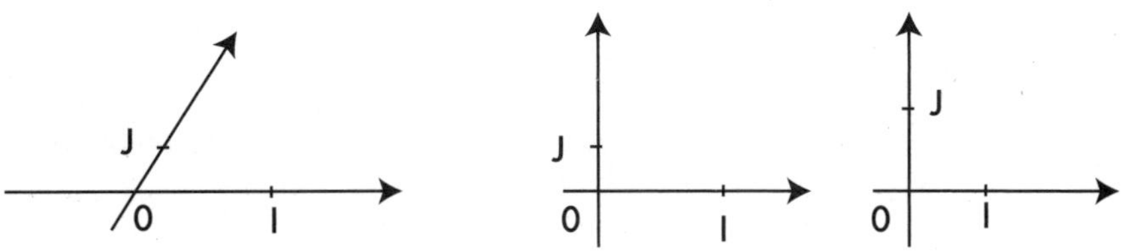

Figure 18.9 : 1. Repère quelconque 2. Repère orthogonal 3. Repère orthonormal.

Pour repérer un point M dans le plan, on trace à partir de M les droites parallèles aux axes, définissant ainsi un parallélogramme (un rectangle dans le cas d'axes orthogonaux) dont O et M sont des sommets opposés. Les deux autres sommets sont des points situés chacun sur un des axes, qu'on peut repérer comme cela a été expliqué plus haut.

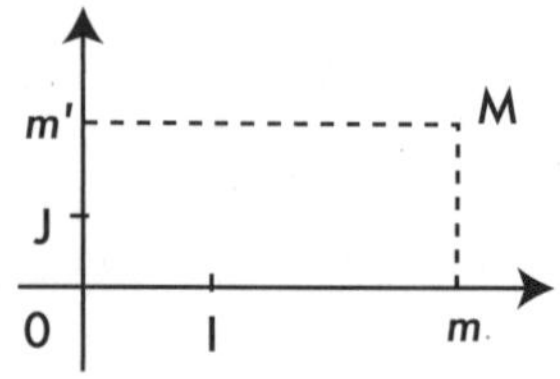

Figure 18.10 : *m* est l'abscisse du point M. *m'* est l'ordonnée du point M.

L'axe (O, I) est l'axe des abscisses, tandis que (O, J) est l'axe des ordonnées. Le couple (m, m') est le couple des coordonnées du point M : par un usage constant, on écrit l'abscisse en premier, l'ordonnée en second.

Coordonnées du milieu d'un segment

UN PEU DE TECHNIQUE

On se donne par leurs coordonnées deux points, M de coordonnées (m, m') et P de coordonnées (p, p'). Le théorème de Thalès permet d'exprimer immédiatement les coordonnées du milieu I de ce segment : I a pour abscisse $\frac{1}{2}(m+p)$ et pour ordonnée $\frac{1}{2}(m'+p')$.

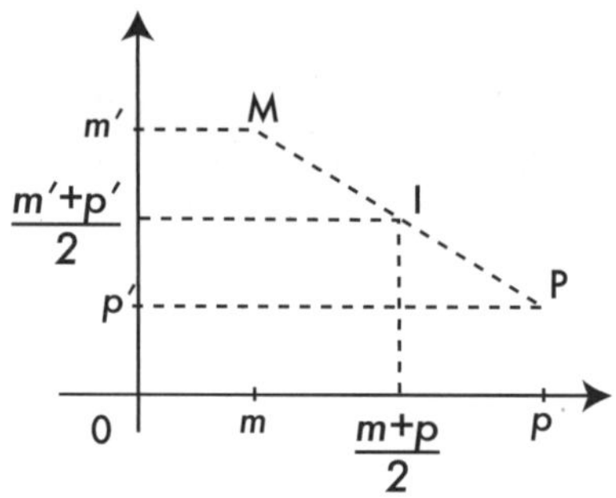

Figure18.11 : Coordonnées du milieu.

Équations d'une droite

On démontre assez simplement que l'ensemble des points dont les coordonnées (x, y) vérifient la relation :

$$3x+5y=15$$

est une droite. Il est facile de marquer deux de ses points, par exemple :

- le point d'ordonnée nulle : si $x=0$, la relation donnée permet de calculer $y=5$;
- le point d'abscisse nulle : si $y=0$, la relation donnée permet de calculer $x=3$.

Naturellement, le même raisonnement vaut pour une relation avec d'autres coefficients, de la forme :

$$ax + by + c = 0$$

Cette relation s'appelle l'équation de la droite.

Toute droite du plan pouvant ainsi être représentée par une équation, tout problème de géométrie portant sur des droites peut être remplacé par un problème d'algèbre portant sur leurs équations. Par exemple, la recherche du point d'intersection de deux droites se traduit par la recherche du couple (x, y) de ses coordonnées, nombres qui doivent vérifier l'équation écrite pour chacune des droites.

Par exemple, la recherche de l'intersection des droites d'équations respectives :

$$3x + 5y = 15$$
$$4x + 7y = 28$$

se ramène à la résolution du système de deux équations :

$$\begin{cases} 3x + 5y = 15 \\ 4x + 7y = 28 \end{cases}$$

par les méthodes présentées au chapitre 15 (voir p. 219). L'exercice est laissé au lecteur, qui trouvera la solution unique $x = -35$, $y = 24$. Les droites se coupent au point de coordonnées (-35, 24).

D'autres courbes géométriques simples ont des équations à peine plus compliquées (par exemple des équations du second degré pour les paraboles, ellipses, hyperboles), si bien que tout problème de géométrie concernant ces courbes peut être traité par un calcul algébrique.

C'est la découverte de René Descartes, qu'on appelle la géométrie analytique.

Angles et distances

En choisissant un repère orthonormal, on peut calculer facilement la distance d'un point M de coordonnées données à l'origine, comme la longueur de l'hypoténuse d'un triangle rectangle dont on connaît les côtés de l'angle droit :

$$\mathrm{OM} = \sqrt{m^2 + m'^2}$$

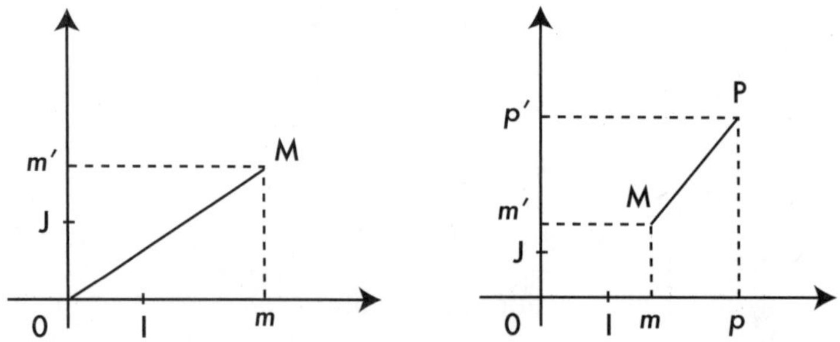

Figure 18.12: Distance de deux points.

La formule se généralise à la distance de deux points M et P de coordonnées données (m, m') et (p, p') :

$$\mathrm{PM} = \sqrt{(m - p)^2 + (m' - p')^2}$$

Puisqu'on peut ainsi exprimer les distances, les formules de trigonométrie permettent de calculer les angles, permettant ainsi de résoudre par des calculs algébriques tous les problèmes d'angles et de distances.

Pour ne donner qu'un exemple, les coordonnées (x, y) des points qui appartiennent au cercle donné par son centre H, de coordonnées (2, 4), et son rayon, 2, vérifient une relation simple, qu'on obtient en exprimant que la distance HM est égale au rayon, soit :

$$\sqrt{(x - 2)^2 + (y - 4)^2} = 2$$

ce qu'on exprimer plus simplement en élevant au carré :

$$(x-2)^2+(y-4)^2=4$$

Selon l'usage qu'on veut faire de cette formule, on pourra la laisser sous cette forme, ou la développer en :

$$x^2+y^2-4x-8y+16=0$$

C'est l'équation du cercle donné ; en toute rigueur, on devrait dire une équation du cercle donné, car il en existe plusieurs, par exemple :

$$35\,(x^2+y^2-4x-8y+16)=0$$

Dans l'espace

Pour repérer un point de l'espace, on peut généraliser le procédé utilisé dans le plan. Un repère de l'espace est formé de trois axes de même origine, et naturellement pas tous dans un même plan. On les appelle :

- l'axe des abscisses ;
- l'axe des ordonnées ;
- l'axe des cotes.

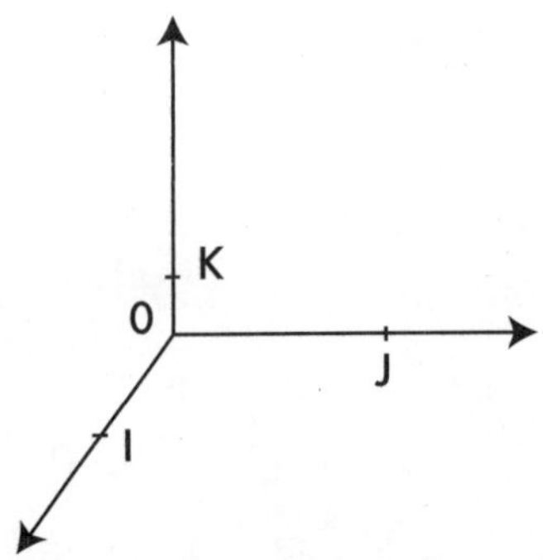

Figure 18.13 : Repère de l'espace.

Un point de l'espace est alors repéré par trois nombres, qu'on appelle encore ses coordonnées et qu'on détermine en généralisant les techniques utilisées dans le plan. À partir du point M, on trace des plans parallèles à deux des axes de coordonnées, qui coupent le troisième axe en un point qui donne soit l'abscisse (sur l'axe des abscisses), soit l'ordonnée (sur l'axe des ordonnées) soit la cote (sur l'axe des cotes).

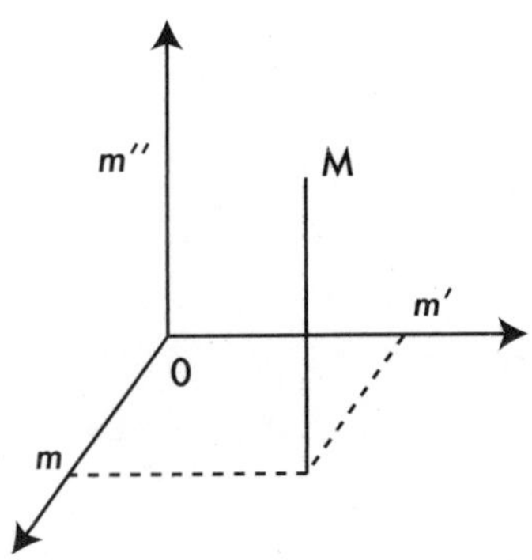

Figure 18.14 : Coordonnées de M.

Quatrième partie

Les statistiques… sans risque

Dans cette partie...

Avec les statistiques, nous abordons des applications plus concrètes et quotidiennes des mathématiques. Si les ministres de tous bords sont si efficaces, c'est qu'ils disposent de statistiques. Si tous les joueurs de loto s'enrichissent, c'est qu'ils savent évaluer leurs chances de gain. Enfin, ça reste à voir... Le hasard est certes un des noms de l'incertitude mais, depuis Pascal, nous savons composer avec cette incertitude et prendre quand même des « décisions raisonnables ». C'est ce que nous verrons en détail dans cette partie.

Chapitre 19

La meilleure façon de compter

Dans ce chapitre :

- Deux pères et deux fils montent sur une barque…
- Combien d'immatriculations en Europe ?
- L'art combinatoire
- Une case pour chaque pigeon

Dès qu'une société s'organise et se donne un État, ceux qui le dirigent veulent compter : compter leurs hommes pour évaluer leur potentiel de combat, compter les terres et les richesses pour instituer des impositions… Le mot « statistique » lui-même dérive du bas latin *status* (État) et désigne l'ensemble des données chiffrées utiles à l'État. Mais la complexité dépasse rapidement les capacités du sac de cailloux de notre berger : il nous faut des techniques pour dénombrer des ensembles, sans avoir à en compter un à un les éléments. Nous allons en présenter quelques-unes.

Deux pères et deux fils montent sur une barque…

L'historiette est connue : la barque n'a que trois places et pourtant ils s'y installent sans peine. La clé du mystère est que les passagers sont un jeune homme, son père et son grand-père paternel. Dans ce cas deux et deux ne font plus quatre.

La règle de dénombrement qui se cache derrière cet exemple s'appelle le principe additif.

Le principe additif

Lorsque l'on regroupe des ensembles sans éléments communs, l'un contenant *a* éléments et l'autre *b*, on obtient un ensemble qui contient $a+b$ éléments.

Par exemple, si 450 garçons et 500 filles sont inscrits dans un collège, on en conclut que ce collège compte 950 élèves.

Les mots importants de ce principe additif sont : *sans éléments communs*. À défaut, les éventuels éléments communs seraient comptés deux fois.

Par exemple, si quelqu'un déclare : « J'ai cinq enfants, ma femme en a quatre, cela nous en fait sept », cela signifie qu'ils ont deux enfants ensemble, que le mari a trois enfants d'un premier mariage et l'épouse deux. Si on additionne cinq et quatre, on compte deux fois les enfants communs.

Dans des situations trop simples, on ne voit guère l'utilité d'énoncer un principe aussi évident. Mais dès qu'on veut étudier soit une situation comportant des nombres plus importants, soit une formule générale, il trouve son utilité.

Exemple : on veut trouver un moyen de calculer le nombre des parties d'un ensemble en connaissant seulement le nombre d'éléments de cet ensemble. Ainsi pour un ensemble de deux voyants lumineux $E_2 = \{a, b\}$, la liste des voyants allumés (qui peut donner des informations sur l'état de marche d'un appareil électronique par exemple) peut comporter :

- deux éléments (les deux voyants sont allumés) : $\{a, b\}$;
- un élément : soit le premier voyant est seul allumé : $\{a\}$, soit le second voyant est seul allumé : $\{b\}$;
- aucun élément (les deux voyants sont éteints).

Dans ce dernier cas, on dit un peu pompeusement que l'ensemble des voyants allumés est vide et on le note $\varnothing$. On a ainsi obtenu, simplement en dressant la liste, le nombre de parties de notre ensemble E_2 : il y en a quatre.

Avec un ensemble comportant trois éléments, $E_3 = \{a, b, c\}$, cela serait un peu plus long. La liste de ses parties est :

- aucun élément : $\varnothing$;
- un élément : $\{a\}$, $\{b\}$ ou $\{c\}$;
- deux éléments : $\{a,b\}$, $\{a,c\}$, $\{b,c\}$;
- tous les éléments : $\{a, b, c\}$.

Notre ensemble comporte donc huit parties.

Pour trouver une formule générale de calcul du nombre de parties, $P(n)$, d'un ensemble E_n qui comporte n éléments, on peut raisonner grâce au principe additif. Il permet de calculer $P(n+1)$ connaissant $P(n)$ et donc, de proche en proche, chaque nombre $P(n)$ sans avoir à dresser cette liste fastidieuse.

Concentrons notre attention sur un des éléments x de E_{n+1}.

Les parties de E_{n+1} peuvent être séparées en deux familles sans éléments communs :

- celles qui contiennent x, il y en a $P(n)$, puisque pour former une telle partie on doit prendre x d'une part et une partie de l'ensemble des n autres éléments d'autre part ;
- celles qui ne contiennent pas x, il y en a aussi $P(n)$.

Ainsi, il y a exactement deux fois plus de parties dans E_{n+1} que dans E_n, ce qui se traduit par la relation :

$$P(n+1)=2P(n)$$

qui permet le calcul de proche en proche à partir de $P(2)=4$ que nous avions trouvé en dressant la liste. Ainsi :

$$P(3)=8$$
$$P(4)=16$$
$$P(5)=32\ldots$$

et d'une façon générale :

$$P(n)=2^n$$

Combien d'immatriculations différentes en Europe ?

Serions-nous des conducteurs aussi irréprochables si nos voitures ne portaient pas de plaques d'immatriculation ? Une suite de signes assez courte pour être retenue par un gendarme ou écrite rapidement sur un PV permet d'identifier sans erreur un véhicule.

Le nombre de véhicules qu'on peut ainsi identifier sans erreur dépend de deux facteurs :

- le nombre des signes utilisables : en général, on utilise les chiffres, dix signes, et les lettres (sauf le O et le I qui peuvent être confondues avec des chiffres), ce qui laisse 24 lettres, donc en tout 34 signes ;
- la longueur de la suite écrite : il y a davantage de mots de trois lettres que de deux.

Parfois, en outre, des règles d'écriture, édictées dans un but mnémotechnique, viennent diminuer le nombre des possibilités : par exemple, on acceptera trois chiffres suivis de trois lettres, mais pas une suite de six chiffres ou lettres mélangées, qui serait plus difficile à retenir.

Avec deux signes

Pour pouvoir suivre pas à pas, imaginons des plaques construites avec deux signes, une lettre, qui ne peut être que *a*, *b* ou *c* suivie d'un chiffre, 0 ou 1.

Pour visualiser, afin de dénombrer ensuite, toutes les immatriculations possibles, deux techniques sont utilisées, le tableau et l'arbre.

Tableau des choix possibles

On trace un tableau, dont les lignes représentent le premier signe, ici une des lettres *a*, *b* ou *c*, et les colonnes le second, ici l'un des chiffres 0 ou 1.

	0	1
a	*a*0	*a*1
b	*b*0	*b*1
c	*c*0	*c*1

Le dénombrement des cases du tableau est immédiat: c'est le produit du nombre de lignes par le nombre de colonnes, ici 3x2, soit 6.

Arbre des choix possibles

On trace un arbre, en représentant par des bifurcations chacun des choix.

Premier choix: la lettre, trois possibilités:

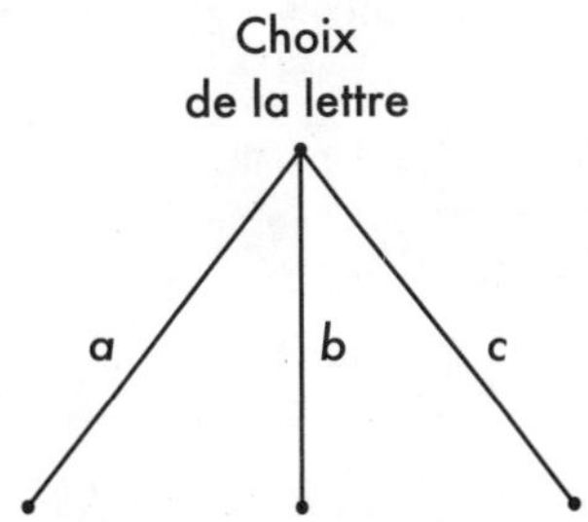

Figure 19.1: Choix de la lettre.

Deuxième choix: pour chacun des premiers choix, autrement dit à chacune des branches de notre arbre, deux possibilités:

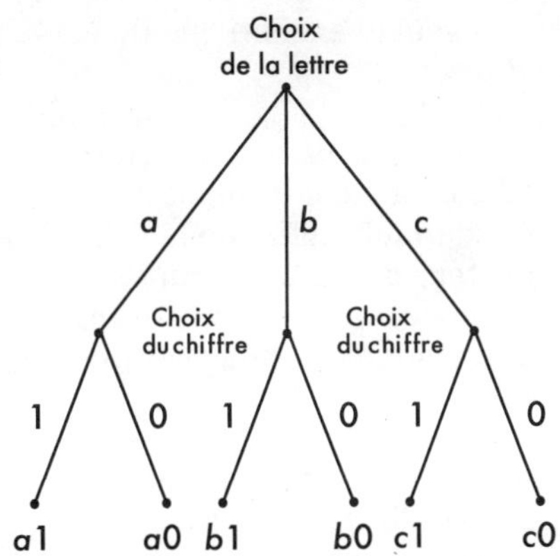

Figure 19.2: Deux choix successifs.

Le dénombrement des extrémités de l'arbre est encore immédiat: c'est le produit du nombre de branches de premier choix, par le nombre de branches de deuxième choix, ici 3x2, soit 6.

L'intérêt de l'arbre, par rapport au tableau, est qu'il peut se généraliser à un plus grand nombre de choix successifs: si un troisième signe devait être adjoint à nos plaques, par exemple une lettre *c* ou *d*, on tracerait deux branches à chacune des six extrémités de l'arbre précédent, et ainsi de suite.

Le principe multiplicatif

On donne des ensembles finis A et B, contenant respectivement *a* et *b* éléments. On construit des couples dont le premier terme est un élément de A et le second un élément de B. Alors, l'ensemble de ces couples contient *ab* éléments.

Par exemple, le nombre de plaques d'immatriculation composées comportant quatre chiffres suivis de trois lettres autres que O et I est :

$$10 \times 10 \times 10 \times 10 \times 24 \times 24 \times 24 = 138\,240\,000$$

Si on exige que le premier chiffre soit différent de 0, ce nombre se réduit à :

$$9 \times 10 \times 10 \times 10 \times 24 \times 24 \times 24 = 124\,416\,000$$

Applications

L'exemple peut encore être enrichi. Imaginons qu'on veuille des plaques à six chiffres, (il y en a au premier abord 10^6 possibles) mais que, pour éviter les confusions, on veuille exclure que deux plaques ne diffèrent que par un seul de leurs chiffres.

La solution repose sur la remarque qu'il y a au maximum 10^5 plaques différentes. Il y en a effectivement ce nombre si, par exemple, le sixième nombre est le dernier chiffre de la somme des cinq autres : c'est le principe du code détecteur d'erreurs. Si on se trompe en recopiant un tel nombre de six chiffres, toute erreur portant sur un seul chiffre est détectée. Un code analogue est appliqué aux numéros de comptes bancaires (clé RIB) ou de sécurité sociale.

Un autre exemple est le nombre de suites de *n* signes 0 ou 1. Par application du principe multiplicatif, il est :

$$2 \times 2 \times \ldots \times 2 = 2^n$$

Ce n'est pas une coïncidence si on retrouve la formule déjà rencontrée plus haut pour le nombre de parties d'un ensemble à *n* éléments. Pour déterminer ce nombre de parties, on code chaque partie de la façon suivante : dresser la liste des éléments de l'ensemble et, pour chacun, répondre OUI (code 0) ou NON (code 1) à la question : est-il ou non un élément de la partie concernée ? Une partie est donc parfaitement identifiée à une suite de *n* signes 0 ou 1. Par exemple, la partie $\{a, c\}$ de l'ensemble $\{a, b, c, d\}$ listé en ordre alphabétique est codée 1010.

Une autre application est un calcul qui a été souvent invoqué au moment de l'extension de l'Union européenne : combien d'interprètes (bilingues) sont nécessaires pour une réunion comportant des locuteurs de n langues ? Là encore, deux méthodes sont en concurrence pour déterminer le nombre de paires de langues.

Méthode directe

Il s'agit de construire un arbre, de constater qu'il a $n(n-1)$ branches terminales et remarquer que chaque paire de langues est comptée deux fois.

Méthode indirecte

Le principe multiplicatif nous indique qu'il y a n^2 couples, dont n sont à rejeter car formés de deux fois la même langue : il n'y a pas besoin d'interprète pour qu'un Français comprenne un Français. Chaque paire de langues distinctes peut être considérée comme issue de deux de ces n^2-n couples.

Et, pour terminer, il faut répondre à la question sur les immatriculations en Europe, prévues comme une succession de deux lettres, puis trois chiffres, puis deux lettres. Le nombre de numéros différents résulte du principe multiplicatif ; il est de :

$$24 \times 24 \times 10 \times 10 \times 10 \times 24 \times 24 = 331\,776\,000$$

L'art combinatoire

Généralisant quelques-uns des raisonnements qui précèdent, l'art combinatoire a pour but de dénombrer certains ensembles attachés à un ensemble fini donné à n éléments.

Permutations et factorielles

Une permutation des n éléments d'un ensemble est simplement une suite ordonnée de ces éléments : l'un est donc rangé en premier, un autre en deuxième et ainsi de suite. Deux permutations distinctes des termes d'un même ensemble diffèrent par l'ordre dans lequel ils sont écrits.

Le principe multiplicatif permet d'écrire le nombre des permutations d'un ensemble à n éléments. Le premier élément est choisi parmi n, le deuxième parmi les $n-1$ restants, etc. Le nombre de ces permutations est donc :

$$n \times \ldots \times (n-1) \times \ldots \times 2 \times 1$$

noté $n!$ (et prononcé : factorielle n).

$$2! = 2$$
$$3! = 6$$
$$4! = 24$$
$$5! = 120$$
$$6! = 720$$
$$7! = 5\,040$$
$$8! = 40\,320$$
$$9! = 362\,880$$
$$10! = 3\,628\,800$$

Platon fixait, dans *Lois*, à $7! = 5\,040$ le nombre idéal des citoyens de la cité, au motif que ce nombre possède un nombre très élevé de diviseurs (58, sans compter donc 1 et 5 040), ce qui offrait de nombreuses possibilités de diviser le peuple en groupes de même effectif.

Pour la généralité de certaines formules, il est commode de convenir des extensions $0! = 1$ et $1! = 1$.

De nombreuses énigmes subsistent concernant les factorielles.

- En 1876, Brocard affirme que 4!, 5! et 7! sont les seules factorielles qui, augmentées de 1, donnent un carré :

$$4! + 1 = 25 = 5^2$$
$$5! + 1 = 121 = 11^2$$
$$7! + 1 = 5\,041 = 71^2$$

  On ne l'a toujours pas prouvé.

- On connaît des nombres tels que le produit de leurs factorielles soit une factorielle. Si on écarte les cas banals (0, 1), (0, 1, 2), (1, 2), ou un nombre qui est lui-même une factorielle et son prédécesseur comme :
- puisque $6 = 3!$ alors $6! = 3! \times 5!$
- puisque $24 = 4!$ alors $24! = 4! \times 23!$

  on connaît un seul exemple :

$$6! \times 7! = 10!$$

- Enfin, ce n'est qu'en 1964 qu'on a trouvé tous les nombres égaux à la somme des factorielles de leurs chiffres. Par rapport aux précédents, c'est un résultat de moindre intérêt, car il est lié au système à base 10. En dehors de 1 et 2, évidents, il en existe deux seulement :

$$145 = 1! + 4! + 5!$$
$$40585 = 4! + 0! + 5! + 8! + 5!$$

Arrangements

On appelle ainsi une suite ordonnée de p termes d'un ensemble qui en contient n. Autrement dit, alors que pour une permutation, on doit ranger tous les éléments de l'ensemble initial, pour un arrangement, on n'en aligne que p. Il existe une notation traditionnelle pour le nombre des arrangements de p éléments pris dans un ensemble de n éléments, on le note A_n^p.

On trouve immédiatement une formule de calcul, par exemple grâce au principe multiplicatif :

$$A_n^p = n(n-1)...(n-p+1)$$

On peut aussi recenser les arrangements à partir des permutations, chacun se trouvant alors écrit $(n-p)!$ fois. On obtient ainsi :

$$A_n^p = \frac{n!}{(n-p)!}$$

Naturellement, les deux formules conduisent au même résultat.

Combinaisons

On appelle ainsi une partie comportant p éléments pris dans un ensemble qui en contient n. C'est en quelque sorte un arrangement pour lequel on n'attache pas d'importance à l'ordre des éléments. Il existe deux notations traditionnelles pour le nombre des combinaisons de p éléments pris dans un ensemble de n éléments, l'une d'origine européenne est C_n^p, l'autre, d'origine anglo-saxonne et qui tend à s'imposer :

$$\binom{n}{p}$$

On trouve immédiatement une formule de calcul, par exemple en écrivant les combinaisons à partir des arrangements, chacune se trouvant alors écrite $p!$ fois.

On obtient ainsi :

$$C_n^p = \frac{A_n^p}{p!} = \frac{n!}{p!(n-p)!}$$

Le triangle de Pascal

On peut écrire les nombres C_n^p en un tableau, la ligne désignant le nombre n, la colonne le nombre p, naturellement au maximum égal à n : d'un ensemble à n éléments, on ne peut évidement pas en extraire plus de n.

1					
1	1				
1	2	1			
1	3	3	1		
1	4	6	4	1	
1	5	10	10	5	1
…					

Ce tableau est connu sous le nom de triangle de Pascal. Il peut être construit ligne à ligne si l'on observe la relation :

$$C_{n+1}^p = C_n^p + C_n^{p-1}$$

Chaque nombre du triangle est égal à la somme du nombre écrit au dessus de lui et de son voisin de gauche. On peut vérifier cette relation à l'aide de la formule en factorielles, mais il peut être amusant d'en obtenir une preuve directe à l'aide du principe additif. Une partie entrant dans le calcul de C_n^{p-1} contient ou ne contient pas un élément z spécifié.

Dans le premier cas, il reste à choisir les p-1 autres éléments, parmi n ; ce choix peut se faire de C_n^p façons.

Dans le second, il reste à choisir les p éléments parmi n ; ce choix peut se faire de C_n^{p-1} façons.

Lignes à numéros premiers dans le triangle de Pascal

Observons les lignes n° 3 et 5 du triangle de Pascal. En dehors du premier et du dernier nombre (qui sont des 1), tous sont multiples du numéro de la ligne. Cette propriété est générale :

Lorsque le nombre n *est premier, tous les nombres* C_n^p*, sauf le premier et le dernier, sont des multiples de* n.

Cela résulte de la formule :

$$C_n^p = A_n^p / p! = n(n-1)...(n-p+1) / p!$$

Le nombre *n*, qui est premier, divise évidemment le numérateur de cette fraction : mais il ne peut pas diviser le dénominateur, qui est un produit de nombres inférieurs à *n*; il divise donc le quotient.

Le binôme de Newton

En algèbre, on connaît les formules permettant d'écrire comme une somme les puissances successives d'un binôme $a+b$.

- $(a+b)^1 = a+b$
- $(a+b)^2 = a^2+2ab+b^2$
- $(a+b)^3 = a^3+3a^2b+3ab^2+b^3$
- $(a+b)^4 = a^4+ +4a^3b+6a^2b^2+4ab^3+b^4$

On constate, et la démonstration n'est pas difficile, que les coefficients sont justement les nombres qui figurent dans le triangle de Pascal, d'où le nom de coefficients binomiaux qu'on leur donne souvent.

Une case pour chaque pigeon

C'est un énoncé d'apparence très banale que, dans les livres sérieux, on appelle principe de Dirichlet :

> *Si n + 1 pigeons disposent d'un pigeonnier comportant n cases, nécessairement, deux pigeons au moins partageront la même case.*

Mais les applications sont nombreuses et amusantes :

- 1. Il existe deux habitants de Blois qui ont le même nombre de cheveux sur la tête.
- 2. Dans la forêt de Brocéliande, il y a davantage d'arbres qu'il n'y a de feuilles sur n'importe lequel d'entre eux. On en conclut que deux arbres ont exactement le même nombre de feuilles. En quelle saison sommes-nous ?
- 3. Dans tout groupe de six personnes, il en existe trois qui se connaissent mutuellement, ou il en existe trois qui sont étrangères l'une à l'autre.
- 4. Il est impossible d'écrire cinq nombres sans que la somme de trois d'entre eux ne soit un multiple de trois.
- 5. Il est impossible d'écrire cinq cent un nombres entre 1 et 1 000 sans que l'un soit un multiple d'un autre.
- 6. Il est impossible d'écrire un ensemble de n entiers sans qu'on puisse en trouver une partie dont la somme soit multiple de n.

Après avoir séché un peu, vous pouvez consulter les solutions :

1. Sur une tête, il y a au maximum 115 000 cheveux et il y a 120 000 habitants à Blois.

2. Soit $n+1$ le nombre des arbres, chacun ayant au plus n feuilles. Si on était en hiver, il serait possible qu'un arbre n'ait aucune feuille et les nombres de feuilles 0, 1, 2,… n pourraient parfaitement être tous distincts. En toute autre saison, 0 est exclu et, en effet, deux arbres ont alors le même nombre de feuilles. On ignore donc la saison, mais ce n'est pas l'hiver.

3. Représentons les personnes par les six sommets d'un octaèdre. Si deux personnes se connaissent, on colorie en bleu le segment qui les joint. Si deux personnes sont étrangères l'une à l'autre, on colorie ce segment en rouge.

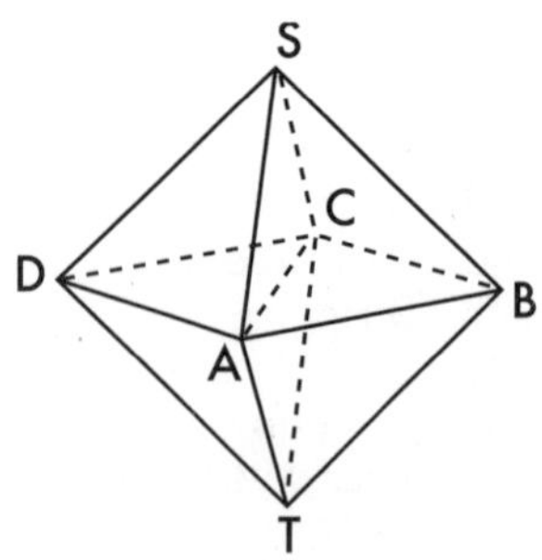

Figure 19.3 : Le réseau des relations.

D'un sommet S partent cinq segments (un vers chacun des autres points). Il y en a nécessairement trois de la même couleur, rouge par exemple. Soit A, B et C leurs autres extrémités. Si le triangle ABC est monocolore, la question est résolue par le trio qu'il représente. S'il ne l'est pas, il a au moins une arête rouge qui, avec les deux arêtes rouges partant de S, donnent encore un triangle monocolore.

4. Les restes dans la division par 3 d'un entier sont 0, 1 ou 2. Effectuons les divisions pour nos cinq entiers. Deux cas sont possibles. Ou bien trois des restes sont égaux et correspondent à un triplet vérifiant la propriété souhaitée ; ou bien il n'en existe pas trois égaux et alors les trois nombres 0, 1 et 2 figurent chacun une fois au moins dans la liste des cinq restes, fournissant alors un triplet satisfaisant.

5. Tout entier est le produit d'une puissance de 2 par un nombre impair (on le voit en enchaînant des divisions par 2 tant qu'elles sont possibles). On pourrait appeler résidu ce nombre impair. Les résidus des nombres donnés sont 501 entiers impairs inférieurs à 1 000. Or, il n'y a que 500 nombres impairs inférieurs à 1 000 de sorte que deux des résidus sont nécessairement égaux. Ils correspondent à des nombres de la forme $2^q x$ et $2^p x$, dont un est un multiple d'un autre (le premier si $q > p$).

6. Rangeons dans un ordre arbitraire a_1, a_2… les nombres donnés et calculons les sommes :

$$s_1 = a_1$$
$$s_2 = a_1 + a_2$$
$$\dots$$
$$s_n = a_1 + a_2 + \dots + a_n$$

Divisons chacune par n. Une fois encore, deux cas seulement sont possibles. Ou bien l'un des restes est nul, indiquant une somme divisible par n ; ou bien aucun reste n'est nul. Il s'agit de n entiers compris entre 1 et n-1 et donc deux au moins sont égaux. Soit j et k les indices correspondants ($j < k$).

Alors s_k-s_j est divisible par n et indique un ensemble de nombres dont la somme est bien divisible par n.

Il existe aussi des applications géométriques simples du principe de Dirichlet. Il permet par exemple de démontrer que, si dix points sont placés dans un carré dont la diagonale mesure 3 cm, il existe forcément deux de ces points dont la distance est inférieure à 1 cm. L'idée est de diviser notre carré en neuf carrés égaux : il en existe nécessairement un qui contient deux des dix points donnés.

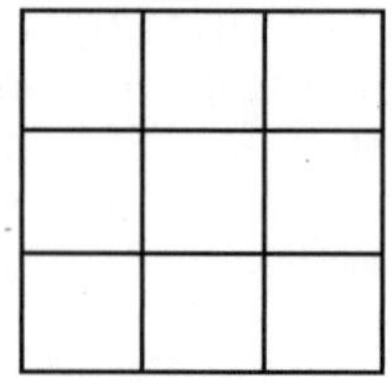

Figure 19.4 : Placer dix points.

Leur distance est inférieure à la diagonale d'un des petits carrés (les arbitres de boxe savent que, pour éloigner au maximum deux boxeurs sur un ring carré, il faut les asseoir dans des coins opposés). Ces diagonales mesurent toutes 1 cm.

Chapitre 20

Les résumés statistiques

Dans ce chapitre :

- La forme scientifique du mensonge
- Les moyennes, amies ou trompeuses ?
- Les dessins, amis ou menteurs ?
- Les écarts, significatifs ou artificiels ?

Trop d'informations tue l'information. En dehors de l'administration fiscale, quel économiste s'intéresserait à la liste des revenus des trente millions de contribuables ? À raison d'une ligne par contribuable, il faudrait un million de pages, près de 4 000 volumes comme celui-ci, qui tiendraient 800 mètres de rayonnage ! Il faut résumer plus ou moins énergiquement. Mais évoquer un résumé, c'est parler d'information tronquée. Est-ce légitime ? Disraeli disait qu'il existe trois formes de mensonges : les simples mensonges, les damnés mensonges et la statistique.

La forme scientifique du mensonge

Même si la statistique est utilisée dans de nombreux champs de la connaissance, le vocabulaire qu'elle utilise garde les usages des sciences administratives et sociales. Par exemple, le statisticien parle d'une population, même si les nombres qu'il étudie concernent des livres, des automobiles ou des prix. Les nombres qu'il étudie constituent pour lui un ensemble, la série statistique, qu'il pourra manipuler pour le rendre intelligible à son lecteur.

Une première opération, rapide à décrire, mais longtemps très lourde, tant que les ordinateurs ne s'en chargeaient pas, consiste à ranger les nombres en ordre croissant (ou décroissant). Bien entendu, cela suppose que les nombres à étudier soient comparables entre eux ; ce ne serait pas le cas d'un pur code, comme nos numéros de sécurité sociale : nul ne prétend qu'un numéro de sécurité sociale commençant par un 2 est signe d'une supériorité sur un autre commençant par un 1 ! Un professeur qui rend à ses élèves un devoir corrigé présente souvent les copies par ordre de mérite. Ce travail facilite quelques observations. Par exemple, il est immédiat de connaître la plus basse note de la classe et la plus haute. La différence donne une idée de la dispersion des nombres analysés. On l'appelle l'amplitude de la série statistique.

La médiane

Un autre nombre est simple à déterminer, celui qu'on appelle la médiane. C'est celui qui se trouve au centre de la série rangée. Le revenu médian des Français serait ainsi le revenu R tel que la moitié des Français ont un revenu supérieur, et donc aussi la moitié un revenu inférieur, à R.

En démographie économique, on considère la médiane comme un bon résumé d'une série de revenus, meilleur en tout cas que la moyenne : si, dans un village, il y a un maharadjah immensément riche et quelques centaines d'indigents, que signifie le revenu moyen ? Il a beau être très élevé, il résume mal la situation.

La médiane a une autre qualité : les valeurs les plus élevées peuvent varier, la médiane n'en est pas affectée (et de même pour les valeurs les moins élevées). Cela est particulièrement précieux en matière de revenus. Les plus élevés sont parfois connus avec une médiocre précision de l'administration, il en est de même des plus bas, cela est sans importance pour la détermination de la médiane.

Les quartiles

Rien n'oblige à séparer les observations en *deux* parties de même effectif ; on pourrait très bien les séparer en quatre, définissant ainsi ce qu'on appelle les quartiles de la série :

JARGON

- le premier quartile est supérieur au quart des valeurs de la série (et inférieur aux trois quarts) ;
- le deuxième quartile est supérieur aux deux quarts (soit la moitié) des valeurs de la série (et inférieur à la moitié) : c'est simplement la médiane ;
- le troisième quartile est supérieur aux trois quarts des valeurs de la série (et inférieur au quart).

Il n'y a pas de limite à l'imagination : pourquoi ne pas séparer les nombres en sept ou vingt parties de même effectif ? Dans la pratique, en dehors des quartiles, on n'utilise guère que les déciles. Il y a neuf déciles (attention, il faut bien neuf coups de ciseaux pour couper un ruban en dix). Pour notre liste de revenus, le premier décile rassemble donc les 10 % les plus pauvres, le dernier les 10 % les plus riches de la population.

Les moyennes, amies ou trompeuses ?

Lorsque nous voulons exprimer par un seul nombre une tendance générale, la première idée qui nous vient à l'esprit est la moyenne. Un élève de terminale a un niveau qui peut varier selon les matières : il est nul en maths, bon en anglais, très bon en histoire... Nous sommes habitués à exprimer chacun de ces jugements par une note sur 20 et à calculer une moyenne pour déclarer que le candidat est ou non digne du baccalauréat.

La moyenne en formule

Bien que la quasi-totalité des calculatrices aient une touche qui permet d'afficher directement une moyenne, il est bon d'écrire les formules correspondantes.

La moyenne (on précise parfois : moyenne arithmétique, pour la distinguer d'autres types de moyennes qui seront présentés plus loin) d'une série de nombres est le quotient de leur somme par le nombre de valeurs. Lorsque les nombres sont désignés par une lettre munie d'un indice, comme :

$$x_1 \quad x_2 \quad x_3 \quad \ldots x_n$$

on allège souvent l'écriture de leur somme en utilisant la lettre grecque majuscule Σ (prononcée sigma). Au lieu d'écrire :

$$x_1 + x_2 + x_3 + \ldots + x_n$$

on écrit :

$$\sum_1^n x_i$$

étant entendu que l'indice i doit prendre toutes les valeurs entre 1 et n et qu'il s'agit de calculer la somme des valeurs x_i correspondant à chacune.

La moyenne des nombres x_i, souvent notée $\bar{x}$ (c'est souvent ainsi que la touche « moyenne » d'une calculatrice est gravée), est alors :

$$\bar{x} = \frac{1}{n} \sum_1^n x_i$$

Est-il justifié de calculer une moyenne ?

Ce n'est pas parce qu'il existe une formule que le résumé statistique qu'elle fournit est pertinent. On peut se noyer dans un étang dont la profondeur moyenne est vingt centimètres ! Pensez à l'avocat célèbre qui avoue en privé que sa gloire lui fait gagner des procès qu'il devrait perdre. Mais, ajoute-t-il, en début de carrière, il avait perdu bien des procès qu'il aurait dû gagner. Et de conclure : « En moyenne, la justice est sauve. »

D'autre part, la formule de moyenne arithmétique n'est pas l'unique formule imaginable et n'est pas nécessairement la mieux adaptée au problème concret examiné. Entre deux plaques en forme de carrés, l'un de 10 cm de côté, l'autre de 20 cm, la plaque « moyenne » n'a pas nécessairement un côté de 15 cm. Si on a en vue les aires, par exemple pour des feuilles d'or, le petit carré enferme une aire de 10^2, soit 100 cm^2, le second de 20^2 soit 400 cm^2. La plaque moyenne devrait avoir pour aire :

$$\frac{1}{2}(100+400)=250 \text{ cm}^2$$

ce qui correspond à un côté d'environ 15,8 cm.

Pour calculer cette « moyenne » d'un type particulier, il faut donc :

- prendre les carrés des nombres donnés 10 et 20 ;
- calculer la moyenne arithmétique de ces carrés ;
- trouver le nombre q dont le carré est égal à cette moyenne.

On l'appelle la moyenne quadratique.

Celui qui a un plan d'investissement en parts d'épargne et y place 100 euros chaque mois obtient chaque mois un nombre de parts qui dépend de son cours x : de façon précise, il obtient $\frac{100}{x}$ parts. En trois mois par exemple, il obtient ainsi :

$$\frac{100}{x_1}+\frac{100}{x_2}+\frac{100}{x_3}$$

ce qui n'est pas ce qu'il aurait obtenu, $300/\bar{x}$ en achetant au cours moyen. Un exemple suffit à montrer l'écart. Supposons :

$$x_1=16$$
$$x_2=20$$
$$x_3=25$$

Il a obtenu successivement $\frac{100}{16} = 6{,}75$ parts, $\frac{100}{20} =$ 5 parts et $\frac{100}{25} = 4$ parts, soit un total de 15,75 parts. Au cours moyen de $\frac{61}{3}$, il aurait obtenu en une seule fois 14,75 parts. L'argument est utilisé par certains banquiers pour expliquer que le plan d'épargne régulière est plus avantageux puisque, à la fin, on a acquis ses titres à un cours moindre que le cours moyen. Et de fait, le cours moyen qui aurait permis d'obtenir 15,75 parts est $\frac{300}{15{,}75}$ soit environ 19 euros. C'est une autre formule de calcul qui donne ce cours moyen h :

$$\frac{3}{h} = \frac{1}{x_1} + \frac{1}{x_2} + \frac{1}{x_3}$$

Autrement dit, il faut :

- prendre les inverses des nombres donnés x_i ;
- calculer la moyenne arithmétique de ces inverses ;
- trouver le nombre h dont l'inverse est égal à cette moyenne.

On l'appelle la moyenne harmonique.

On pourrait multiplier les exemples à l'infini, ce qui doit rendre vigilant sur le type de moyenne que l'on calcule. En fait, la règle est de poser la question : si la grandeur étudiée ne prenait qu'une seule valeur, quelle devrait être cette valeur pour que l'effet produit soit le même : une même aire recouverte de feuille d'or, un même nombre de parts d'épargne…

Comparer des moyennes

Même correctement calculée, avec la formule pertinente, la moyenne peut conduire à des conclusions, explicites ou sous-entendues, trompeuses. L'erreur peut provenir du fait que, dans la situation examinée, la caractéristique choisie soit pertinente, mais qu'elle soit utilisée pour comparer des populations non directement comparables. En voici quelques exemples.

Les membres de l'Académie française sont souvent appelés les immortels, et la statistique leur fournit d'excellents arguments : l'âge moyen du décès d'un académicien est de très loin supérieur à l'âge moyen du décès du commun des mortels. Le piège réside dans le fait que ce n'est guère avant 50 ans qu'on accède à l'illustre compagnie, si bien que ce n'est pas à la population tout entière qu'il faudrait comparer nos académiciens, mais à la fraction de la population qui était en vie à l'âge de 50 ans !

D'autres exemples sont plus difficiles à détecter encore.

Le premier se passe dans un pays imaginaire, bien entendu, où l'on voit des inégalités à combattre partout. La sous-commission pour la correction politique s'est un jour penchée sur une université et a découvert que la proportion d'étudiants reçus aux examens était de 75 %, alors que la proportion des étudiantes reçues n'était que de 56 %. Au pilori, le recteur ! On tenait un bon dossier.

Comme toujours lorsqu'il y a un problème, un bon administrateur cherche quelqu'un à qui faire porter le chapeau. Circulaire comminatoire du recteur aux doyens des facultés : j'exige une enquête immédiate sur les taux de succès aux examens et les doyens coupables seront livrés à la honte de la presse.

Et c'est là que la statistique réserve une surprise : tous les doyens, sans exception, peuvent rendre compte au recteur que, dans leur faculté, la proportion d'étudiants et la proportion d'étudiantes reçues sont rigoureusement égales. Comment cela est-il possible ? Un exemple numérique permet de comprendre ce qui a pu se passer.

	Lettres	Sciences
Étudiants présents	100	500
Étudiants reçus	50	400
Étudiantes présentes	400	100
Étudiantes reçues	200	80

En lettres, il y a 50 % de reçus, tant chez les étudiants que chez les étudiantes ; en sciences, de même, cette proportion commune est de 80 %. Nos deux doyens sont donc irréprochables. Mais pour l'ensemble de l'université, 600 étudiants se sont présentés, 450 ont été reçus, ce qui fait bien 75 %. En revanche, pour les étudiantes, 500 se sont présentées, 280 ont été reçues, ce qui représente un pourcentage de 56 %. Ce paradoxe apparent est appelé l'effet de structure. On a calculé des moyennes sur des populations dont les structures sont différentes.

C'est ce même effet de structure qui peut expliquer des situations comme celles-ci :

- à chaque grade, le traitement d'un fonctionnaire masculin est égal au traitement de son homologue féminin, mais, globalement, la moyenne des traitements des femmes fonctionnaires est inférieure à la moyenne des traitements des hommes fonctionnaires ;
- à chaque âge, la mortalité au Rwanda est supérieure à celle observée au Canada, mais, pour l'ensemble de la population, la mortalité canadienne est supérieure.

La régression

Une erreur célèbre, celle de la « régression vers la moyenne », est apparue d'abord chez les ethnologues. Lorsqu'on s'intéresse à la taille des hommes d'une population, on observe, de façon constante, qu'un groupe de pères plus grands que la moyenne de la population a des fils, certes plus grands en moyenne que cette moyenne générale, mais plus petits qu'eux. D'où l'idée que, de génération en génération, la taille des individus « régresserait » vers la taille moyenne de la population. C'est bien entendu une illusion : depuis qu'il y a des hommes, nous devrions avoir tous la même taille. D'autre part, on observe aussi qu'un groupe d'hommes plus grands que la moyenne de la population a des péres, certes plus grands en moyenne que cette moyenne générale, mais plus petits qu'eux : il y aurait donc aussi « régression » vers la moyenne en remontant les générations !

L'exemple schématique ci-dessous montre comment la distribution des tailles peut se conserver de génération en génération tout en présentant ce phénomène de régression. Imaginons un cas très simplifié avec cinq tailles d'individus :

- très petits : 1,50 m ;
- petits : 1,60 m ;
- normaux : 1,70 m ;
- grands : 1,80 m ;
- très grands : 1,90 m.

Supposons qu'une population de 64 hommes comprenne les effectifs suivants :

- très petits : 4 ;
- petits : 16 ;
- normaux : 24 ;
- grands : 16 ;
- très grands : 4.

Supposant que chaque homme a exactement un fils, le schéma ci-dessous indique une répartition possible :

pères↓ - fils→	**très petits**	**petits**	**normaux**	**grands**	**très grands**
très petits	1	2	1		
petits	2	6	6	2	
normaux	1	6	10	6	1
grands		2	6	6	2
très grands			1	2	1
total fils	4	16	24	16	4

La distribution des tailles des fils est identique à celle des pères, et pourtant :

- les pères mesurant 1,50 mètre ont des fils de taille moyenne :

  $$\frac{1}{4}(1{,}50 + 2 \times 1{,}60 + 1{,}70) = 1{,}60$$

  qui sont donc en moyenne plus grands qu'eux ;
- les pères mesurant 1,60 mètre ont des fils de taille moyenne :

  $$\frac{1}{16}(2 \times 1{,}5 + 6 \times 1{,}6 + 6 \times 1{,}7 + 2 \times 1{,}8) = 1{,}65$$

  qui sont donc en moyenne plus grands qu'eux ;
- les pères mesurant 1,70 mètre ont des fils de taille moyenne :

  $$\frac{1}{24}(1{,}5 + 6 \times 1{,}6 + 10 \times 1{,}7 + 6 \times 1{,}8 + 1{,}7) = 1{,}70$$

- les pères mesurant 1,80 mètre ont des fils de taille moyenne :

  $$\frac{1}{16}(2 \times 1{,}60 + 6 \times 1{,}70 + 6 \times 1{,}80 + 2 \times 1{,}90) = 1{,}75$$

  qui sont donc en moyenne plus petits qu'eux ;
- les pères mesurant 1,90 mètre ont des fils de taille moyenne :

  $$\frac{1}{4}(1{,}70 + 2 \times 1{,}80 + 1{,}9) = 1{,}80$$

  qui sont donc en moyenne plus petits qu'eux.

Chaque groupe de pères a des fils dont la taille moyenne est plus proche que la leur de la taille moyenne de leur génération.

Cette « illusion de la régression » est une raison de plus qui montre que le bon sens commun peut se trouver pris en défaut et que, par exemple, un professeur ignorant tout de la statistique, même le mot « moyenne », risque moins l'erreur que celui qui en sait un peu. Devant les résultats d'un examen partiel et de l'épreuve finale, que penserait ce dernier :

« La statistique prouve » que les meilleurs étudiants de février ont de moins bons résultats en juin ; il faudrait donc garder les notes secrètes, pour que ceux-là ne relâchent pas leur effort !

« La statistique prouve » que les plus faibles étudiants de février ont de meilleurs résultats en juin ; l'avertissement leur a donc été salutaire, et ils se sont enfin mis au travail !

Bien entendu, c'est parfaitement illusoire ! Une façon plus rapide de s'en rendre compte est de considérer que, si on extrait d'un groupe les 20 plus grands et 20 autres personnes, sélectionnées au nom d'un autre critère (par exemple parce que leurs pères étaient grands), la première sélection est plus grande en moyenne que la seconde.

Les dessins, amis ou trompeurs ?

Plutôt qu'une longue série de nombres, on préfère souvent présenter un graphique. C'est tellement plus parlant ! Mais comme dans les contrats des fournisseurs d'accès Internet, il faut bien lire les petits caractères.

Graphiques cartésiens

Il semble que, en la matière, il n'y ait aucun risque d'illusion : deux axes de coordonnées, des échelles, des points qui représentent des couples de nombres, tout est sans ambiguïté. Cependant, la prudence s'impose : il faut bien regarder les graduations marquées sur chacun des axes. En effet, si, en mathématiques « abstraites », l'origine commune est systématiquement représentative du couple (0, 0), il n'en est pas toujours ainsi lorsqu'on représente une série statistique. Les deux graphiques ci-dessous représentent les variations du cours de la Bourse de l'action Eurotunnel au cours de la séance de vendredi dernier.

ATTENTION !

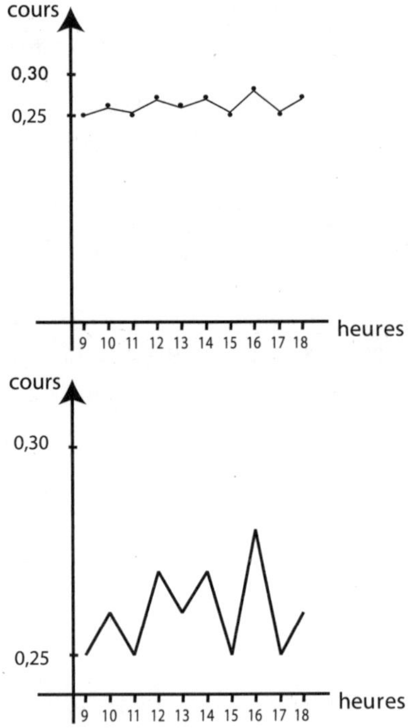

Figure 20.1 : Attention aux échelles.

On peut considérer que la première courbe ne reflète pas correctement les nombreux et importants écarts de cours, mais que la courbe du bas les amplifie. Selon l'impression qu'on voudra donner au lecteur, on utilisera l'une ou l'autre ; est-ce une tromperie ? Il faut bien répondre non : les valeurs sont correctement indiquées et le lecteur qui en retire une impression biaisée ne peut s'en prendre qu'à lui-même.

Histogrammes

Lorsqu'on veut représenter une série dans laquelle les valeurs sont regroupées en classes, le risque est encore plus grand. Voici par exemple la statistique des revenus annuels des 4500 habitants d'une petite ville :

- classe 1, moins de 10000 euros : 400 ;
- classe 2, de 10000 à 12000 euros : 500 ;
- classe 3, de 12000 à 15000 euros : 700 ;
- classe 4, de 15000 à 16000 euros : 300 ;

- classe 5, de 16 000 à 18 000 euros : 900 ;
- classe 6, de 18 000 à 22 000 euros : 800 ;
- classe 7, de 22 000 à 25 000 euros : 500 ;
- classe 8, de 25 000 à 30 000 euros : 300 ;
- classe 9, plus de 30 000 euros : 100.

On peut toujours représenter les effectifs de ces neuf classes sur un graphique cartésien. Mais on se rend compte que l'impression visuelle dépend fortement d'une information qui ne tient pas à la réalité économique : le choix des classes. Il suffirait de décider de présenter les classes 2 et 3 en une seule, avec un effectif de 1 200, pour faire apparaître un pic totalement artificiel.

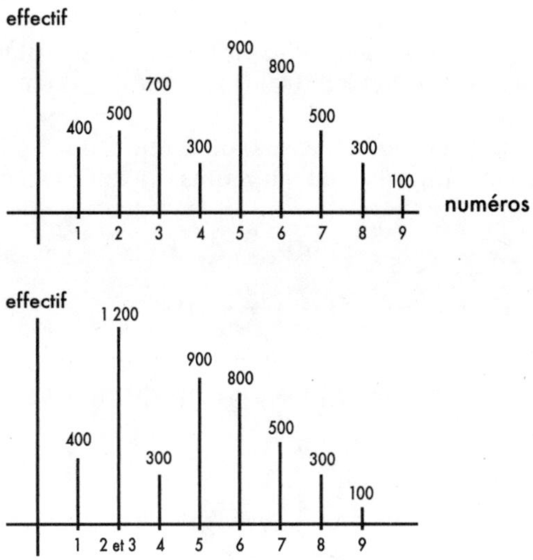

Figure 20.2 : Effet d'un regroupement.

C'est pour remédier à cela qu'on a imaginé un autre type de représentation, les histogrammes. Le terme dérive du mot grec *histos* (tissu, qu'on retrouve dans « histologie », étude des tissus). Dans un histogramme, l'effectif est représenté non plus par une longueur mais par une aire, celle d'un rectangle construit sur l'intervalle de classe.

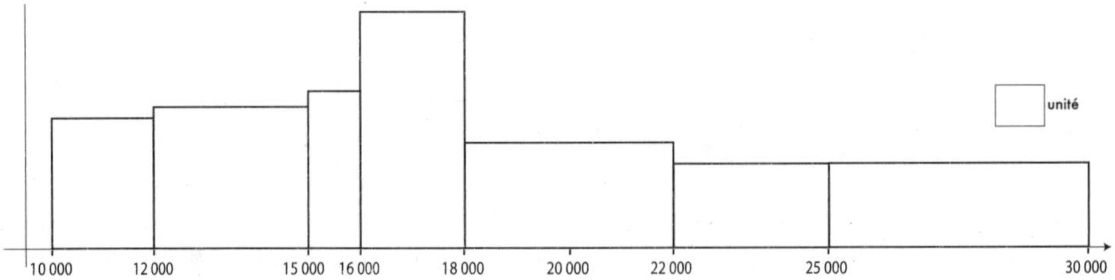

Figure 20.3 : Histogramme.

Les classes extrêmes posent une petite difficulté puisqu'on ne connaît qu'une extrémité de chacune. En général, on leur donne un intervalle fictif, par exemple égal à l'intervalle voisin. Par exemple, la classe « moins de 10 000 » sera dessinée comme s'il s'agissait de la classe 8 000 à 10 000 (largeur 2 000, comme la classe voisine) et la classe « plus de 30 000 » comme s'il s'agissait de 30 000 à 35 000 (largeur 5 000 comme la classe voisine).

Si on regroupe deux classes, on remplace simplement deux rectangles par un rectangle « moyen », qui, au moins, ne fait pas apparaître un pic artificiel.

Les pictogrammes

On voit parfois utilisées d'autres représentations, les pictogrammes, qui, sous prétextes d'être plus parlantes, sont franchement génératrices d'erreurs.

Figure 20.4 : Le danger des pictogrammes.

Le risque d'erreur vient de ce qu'on ignore a priori si les effectifs à représenter sont proportionnels aux longueurs de la figure, à l'aire de l'outil dessiné, ou à son volume, si le dessinateur a su créer l'impression de relief.

Les écarts

Pour certaines applications, les écarts qui peuvent apparaître au sein d'une série statistique sont plus importants que les tendances centrales, telles que les moyennes et la médiane par exemple les reflètent. Par exemple, le jury d'un concours est souvent indifférent à la moyenne des notes : on recevra les deux cents premiers, peu importent leurs notes. En revanche, il est sensible à une bonne dispersion des notes, qui lui évitera d'avoir à départager des candidats trop voisins.

Il existe de nombreux résumés statistiques pour traduire la dispersion : l'amplitude en est un. On peut penser à la différence entre le neuvième et le premier décile, qui a l'avantage d'éliminer les 10 % des valeurs les plus basses et les 10 % des plus élevées. On peut en construire de nombreux autres par le processus suivant :

- on choisit une caractéristique de tendance centrale, médiane ou l'une des diverses moyennes ;
- on calcule les écarts des nombres de la série à la caractéristique choisie ;
- on choisit une caractéristique de tendance centrale de cette série d'écarts.

On pourrait ainsi penser à la médiane des écarts à la médiane, à la moyenne arithmétique des écarts à la médiane, à la moyenne quadratique des écarts à la moyenne harmonique… Dans la pratique, une seule triomphe, au point d'être programmée en une touche spéciale sur la plupart des calculatrices : la moyenne quadratique des écarts à la moyenne arithmétique, qu'on appelle l'écart type, pratiquement toujours noté σ. Le carré σ^2 s'appelle la variance.

Calcul de la variance

La formule qui traduit la définition :

$$\sigma^2 \frac{1}{n} \sum (x_i - \bar{x})\text{¥}^2$$

est rarement utilisée. Il est souvent commode de calculer la moyenne des carrés des écarts, non à la moyenne arithmétique, mais à un nombre *a* arbitraire, choisi pour la commodité.

$$\sigma_a^2 \frac{1}{n} \sum (x_i - a)^2 \text{¥}$$

Bien entendu, on n'obtient pas ainsi la variance, mais l'erreur est simple à évaluer. On calcule :

$$\sigma_a^2 - \sigma^2 = \frac{1}{n} \Sigma\left[x_i - \bar{x})^2 - (x_i - a)^2 \right]$$

et chaque différence de deux carrés peut être réécrite, selon les formules présentées page 152 :

$$(x_i - \bar{x})^2 - (x_i - a)^2 = (\bar{x} - a)(2x_i - \bar{x} - a)$$

de sorte que, lorsqu'on calcule la somme, $(\bar{x} - a)$ peut être mis en facteur commun, facteur de :

$$2\Sigma x_i - n\bar{x} - na = n\bar{x} - na$$

Ainsi :

$$\sigma_a^2 - \sigma^2 = (\bar{x} - a)^2$$

Ce résultat est parfois appelé théorème de König. D'une part, il permet parfois un calcul aisé de la variance et d'autre part, il prouve un résultat mettant en valeur la variance :

C'est par rapport à la moyenne arithmétique que la somme des carrés des écarts est la plus petite.

Signification pratique

Observons la formule de calcul de la variance et distinguons dans la somme l'ensemble A des p termes tels que :

$$3\sigma > x_i - \bar{x} > 3\sigma$$

(ils sont à moins de trois écarts types de la moyenne) et l'ensemble B des autres.

$$\sigma^2 = \frac{1}{n}\sum_A (x_i - \bar{x})^2 + \frac{1}{n}\sum_B (x_i - \bar{x})^2$$

On en déduit :

$$\sigma^2 > \frac{1}{n}\sum_A (x_i - \bar{x})^2$$

Et à plus forte raison :

$$\sigma^2 > \frac{1}{n}\ 9p\sigma^2$$

et donc :

$$\frac{P}{n} < \frac{1}{9}$$

La proportion des valeurs situées à plus de trois écarts types de la moyenne est inférieure à $\frac{1}{9}$. Bien entendu, le calcul fait pour 3 vaut pour n'importe quel nombre positif : la proportion des valeurs situées à plus de *k* écart type de la moyenne est inférieure à $\frac{1}{k^2}$. C'est l'inégalité de Bienaymé-Tchebychev. Il est remarquable que ce résultat ne suppose aucune information sur la distribution des valeurs de la série statistique étudiée.

Chapitre 21

Le hasard domestiqué

Dans ce chapitre :

- Battez bien les cartes
- Le vrai prix d'un ticket de loto
- Les paris
- Calculer ses chances
- Les paradoxes

Rares sont les événements futurs sur lesquels nous n'avons aucun jugement de vraisemblance. Vainqueur d'une course de chevaux, résultat sur un ticket de loterie, succès à un examen ou à une élection, chacun de nous émet des jugements : il y a une chance sur deux, une sur trois… La fraction un sur deux ($\frac{1}{2}$) ou un sur trois ($\frac{1}{3}$) est ce qu'il est convenu la probabilité (personnelle) que nous attachons à l'événement considéré.

Il est des cas où une symétrie physique manifeste ne laisse guère de place à la subjectivité : qui oserait proposer une probabilité différente de $\frac{1}{2}$ pour un jeu de pile ou face, ou de $\frac{1}{4}$ pour le tirage d'un carreau dans un jeu de cartes ? Ces jeux de hasard constituent une bonne façon de se familiariser avec le mode de raisonnement probabiliste.

Battez bien les cartes

Cette symétrie physique est plus une hypothèse qu'une observation. Une pièce de monnaie peut-elle être parfaitement symétrique ? On ne pourrait alors pas reconnaître le côté pile du côté face. Un jeu de cartes peut-il être parfaitement battu ?

Quels paris peut-on prendre sur une carte à tirer ? Tous se traduisent en termes de parties de l'ensemble des 52 cartes :

- tirer un cœur : tirer une carte de l'ensemble des 13 cartes portant un cœur ;
- tirer un roi : tirer une carte de l'ensemble des 4 cartes portant un roi ;
- tirer l'as de cœur : tirer une carte de l'ensemble réduit à une carte {A♥}.

13 piques ?

Tout joueur de bridge rêve de recevoir un jour une telle main, tout en pensant qu'elle tient du miracle. Et pourtant, chacun connaît quelqu'un qui connaît quelqu'un qui dit avoir vu une telle distribution. Est-ce vraisemblable ? Le calcul des probabilités est là pour donner une réponse simple. Il y a au bridge :

$$\frac{52!}{13!\ 39!}$$

mains possibles, dont une seule est formée de 13 piques (une main est tout simplement ce que nous avons appelé précédemment une combinaison de 13 cartes prises parmi 52). La probabilité d'obtenir une telle main est donc l'inverse de ce nombre, approximativement $1{,}57 \times 10^{-12}$. Mais un tel résultat reste bien abstrait ; essayons de lui donner un sens pratique. Admettons, ce qui est probablement supérieur à la réalité, qu'un joueur joue 10 parties tous les jours et 20 parties supplémentaires le samedi et le dimanche ; il jouera en une année environ :

$$3650 + 20 \times 52 \times 2$$

soit un peu moins de 6000 parties. Admettons que vous connaissiez 50 joueurs, ce qui est déjà beaucoup, et que chacun de ces joueurs en connaisse 50 autres, ce qui est probablement très excessif, car ce sont généralement les membres d'un même club qui se connaissent entre eux. Cela vous permettrait d'être informé de $6000 \times 50 \times 50$ soit 15000000 de parties par an. Quelle est, en une année, la probabilité de l'événement examiné ? Par un raisonnement très approximatif (qui exclut la possibilité de deux observations si exceptionnelles), on doit multiplier par quinze millions la probabilité $1{,}57 \times 10^{-12}$, ce qui donne moins de 10^{-5}. On peut donc s'attendre à rencontrer quelqu'un qui connaît quelqu'un qui a vu une telle distribution une fois tous les 10000 ans !

Cette remarque est à la base d'une astuce publicitaire employée de temps en temps : pour l'achat de tel ou tel objet, ou de dix litres de carburant, on vous remet un ticket à gratter : le grattage fait apparaître une carte et celui qui réussit à rassembler un jeu entier gagne un lot mirifique (ce peut être aussi une lettre, avec le but de former un nom ou une phrase). En réalité, une des cartes a été choisie comme clé, par exemple le roi de cœur. S'il y a cinq lots à gagner, on met en circulation cinq rois de cœur, les autres cartes étant distribuées en quantités quelconques, mais variables, pour rendre le jeu plus excitant, certaines cartes étant plus difficiles à trouver. L'illusion atteint celui qui a réuni 51 cartes, sans savoir que le roi de cœur est la clé. Il croit avoir fait les $\frac{51}{52}$ du chemin, alors qu'il n'a fait que s'illusionner sur des morceaux de carton sans valeur !

Avec la brutalité d'un prof de maths commençant un chapitre en « parachutant » des définitions, nous dirons :

- On donne un ensemble (pour le moment fini) qu'on nomme l'univers.
- Les éléments de cet ensemble s'appellent des éventualités.
- Les parties de cet ensemble sont appelées des événements : un événement est donc un ensemble d'éventualités.

À chaque éventualité est attaché un nombre positif ($\frac{1}{52}$ pour notre jeu de cartes bien battu), qu'on appelle sa probabilité, et, à tout événement, on attache la somme des probabilités des éventualités qu'il contient, qu'on appelle encore sa probabilité. Enfin, on convient que la probabilité de l'univers est 1.

Probabilités totales

Prenons des événements A et B, par exemple :

- A : tirer un carreau ;
- B : tirer un trèfle.

L'événement « tirer un carreau ou un trèfle » correspond à l'ensemble de $13+13=26$ cartes qui sont soit un carreau, soit un trèfle. En termes de probabilités, on écrira :

$$P(A \text{ ou } B)=P(A)+P(B)$$

Mais ce raisonnement ne vaut que parce qu'aucune carte n'est à la fois carreau et trèfle : c'est ce que nous avions vu pour la réunion de deux ensembles sans éléments communs au chapitre précédent (voir p. 276). Ici, on dit plutôt qu'il s'agit d'événements qui n'ont aucune éventualité en commun : on dit que de tels événements sont incompatibles. C'est la formule dite des probabilités totales :

Lorsque A et B sont des événements incompatibles, $P(A \text{ ou } B)=P(A)+P(B)$.

Probabilités composées

Prenons des événements C et D, par exemple :

- C : tirer un carreau ;
- D : tirer un valet.

La conjonction (C et D) de ces événements, l'événement « tirer une carte qui est à la fois un carreau et un valet », correspond à l'ensemble réduit à une carte, le valet de carreau, dont la probabilité est $\frac{1}{52}$. Et on remarque que $\frac{1}{52}$ est le produit de la probabilité $\frac{1}{4}$ de tirer un carreau et $\frac{1}{13}$ de tirer un valet. Cette règle n'est pas universelle. Si on avait choisi les événements :

- A : tirer un carreau ;
- B : tirer un trèfle,

la probabilité de tirer une carte qui soit à la fois un carreau et un trèfle n'aurait pas été $\frac{1}{4} \times \frac{1}{4}$ puisqu'elle est nulle.

ATTENTION !

Lorsque cette règle du produit s'applique, les événements concernés sont dits indépendants. C'est la formule dite des probabilités composées :

Lorsque A et B sont des événements indépendants,
$P(A \text{ et } B) = P(A) \times P(B)$.

Les anniversaires

Voulez-vous parier dix euros contre dix qu'il y a à l'Académie française deux membres ayant le même anniversaire ? Il y a 40 membres dans cette assemblée et l'intuition commune estime bien peu probable une telle coïncidence, si bien que je vais trouver de nombreux parieurs.

Un petit calcul bat cette intuition en brèche. Cherchons à évaluer, c'est un peu plus simple, la probabilité P(n) pour que, dans un groupe de n personnes, il n'y en ait pas deux avec le même anniversaire (oublions le 29 février !). Nous allons la déterminer de proche en proche à l'aide de la règle des probabilités totales. Supposons que, dans un groupe de n personnes ayant toutes des anniversaires différents, on veuille intégrer un nouvel arrivant en maintenant cette propriété : l'anniversaire du nouvel arrivant peut être l'un des 365-n jours encore disponibles et la probabilité composée pour le groupe de $n+1$ personnes est :

$$P(n+1) = \frac{365 - n}{n} P(n)$$

Cette formule permet le calcul de proche en proche, à partir de P(1) = 1, car, dans un groupe réduit à une personne, il est certain qu'il ne se trouve pas deux personnes avec le même anniversaire. Le résultat du calcul est surprenant :

nombre de membres	probabilité pour qu'il ne se trouve pas deux personnes ayant le même anniversaire	probabilité pour qu'il se trouve au moins deux personnes ayant le même anniversaire
10	0,88	0,12
20	0,69	0,31
30	0,31	0,69
40	0,11	0,89
50	0,03	0,97

Il y a près de neuf chances sur dix que deux immortels aient le même anniversaire (et c'est le cas en 2005, François Jacob et Ange Rinaldi étant nés un 17 juin). En fait, le pari devient avantageux à partir de 23 personnes.

Les règles en action

Les deux règles précédentes peuvent se combiner sur un même problème un peu plus complexe. Par exemple, lorsqu'on jette deux dés, la somme des points obtenus peut prendre l'une des valeurs : 2 ; 3 ; 4 ; 5 ; 6 ; 7 ; 8 ; 9 ; 10 ; 11 ; 12.

Cherchons la probabilité d'amener un total de 4 en jetant deux fois un dé. Il faut procéder en quatre étapes :

- distinguer, au moins par la pensée, les dés, par exemple en un dé rouge, qu'on lira toujours en premier, et un dé vert ;
- observer qu'un total de 4 peut s'obtenir de plusieurs façons incompatibles : 3 + 1, 2 + 2, 1 + 3 ;
- calculer la probabilité d'un de ces résultats, par exemple 3 sur le dé rouge et 1 sur le dé vert, par la règle des probabilités composées, qui donne $\frac{1}{36}$;
- appliquer la règle des probabilités totales pour obtenir :

$$\frac{1}{36}+\frac{1}{36}+\frac{1}{36}=\frac{3}{36}=\frac{1}{12}$$

Les dés pipés

Pour un dé cubique, l'équivalent du jeu de cartes « bien battu » est la parfaite symétrie des six faces, qui donne à chacune la probabilité $\frac{1}{6}$. Mais tous les touristes qui ont visité Las Vegas se sont vu proposer des dés « pipés », qui donnent aux faces des probabilités légèrement différentes. Voici une devinette amusante, qui peut faire « sécher » même un « pas nul », malgré la simplicité de la solution : comment piper deux dés en sorte que toutes les valeurs possibles pour la somme des points obtenus aient la même probabilité ?

Ces valeurs possibles sont les entiers de 2 à 12 et il s'agit donc de donner à chacun la probabilité $\frac{1}{11}$.

Les probabilités à attribuer aux faces du premier dé sont notées respectivement : $p_1, p_2, p_3, p_4, p_5, p_6$ et, pour le second : $q_1, q_2, q_3, q_4, q_5, q_6$.

Quelle est la probabilité d'obtenir 7 ? En procédant comme plus haut, on l'exprime comme la somme :

$$S = p_1q_6 + p_2q_5 + p_3q_4 + p_4q_3 + p_5q_2 + p_6q_1$$

S est supérieure à la somme de son premier et de son dernier terme :

$$p_1q_6 + p_6q_1 = p_1q_1\left(\frac{q_6}{q_1}\right) + p_6q_6\left(\frac{q_1}{q_6}\right)$$

mais p_1q_1 et p_6q_6 sont respectivement la probabilité d'obtenir une somme égale à 2 ou une somme égale à 12. Nous les voulons égales à $\frac{1}{11}$. Ainsi :

$$S > \frac{1}{11}\left(\frac{q_6}{q_1} + \frac{q_1}{q_6}\right)$$

Comme nous savons (voir p. 235) que la somme de deux nombres dont le produit vaut 1 est au minimum égale à 2, cela fait éclater l'impossibilité de l'égalité :

$$S = \frac{1}{11}$$

Il est donc impossible de piper deux dés en sorte que toutes les valeurs possibles de la somme des points obtenus aient la même probabilité.

Le vrai prix de la chance

Quelle est, avant le tirage, la valeur d'un ticket de loterie ? Bien sûr, elle dépend de ce qu'on peut gagner et des chances qu'on a de gagner. Prenons un cas simple : une loterie comporte mille billets et on met un seul lot au tirage, qui vaut 2 000 euros. L'un des billets gagnera ce lot, les 999 autres ne gagneront rien. Mais cette valeur que nous recherchons n'est pas une valeur au sens usuel du terme : le billet ne vaut rien, ou il vaut 2 000 euros. On l'appelle l'espérance mathématique du billet.

On doit à un économiste du XIXe siècle, Augustin Cournot, un raisonnement de type économique, fondé sur les lois du marché. L'organisateur de la loterie ne peut pas mettre en vente ses billets à un prix inférieur à 2 euros, car, même s'il les vendait tous, il ne retrouverait pas la valeur du lot promis et renoncerai à organiser l'opération. Mais, s'il les met en vente plus cher, à 2,30 euros par exemple, il se trouvera bien vite un concurrent qui organisera une loterie analogue en vendant ses billets 2,20 euros, et ainsi de suite : tout prix supérieur strictement à 2 euros se trouve exposé à la concurrence. C'est par ce raisonnement que Cournot peut définir l'espérance mathématique comme « la limite dont tend à s'approcher, par les lois qui régissent le commerce libre, la valeur vénale des chances possédées par chaque prétendant à la chose, ou la valeur vénale de sa probabilité de gain ».

Le nombre obtenu, 2, est naturellement le produit de la probabilité de gain par le montant du lot :

$$\frac{1}{1\,000} \times 2000$$

Si le même billet peut participer à d'autres tirages permettant de gagner d'autres lots, sa valeur vénale est la somme des valeurs des billets permettant la participation à chacun des tirages.

L'espérance mathématique a parfois été qualifiée de « juste prix » ; c'est clairement le juste prix pour l'organisateur de la loterie qui vendrait la totalité des billets. Doit-on en conclure que c'est le juste prix pour le consommateur ? Ma rationalité me conduit-elle à acheter un billet dont le juste prix serait supérieur au prix affiché, comme à refuser d'acheter un billet plus cher que son juste prix ? La réponse n'est pas aussi évidente que le calcul.

Les loteries publiques

Les billets de n'importe quelle loterie sont vendus très au dessus de leur juste prix : le prélèvement, soit de l'État, soit des organisateurs (soit des deux) est rarement inférieur à 20 %, et atteint souvent 50 %. Et pourtant, il se trouve chaque semaine de nombreux acheteurs : ils savent sans doute qu'ils font une mauvaise affaire, mais le frisson du jeu, les quelques heures de rêve que l'espoir de gagner leur procure valent à leurs yeux la perte qu'ils s'infligent. D'autres préfèrent rêver au cinéma ou avec un livre, c'est une affaire de goût.

Les jeux en France

En dehors des casinos et des courses hippiques, c'est une société contrôlée par l'État, la Française des jeux, qui organise les jeux publics de hasard.

Avec un chiffre d'affaires de 7,789 milliards d'euros en 2003, la Française des Jeux donne à la France la 6e place dans le classement mondial des pays opérateurs de jeux, derrière les États-Unis, l'Espagne, l'Italie, l'Allemagne et le Japon.

Elle fait jouer 28,4 millions de joueurs mais n'occupe que le 36e rang mondial pour les mises par habitant (163 dollars).

La Française des Jeux a contribué en 2003 pour 2,09 milliards d'euros aux finances publiques à travers les prélèvements opérés sur les mises au profit de l'État, du sport ou des finances sociales.

Le paradoxe de Saint-Pétersbourg

Ce paradoxe a été imaginé par le mathématicien suisse Nicolas Bernoulli et a déclenché des discussions passionnées auxquelles les plus grands mathématiciens se sont intéressés : Buffon, d'Alembert, Lagrange, Condorcet, Poisson, Quételet ont tour à tour pris position. Nous allons voir qu'il y a de quoi.

Je vous offre, moyennant un prix d'entrée, de jouer avec moi à une série de pile ou face. La partie prend fin à la première apparition du côté face. La pièce est parfaite, chaque côté a une probabilité $\frac{1}{2}$.

Si pile sort au premier coup, vous gagnez 1 euro. S'il sort seulement au deuxième coup, vous gagnez 2 euros. S'il sort seulement au troisième coup, vous gagnez 4 euros. S'il sort seulement au quatrième coup, vous gagnez 8 euros. Et ainsi de suite, sans limite.

Quel est le juste prix du droit de jouer contre moi ?

D'après les propriétés de l'espérance mathématique, c'est la somme du juste prix de gagner au premier jet de la pièce, plus celui de gagner au deuxième… Or, au premier coup, la probabilité de gagner est $\frac{1}{2}$ et l'espérance est donc $\frac{1}{2}$ euro. Gagner au deuxième coup suppose face au premier et pile au second, événement de probabilité :

$$\frac{1}{2} \times \frac{1}{2} = \frac{1}{4}$$

qui fait gagner 2 euros, soit une espérance de :

$$\frac{1}{4} \times 2 = \frac{1}{2} \text{ euro}$$

De façon analogue, le gain au troisième coup, de probabilité $\frac{1}{8}$, ferait gagner 4 euros, d'où encore une espérance de $\frac{1}{2}$ euro.

Pour les n premiers coups, l'espérance totale est donc, en euros :

$$\frac{1}{2} + \frac{1}{2} + \ldots \frac{1}{2} = \frac{n}{2}$$

Comme la partie est illimitée, le juste prix du droit à payer est infini ! Et Nicolas Bernoulli voyait un paradoxe dans le fait qu'aucun homme sensé n'était prêt à parier une forte somme pour ce droit de jouer.

L'explication du paradoxe, qui n'a été découverte que bien plus tard, tient au fait que, si riche que je sois, je ne peux pas m'engager à payer plus que ma fortune tout entière et que le nombre de coups de la partie ne peut pas être illimité. Pour pouvoir offrir une partie limitée à 26 jets, il faut déjà disposer de 2^{26} euros, soit plus de 67 millions. Mais si la partie est ainsi limitée, le juste prix du droit de jouer est simplement $\frac{26}{2}$= 13 euros, et on trouvera bien des joueurs pour risquer 13 euros à une loterie dont le gros lot est de 67 millions d'euros, sans compter les plus petits lots qui pourraient provenir d'une victoire au 25ᵉ coup, ou même avant.

Le problème des partis

Beaucoup voient dans ce problème, initialement posé par Blaise Pascal, l'origine du calcul des probabilités et de la notion d'espérance mathématique.

Voici ce qu'il écrit dans une lettre à Pierre de Fermat, datée du 29 juillet 1654 : « Pierre et Paul jouent dans des conditions telles que leurs chances de gagner un coup sont égales. Ils conviennent que celui des deux qui aura le premier gagné trois coups sera le gagnant de la partie et deviendra le possesseur de l'ensemble des deux mises, qui sont égales chacune à 32 pistoles. À un moment donné, ils se trouvent obligé d'interrompre une partie, Pierre ayant gagné deux coups et Paul un seul. On demande de quelle manière ils doivent partager les 64 pistoles. »

Aujourd'hui, nous traiterions cette question en calculant les probabilités de gain de chacun des deux joueurs et nous proposerions de partager la mise proportionnellement à ces probabilités, selon la technique du partage proportionnel, présentée plus haut (voir p. 256). Voici la solution que Pascal propose lui-même à cette question : « Voici à peu près comme je fais pour savoir la valeur de chacun des partis quand deux joueurs jouent, par exemple, en trois parties et que chacun a mis 32 pistoles au jeu. Posons que le premier en ait deux [parties gagnantes] et l'autre une ; ils jouent maintenant une partie dont le sort est que, si le premier la gagne, il emporte tout l'argent qui est au jeu, savoir 64 pistoles ; si l'autre la gagne, ils sont deux parties à deux parties, et par conséquent, s'ils veulent se séparer, il faut qu'ils retirent chacun leur mise, savoir chacun 32 pistoles. Considérez donc, monsieur, que si le premier gagne, il lui appartient 64 ; s'il perd, il lui appartient 32. Donc s'ils ne veulent point hasarder cette partie et se séparer sans la jouer, le premier doit dire : “Je suis sûr d'avoir 32 pistoles car la perte même me les donne ; pour les 32 autres, peut-être je les aurai, peut-être vous les aurez ; le hasard est égal ; partageons donc ces 32 pistoles par la moitié et me donnez, outre cela, les 32 pistoles qui me sont sûres.” Il aura donc 48 pistoles et l'autre 16. »

Pascal et Fermat ont examiné deux variantes, avec des raisonnements de même nature ; l'enjeu total est toujours de 64 pistoles, mais, au moment d'interrompre la partie :

- Pierre doit encore gagner deux fois et Paul trois fois pour emporter les 64 pistoles.
- Pierre doit encore gagner une fois et Paul trois fois pour emporter les 64 pistoles.

Ces deux mêmes auteurs ont résolu un cas un peu plus complexe, portant sur trois joueurs.

« Pierre, Marc et Jacques jouent dans des conditions telles que leurs chances de gagner un coup sont égales. Ils conviennent que celui des trois qui aura le premier gagné trois coups sera le gagnant de la partie et deviendra le possesseur de l'ensemble des trois mises, qui sont égales chacune à 18 pistoles. À un moment donné, ils se voient obligés d'interrompre le jeu, Pierre ayant gagné deux coups, Jacques et Marc un seul chacun. On demande de quelle manière ils doivent partager les 54 pistoles. »

On voit qu'il reste au maximum trois coups à jouer. Le raisonnement de Pascal consiste à imaginer que ces trois coups soient joués, même si Pierre gagne le premier, ce qui rend sans effets les deux autres, car Pierre aurait remporté la partie. On peut écrire la liste des 27 suites de résultats possibles pour ces trois coups, l'initiale désignant le gagnant :

PPP PPM PPJ PMP PMJ PMM PJP PJM PJJ JJJ JJP JJM JPJ JPM JPP
JMJ JMP JMM MMM MMJ MMP MJM MJP MJJ MPM MPJ MPP

Ces 27 suites sont équiprobables ; on voit que 5 donnent la victoire à Marc (les résultats soulignés), 5 à Jacques et les 17 autres à Pierre. Le partage de l'enjeu doit donc se faire proportionnellement à ces nombres, ce qui attribue 34 pistoles à Pierre et 10 à chacun des deux autres.

On peut rapprocher ce problème d'une règle du bridge sur les parties interrompues. On sait que celui qui gagne deux manches contre zéro marque une prime de 700 points, celui qui gagne par deux manches contre une marque 500 points. En cas d'interruption forcée d'une partie, le gagnant d'une manche marque 300 points. Est-ce juste ?

Nous pouvons calculer les espérances des deux joueurs. Il nous faut bien, pour cela, assimiler le bridge à un jeu de hasard, chacun ayant une probabilité $\frac{1}{2}$ de gagner chaque manche. Désignons par A le gagnant de la première manche.

La deuxième manche peut voir la victoire de A (probabilité $\frac{1}{2}$) lui rapporter 700 points, ou celle de B. On pourrait considérer que, en ce dernier cas, les deux joueurs seraient à égalité et devraient se séparer sans prime pour quiconque ; l'espérance de A est alors de 350. La prime officielle est légèrement inférieure ; on peut considérer que cela prend en compte le fait que la deuxième partie est un peu plus risquée pour A, qui est vulnérable, de sorte que les pertes sont plus sévères.

Vers la théorie des jeux

Les probabilités ne servent pas seulement à la futilité des jeux de hasard. Au milieu du siècle dernier, deux mathématiciens, Oscar Morgenstern et John von Neumann, ont tenté de déterminer des modes de rationalisation de la conduite à tenir en face d'un adversaire lui-même rationnel. Un exemple montre leur façon de présenter cette nouveauté, c'est le calcul que pourraient faire un vigile parfaitement rationnel et un voleur qui ne le serait pas moins…

Une superette dispose de deux coffres forts. Le coffre principal, où est accumulée la recette de la semaine, et un coffre secondaire, dans lequel est déposée la recette de chaque jour, avant d'être vérifiée et transportée dans le coffre principal. Le magasin ne dispose que d'un seul vigile, qui peut se poster devant l'un ou l'autre coffre.

Or, voici qu'un voleur se trouve mis au courant de cette situation et décide un cambriolage. Devra-t-il s'attaquer au coffre principal ou au coffre secondaire ?

Il faut bien entendu préciser quelques hypothèses et donner quelques chiffres. Nous supposerons donc que :

- le voleur qui s'attaque à un coffre non gardé réussit à en prendre le contenu ;
- le voleur qui s'attaque à un coffre gardé échoue ;
- le coffre principal contient 800 000 euros, le coffre secondaire 200 000 euros et ces montants sont connus de tous, du magasin, évidemment, et du voleur par une estimation du chiffre d'affaires.

Le tableau des gains du voleur (qui sont égaux aux pertes du magasin) s'établit comme suit :

	Attaquer le coffre principal	**Attaquer le coffre secondaire**
Surveiller le coffre principal	0	200 000
Surveiller le coffre secondaire	800 000	0

Comment pourrait raisonner le vigile ? Il pourrait choisir de protéger systématiquement le coffre principal, qui représente le plus grand risque pour son entreprise. Mais si le voleur devine ce raisonnement, il s'attaquera sans risques au coffre secondaire et en volera le contenu. Sachant son voleur intelligent, le vigile décide donc de le bluffer et de se placer devant le coffre secondaire. Mais, puisque le voleur est intelligent, il a deviné ce raisonnement subtil du vigile et sait qu'il peut sans risque s'attaquer au coffre principal…

Nous tournons en rond. Si nous faisons l'hypothèse que les deux protagonistes sont aussi intelligents l'un que l'autre, tout raisonnement que ferait l'un serait deviné par l'autre. La seule décision impossible à deviner consiste à s'en remettre au hasard : le vigile va tirer au sort le coffre devant lequel il se postera et le voleur va tirer au sort celui qu'il attaquera.

La seule liberté possible, pour l'un comme pour l'autre, concerne les probabilités à assigner à ces décisions.

Le vigile tirera donc au sort, en donnant la probabilité p au coffre principal, et donc la probabilité $1-p$ au coffre secondaire. Le voleur tire aussi au sort, en donnant la probabilité q au coffre principal, et donc la probabilité $1-q$ au coffre secondaire.

Quelle est l'espérance mathématique du butin du voleur (qui est égale à l'espérance de la perte du magasin) ?

Si on suppose que les deux adversaires prennent des décisions indépendantes, la règle des probabilités composées permet de calculer les probabilités attachées à chacune des cases du tableau ci-dessus. Le voleur emporte 200 000 euros avec la probabilité $p(1-q)$, c'est-à-dire s'il s'attaque au coffre secondaire alors que le vigile est posté devant l'autre. Il emporte 800 000 euros avec la probabilité $q(1-p)$, c'est-à-dire s'il s'attaque au coffre principal alors que le vigile est posté devant l'autre. Son espérance mathématique est donc :

$$E = 200\,000\ [p(1-q) + 4q(1-p)] = 200\,000\ [p - 5pq + 4q]$$

Ce n'est pas un calcul très difficile que de transformer cette expression en :

$$160\,000 - 1\,000\,000\,(p - \tfrac{4}{5})\,(q - \tfrac{1}{5})$$

Si $p = \frac{4}{5}$, et dans ce cas seulement, cette espérance est indépendante de q et vaut 160 000 euros. Le vigile a intérêt à choisir cette valeur de p, qui limite le risque de l'entreprise à 160 000 euros : toute autre valeur augmente ce risque.

Du côté du voleur, s'il choisit $q = \frac{1}{5}$, et dans ce cas seulement, cette espérance est indépendante de p et vaut 160 000 euros. Le voleur a intérêt à choisir cette valeur de q, qui lui assure cette espérance. Toute autre valeur diminue son espérance.

Naturellement, il existe des situations concrètes très nombreuses dans lesquelles on doit ainsi prendre une décision rationnelle, non seulement en présence d'incertitude, comme pour les loteries ou les assurances, mais en présence d'un adversaire rationnel : le calcul des probabilités trouve là une application pratique de plus.

Cinquième partie

Vers l'analyse

Dans cette partie...

Pratiquement rendus au terme de notre parcours, nous allons devoir nous pencher sur des questions un peu plus difficiles ; c'est le prix à payer pour ne pas nous en tenir à des connaissances acquises depuis le XVIe siècle ! L'infini n'est pas aussi inaccessible que son nom le laisse supposer et des formules finalement assez simples permettent d'observer, avec un « télescope », des nombres très lointains ou avec un « microscope » des nombres très voisins. C'est ce que vous découvrirez en lisant cette partie. En route vers l'analyse !

Chapitre 22

Les fonctions sur de bonnes bases

Dans ce chapitre :

- C'est tout droit
- De si belles paraboles
- Les hyperboles
- L'ellipse
- Comment prendre la tangente ?
- Qu'est-ce que la vitesse ?

La notion est très ancienne, même si sa formalisation est relativement récente ; c'est Leibniz qui, au XVIIe siècle, inventa le mot de « fonction » pour désigner un processus qui permet d'associer un nombre à un nombre qu'on se donnerait, au sein d'un ensemble de nombres, l'ensemble de définition. Lorsqu'il faut les distinguer, le nombre donné au départ est appelé argument, le résultat du processus étant appelé image de l'argument.

Ce processus peut être par exemple :

- un processus physique : fabriquer une boule en pâte à modeler dont le rayon en centimètres est le nombre donné, peser la boule et inscrire son poids (si on recommence avec la même pâte et le même rayon, on trouvera le même résultat) ;
- un processus à première vue mystérieux, une sorte de boîte noire comme une calculatrice de poche : on frappe un nombre x, par exemple 25, on appuie sur la touche marquée $\sqrt{}$ et la machine affiche un nombre (dans notre exemple, elle affiche 5) ;
- un programme de calcul : doubler le nombre donné et lui ajouter 84 (si le nombre donné est noté x, ce programme de calcul est résumé par la formule $2x+84$).

C'est Euler qui, au XVIIIe siècle, eut l'idée de noter *f* une fonction et *f(x)* le nombre qu'elle associe à un nombre *x*. On dira par exemple : la fonction *f* associe à tout nombre *x* le nombre :

$$f(x)=2x+84$$

Dans cette écriture, *x* est l'argument et *f(x)* est l'image de *x*.

Parmi les fonctions les plus simples qu'on puisse imaginer, il faut placer les fonctions constantes, comme la fonction qui à tout *x* associe invariablement le nombre 37 :

$$f(x)=37$$

C'est tout droit

Au-delà de ce cas trop simple, on utilise beaucoup les fonctions dites affines, qui décrivent un programme ainsi conçu :

- deux nombres *a* et *b* sont donnés ;
- multiplier l'argument *x* par *a* ;
- ajouter *b* au résultat.

Avec la notation d'Euler, on écrira simplement :

$$f(x)=ax+b$$

Sens de variation

Lorsque le coefficient *a* est nul, la fonction est constante :

$$f(x)=b$$

Lorsque le coefficient *a* est strictement positif, la fonction est croissante ; cela signifie que si un nombre est plus grand qu'un autre, son image est aussi la plus grande. Ce résultat est presque évident et résulte de la règle de multiplication d'une inégalité par un nombre positif :

$$\text{si } x_1 > x_2$$

$$\text{alors } ax_1 > ax_2$$
$$\text{et } ax_1 + b > ax_2 + b$$

En revanche, lorsque a est négatif, on se souvient qu'on peut multiplier les deux membres d'une inégalité par un même nombre négatif à condition d'en changer le sens. La fonction est alors décroissante ; cela signifie que, si un nombre est plus grand qu'un autre, son image est plus petite.

Représentation graphique

Nous avons à plusieurs reprises observé que, dans un graphique cartésien, si on prend plusieurs valeurs possibles de l'argument, x_1, x_2... x_n, les points de coordonnées :

- x_1, $f(x_1) = ax_1 + b$
- x_2, $f(x_2) = ax_2 + b$
- ...
- x_n, $f(x_n) = ax_n + b$

sont alignés.

La représentation graphique d'une fonction affine est une droite. Les nombres a et b qui figurent dans l'écriture :

$$f(x) = ax + b$$

se retrouvent sur la figure :

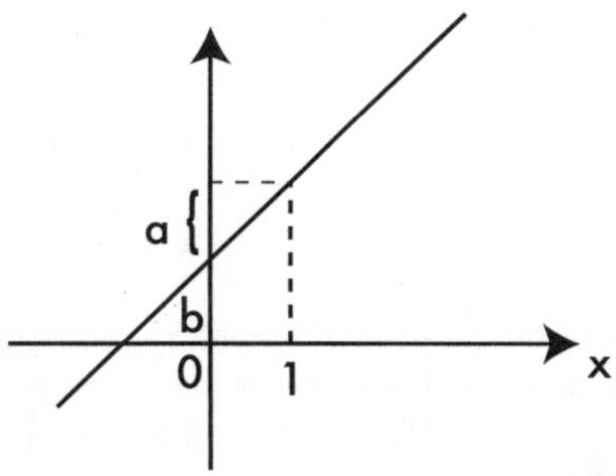

Figure 22.1 : Fonction affine.

De si belles paraboles

Intéressons-nous maintenant à la fonction qui, à tout nombre, associe son carré :

$$f(x)=x^2$$

De façon purement empirique, nous pouvons en tracer de nombreux points en choisissant des valeurs arbitraires de x.

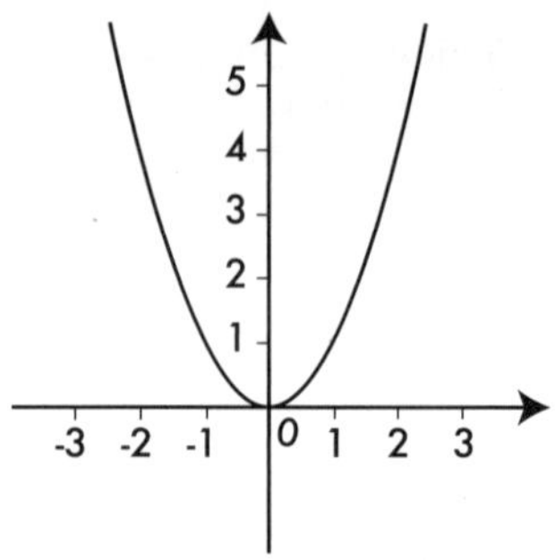

Figure 22.2 : Fonction x^2.

En multipliant ainsi les points marqués à l'infini, nous trouvons une courbe, déjà connue d'Archimède, la parabole, et qu'on observe en de nombreuses circonstances : câbles d'un pont suspendu, trajectoire d'un projectile, trajectoire apparente de certaines comètes…

Retour vers la géométrie plane…

Voici un petit calcul, sans attraits, mais dont le résultat justifie le travail. Sur le même graphique, marquons le point F de coordonnées $(0, \frac{1}{4})$ et traçons la droite représentant la fonction constante :

$$f(x) = -\frac{1}{4}$$

Si nous prenons un point M quelconque sur la parabole, dont nous appelons x l'abscisse et dont l'ordonnée est donc $y=x^2$, nous pouvons calculer sa distance à la droite D (elle est égale à $y+\frac{1}{4}$) et sa distance au point F, qui s'obtient par la relation :

$$MF^2 = x^2 + (y - \frac{1}{4})^2$$

ce qui s'écrit :

$$y + (y - \frac{1}{4})^2$$

et il est simple de vérifier que cette somme est égale à :

$$(y + \frac{1}{4})^2$$

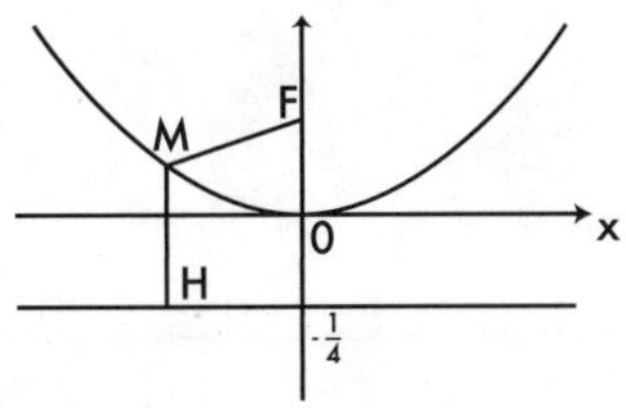

Figure 22.3 : Foyer et directrice.

Ainsi, pour tout point de la courbe, sa distance à la droite D est égale à sa distance au point F ; on vérifie, réciproquement, que tout point équidistant de F et de D appartient à la courbe.

C'est la définition géométrique de la parabole :

> *Étant donné une droite D et un point F pris hors de D, on appelle parabole de foyer F et de directrice D l'ensemble des points équidistants de D et F.*

Cette définition se retrouve dès le IVe siècle dans Pappus d'Alexandrie, synthétisant des travaux antérieurs, et notamment ceux d'Apollonius de Perge.

... et spatiale

On doit notamment à Apollonius d'avoir reconnu la parabole comme intersection d'un cône droit par un plan parallèle à une génératrice du cône. Lorsque le plan de section n'est pas parallèle à une génératrice, on obtient d'autres courbes, appelées des coniques.

Le théorème d'Apollonius

Considérons un cône de révolution, sa section par un plan Q et le plan R passant par le sommet du cône et parallèle au plan de section. Selon que R contient 0, 1 ou 2 génératrices, on obtient une ellipse E, (éventuellement un cercle), une parabole P ou une hyperbole H.

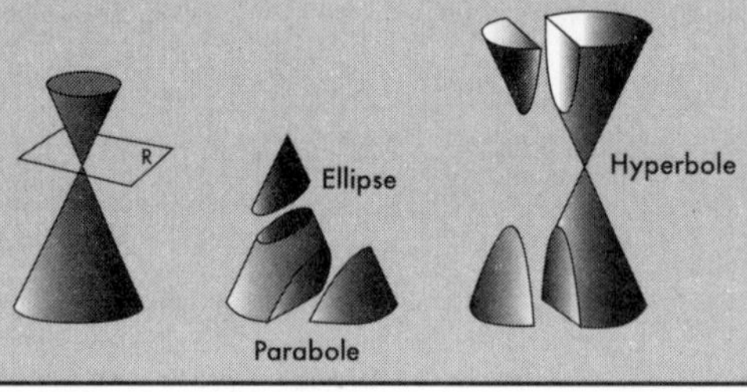

La quadrature d'Archimède

La figure ci-dessous présente un segment de parabole, partie de plan limitée par un arc de parabole et une corde.

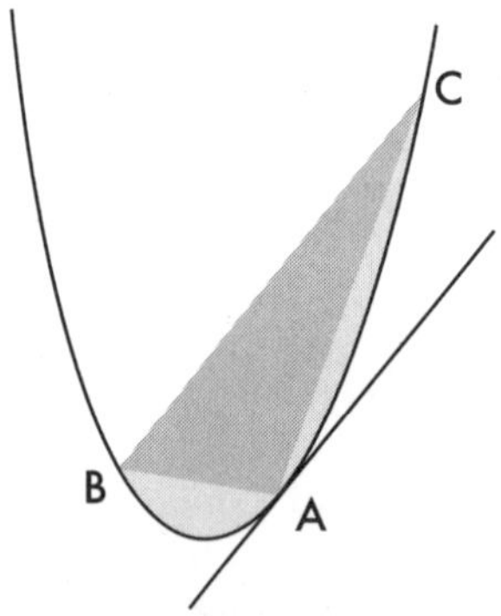

Figure 22.4 : Segment de parabole.

Archimède démontra que l'aire hachurée est égale aux $\frac{4}{3}$ de l'aire du triangle ABC, A étant le point en lequel la tangente à la parabole est parallèle à la corde [BC]. Sa méthode est particulièrement ingénieuse et préfigure les méthodes du calcul infinitésimal qui se développera au XVIIe siècle. Pour simplifier les écritures, posons que l'unité d'aire a été choisie en sorte que l'aire de ce triangle soit égale à 1.

L'idée d'Archimède est de marquer des points de l'arc de parabole :

- D, en lequel la tangente est parallèle à (AB) ;
- E, en lequel la tangente est parallèle à (AC).

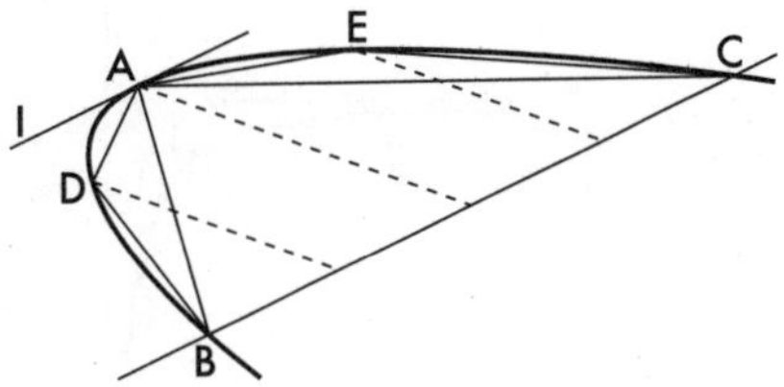

Figure 22.5 : La méthode d'Archimède.

À partir de là, construire les triangles AEC et ADB et montrer que chacun d'eux a une aire égale à $\frac{1}{8}$, donc la somme de ces aires vaut $\frac{1}{4}$. On recommence la même construction, ajoutant quatre triangles dont la somme des aires est $(\frac{1}{4})^2$ et de même n fois, ce qui conduit à une approximation par défaut de l'aire du segment de parabole :

$$S = 1 + \frac{1}{4} + (\frac{1}{4})^2 + \ldots + (\frac{1}{4})^n$$

Selon la formule présentée page 65, cette somme vaut :

$$\frac{1 - (\frac{1}{4})^{n+1}}{1 - \frac{1}{4}}$$

Et Archimède observa que le numérateur se rapproche de plus en plus de 1, ce qui le conduit à affirmer que la somme « infinie » vaut $\frac{4}{3}$.

Les hyperboles

Intéressons-nous maintenant à la fonction qui, à tout nombre non nul, associe son inverse :

$$f(x) = \frac{1}{x}$$

De façon purement empirique, nous pouvons une fois encore en marquer de nombreux points en choisissant des valeurs arbitraires de x.

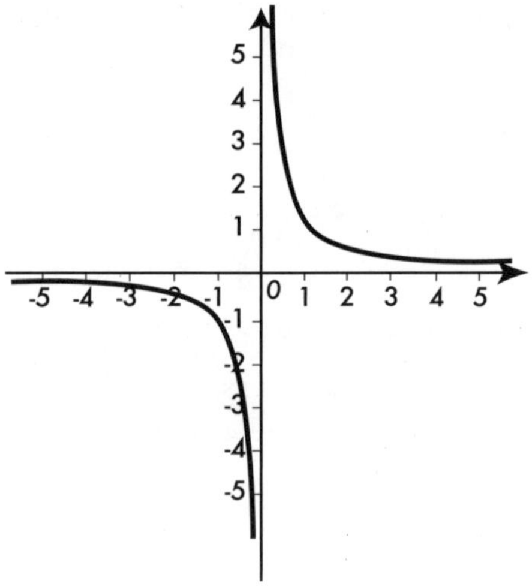

Figure 22.6 :
Hyperbole.

En les multipliant ainsi à l'infini, nous trouvons une courbe, elle aussi connue des mathématiciens grecs, l'hyperbole (bien que, avant Apollonius, une seule des deux branches était considérée). Les axes de coordonnées ont une propriété curieuse : aucun point de l'hyperbole n'est sur un de ces axes, mais on peut trouver sur la courbe des points aussi rapprochés qu'on le souhaiterait de ces axes. On les appelle des asymptotes.

En utilisant un repère dont les axes ne sont pas perpendiculaires et en traçant encore la représentation graphique de la courbe $\frac{1}{x}$, on trouve une courbe de forme un peu différente, dont les asymptotes ne sont pas perpendiculaires.

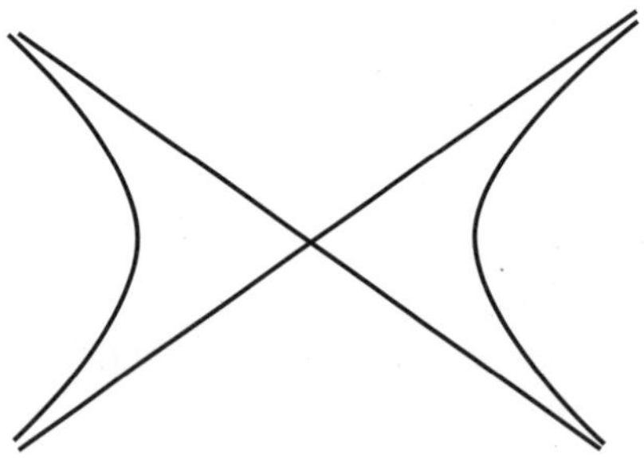

Un petit calcul, franchement ennuyeux cette fois, mais fondé sur les mêmes principes que dans le cas de la parabole, permet de donner une et même plusieurs définitions géométriques de l'hyperbole :

On peut trouver un nombre e (qu'on appelle l'excentricité), un point F (qu'on appellera encore foyer) et une droite D (qu'on appelle encore directrice), tels que l'hyperbole soit l'ensemble des points M tels que :

$$MF = eMH$$

Ce nombre *e* est supérieur à 1 (il vaut $\sqrt{2}$ pour l'hyperbole à asymptotes perpendiculaires).

Cette trouvaille peut se faire de deux façons, et deux seulement, définissant ainsi deux foyers F et F'. On peut vérifier que la différence des distances de tout point M de l'hyperbole à ces deux points F et F'est constante. Inversement, étant donnés deux points F et F', l'ensemble des points dont la différence des distances à F et F' est constante est une hyperbole de foyers F et F'.

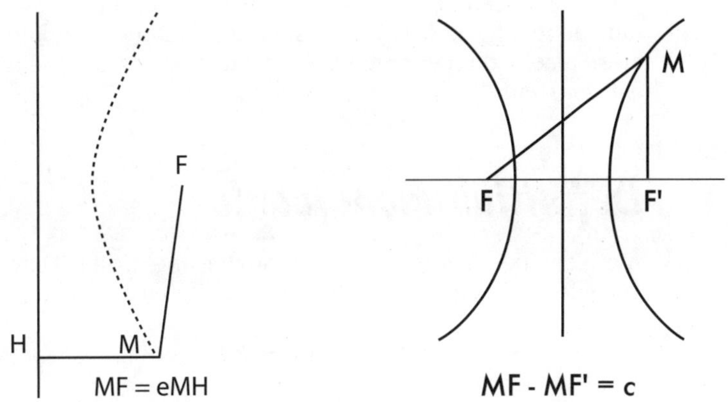

Figure 22.7 : Hyperbole : foyers et directrices.

Enfin, nous avons signalé que certaines sections d'un cône par un plan étaient des hyperboles et c'est d'abord sous cette forme qu'elles ont été étudiées par les Grecs Ménechme et Apollonius.

L'ellipse

Le théorème d'Apollonius évoque une autre courbe possible comme intersection d'un plan et d'un cône, l'ellipse. C'est aussi une courbe familière, trajectoire des planètes autour du Soleil. On peut donner plusieurs définitions de cette courbe, dont certaines sont cousines proches de ce qui a été dit pour l'hyperbole.

Définition bifocale

On donne deux points F et F'. L'ensemble des points dont la somme des distances à F et F' est constante est une ellipse. Les points F et F' sont appelés les foyers de l'ellipse.

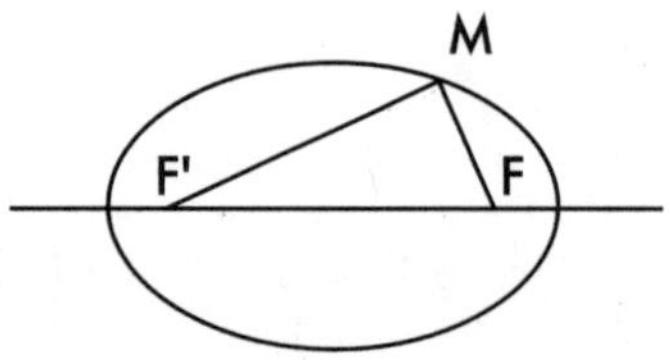

Figure 22.8 : Ellipse : les foyers.

Cette définition a été utilisée au chapitre 1 (voir p. 10) pour présenter un procédé mécanique de tracé d'une ellipse. On peut imaginer un cas limite, dans lequel les points F et F' seraient confondus et la définition se réduit alors à celle d'un cercle, ensemble des points dont la distance à un point F est constante.

Définition monofocale

À chacun des foyers, on peut associer une droite (D associée à F et D' associée à F') de sorte que l'ellipse soit l'ensemble des points M tels que :

$$MF = eMH$$

Ce nombre e est inférieur à 1 et est encore appelé excentricité.

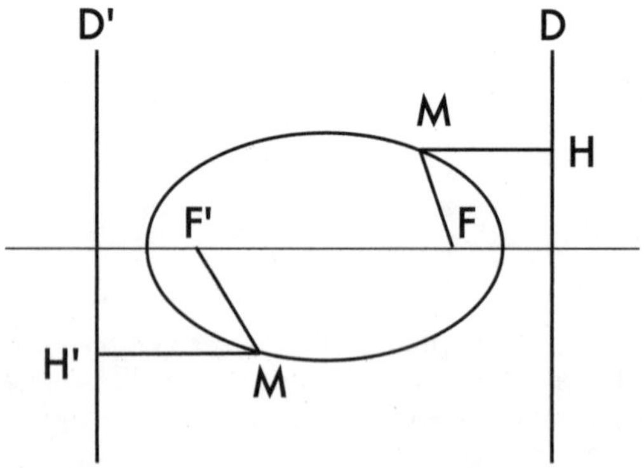

Figure22.9 : Ellipse : Foyers et directrices.

À partir d'un cercle

On peut aussi tracer un cercle C et l'aplatir légèrement. En termes plus rigoureux, on se donne un coefficient c entre 0 et 1 et on transforme tout point N du cercle en le point M tel que :

$$HM = cHN$$

C est appelé le grand cercle de l'ellipse.

On pourrait réaliser cette opération en supposant le cercle C tracé dans un plan et sa projection dans un second plan.

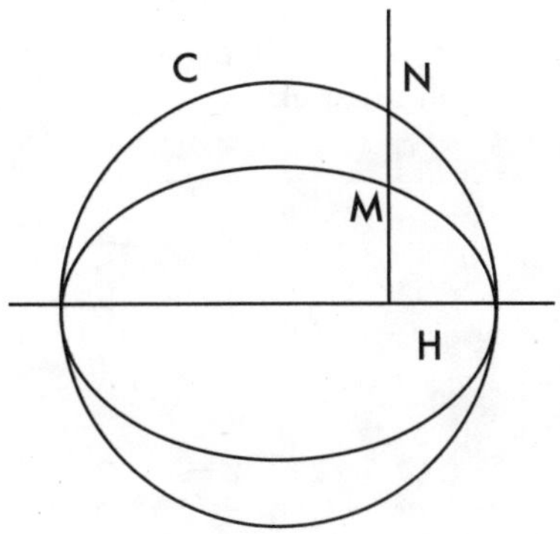

Figure 22.10 : Le cercle « aplati ».

La Terre est en orbite elliptique autour du Soleil. L'ellipse décrite par la Terre est très proche d'un cercle puisque le périhélie (plus petite distance de la Terre au Soleil) est d'environ 149 millions de kilomètres alors que l'aphélie (plus grande distance) est de 153 millions de kilomètres.

Comment prendre la tangente

Les mathématiciens grecs avaient déjà observé la configuration particulière que peuvent former un cercle et une droite perpendiculaire à un rayon en son extrémité : la droite et le cercle ont un point commun et un seul.

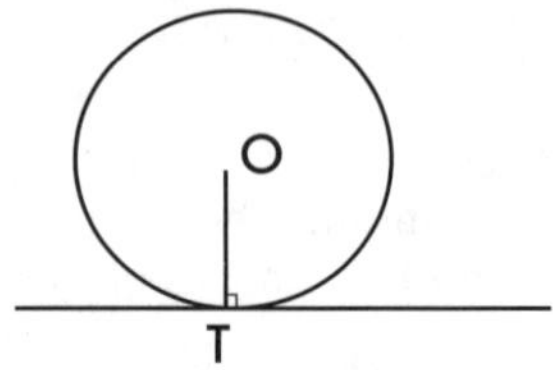

Figure 22.11 : Tangente au cercle.

Une configuration très ressemblante s'observe lorsque :

- une ellipse et une droite ont un point commun et un seul ;
- une parabole et une droite (non perpendiculaire à la directrice) ont un point commun et un seul ;
- une hyperbole et une droite (non parallèle à une asymptote) ont un point commun et un seul.

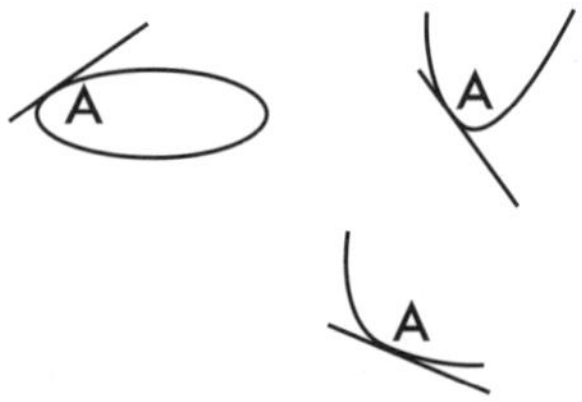

Figure 22.12 : Tangentes aux coniques.

Mais il a fallu attendre Leibniz pour avoir une définition et une méthode générales, qui s'appliquent à la plupart des fonctions (en incluant les cas ci-dessus).

L'idée est d'observer des droites passant par un point M de la courbe, d'abscisse *t*, et un point M' « voisin », d'abscisse *t'*. Le coefficient de cette droite est :

$$a = \frac{f(t') - f(t)}{t' - t}$$

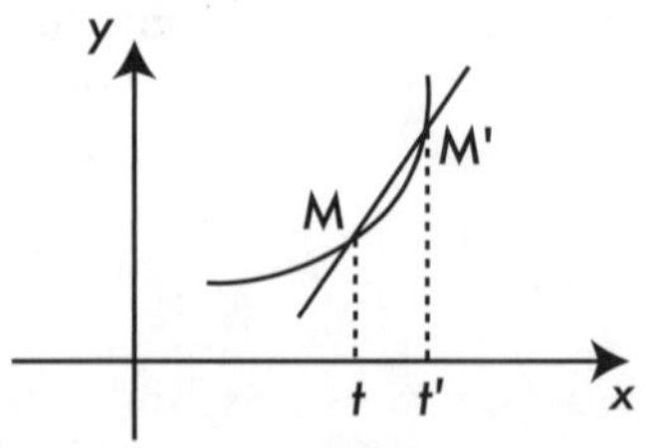

Figure 22.13 : La corde (MM').

Prenons l'exemple de la fonction t^2 ; le coefficient de notre droite est :

$$a = \frac{t'^2 - t^2}{t' - t}$$

qui est égal à $t' + t$. Or, lorsque t' est très proche de t, ce coefficient est très proche de $2t$. La droite passant par M et de coefficient $2t$ est tangente à la courbe. La fonction $2t$ est appelée la dérivée de la fonction t^2. De façon générale, la dérivée d'une fonction f en un point t est la limite de l'accroissement relatif de f entre t et une valeur voisine très proche :

$$\frac{f(t') - f(t)}{t' - t}$$

Quelques dérivées

Un calcul analogue permet de trouver les dérivées de nombreuses fonctions élémentaires. Par exemple, pour la fonction t^3, le coefficient de notre droite est :

$$a = \frac{t'^3 - t^3}{t' - t}$$

qui est égal à $t'^2 + tt' + t^2$. Or, lorsque t' est très proche de t, ce coefficient est très proche de $3t^2$. Des procédés algébriques de cette nature permettent de trouver les dérivées de nombreuses fonctions sans avoir à effectuer de calcul d'accroissements :

- la dérivée de la fonction x^n, qui est nx^{n-1} ;
- la dérivée de la somme $f + g$ de deux fonctions, qui est $f' + g'$;
- la dérivée du produit fg de deux fonctions, qui est $f'g + fg'$.

Vitesse moyenne

Le calcul à base purement géométrique qui vient d'être fait a de nombreuses interprétations concrètes. L'une d'entre elles est familière à chacun de nous depuis que les radars fleurissent sur nos autoroutes.

Un mobile se déplace sur un axe et sa position (repérée par son abscisse x) est une fonction du temps, $f(t)$. Entre deux instants t et t', le chemin parcouru est $f(t') - f(t)$ et la vitesse moyenne, quotient de la distance parcourue par le temps mis à la parcourir est :

$$v=\frac{f(t')-f(t)}{t'-t}$$

Lorsque *t'* est très proche de *t*, la vitesse moyenne est mesurée sur un intervalle très petit, nous conduisant à la notion de vitesse instantanée, celle qu'affiche les compteurs de nos automobiles.

Taux marginaux

Ce que dépense un ménage est, en principe, fonction de son revenu x. Notons le montant mensuel de ses dépenses $f(x)$.

Les économistes s'intéressent à l'accroissement de dépenses, $f(x')-f(x)$, provoqué par un accroissement de revenu $x'-x$ ou, plus précisément, au rapport de ces deux quantités :

$$t=\frac{f(x')-f(x)}{x'-x}$$

qu'on appelle le taux marginal de consommation : de façon imaginée et approximative, c'est la fraction dépensée d'un euro supplémentaire de revenu.

Hors géométrie

Bien entendu, les sections coniques n'épuisent pas les possibilités de représentations graphiques de fonctions. Pour de très nombreuses fonctions, on peut tracer ainsi des courbes représentatives.

EXEMPLE

Les dérivées sont un auxiliaire précieux pour le tracé de ces représentations. En effet, dans un intervalle où la fonction dérivée ne prend que des valeurs positives, la fonction est croissante (intuitivement, en tout point de cet intervalle, la tangente « part vers le haut »). De même, dans un intervalle où la fonction dérivée ne prend que des valeurs négatives, la fonction est décroissante (intuitivement, la tangente « part vers le bas »). Et lorsque la dérivée change de signe en s'annulant, la tangente est horizontale et la fonction présente un maximum ou un minimum. Voici un exemple pour montrer ces techniques en œuvre. Nous prenons la fonction f définie par :

$$f(x)=x^3-3x-2$$

Par un procédé analogue à celui qui a été utilisé pour x^2, nous calculons la dérivée :

$$f'(x)=3x^2-3$$

Cette dérivée est positive lorsque $x > 1$ ou $x < -1$, elle est négative lorsque $-1 < x < 1$ et nulle lorsque $x = -1$ ou $x = 1$.

Pour $x = -1$, $f(x) = 0$, et pour $x = 1$, $f(x) = -4$. Il est alors d'usage de rassembler ces informations en un tableau, le tableau de variations :

x		- 1		1	
$f'(x)$	positif	0	négatif	0	positif
$f(x)$	croît	0	décroît	- 4	croît

D'autres techniques, dépassant le cadre de ce livre, permettent d'apporter des précisions sur l'allure de la courbe lorsque x prend de très grandes valeurs. Mais, dès maintenant, un tracé approché peut être réalisé :

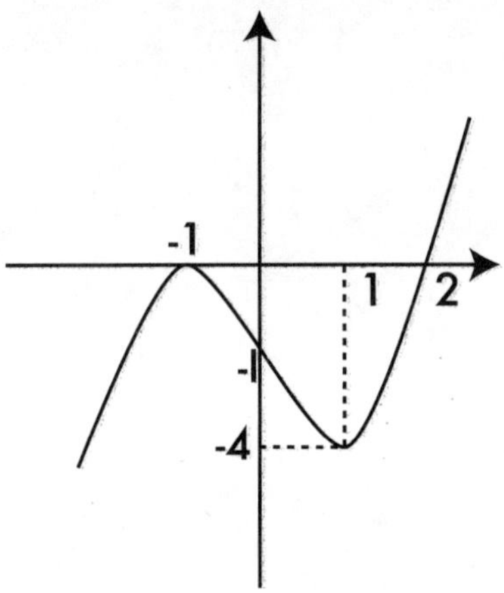

Figure 22.14: La fonction $x^3 - 3x - 2$

Chapitre 23

La croissance exponentielle

Dans ce chapitre :

- La croissance exponentielle
- L'exponentielle naturelle
- L'invention du baron Neper
- La loi de Fechner

La croissance exponentielle

Croissance exponentielle, le terme est souvent utilisé comme équivalent chic de « forte croissance ». On nous évoque la croissance exponentielle des dépenses de santé, de l'immigration clandestine ou de l'insécurité.

Et de fait, il existe de nombreuses grandeurs qui croissent d'autant plus qu'elles sont déjà importantes. Lorsque les salaires augmentent de 5 %, un salaire de 1 500 euros se voit augmenté de 75 euros, un salaire de 6 000 est augmenté lui de 300 euros. Il est bon de préciser cette notion de croissance exponentielle.

En avant la musique, en arrière les isotopes

Les notes musicales sont des sons caractérisés par des vibrations de fréquences déterminées. D'une note à la note de même nom une octave plus haute, la fréquence double.

	si	do	do#	ré	ré#	mi	fa	fa#	sol	sol#	la	la#	si	do	do#
hertz	246,94	261,93	277,18	293,66	311,13	329,63	349,23	370	392	415,30	440	446,16	493,88	523,25	554,37
accroissement		14,69	15,55	16,48	17,47	18,50	19,60	20,77	22	23,30	24,70	26,16	27,72	29,37	31,12
accroissement relatif		0,0595	0,0595	0,0595	0,0595	0,0595	0,0595	0,0595	0,0595	0,0595	0,0595	0,0595	0,0595	0,0595	0,0595

Figure 23.1 : Gamme chromatique.

EXEMPLE

La fréquence est exprimée en hertz (nombre de vibrations par seconde). Ainsi, l'accroissement de fréquence nécessaire pour passer d'une note numérotée t à la suivante est :

$$f(t+1)-f(t)$$

L'accroissement relatif peut être calculé aussi :

$$\frac{f(t+1)-f(t)}{f(t)}$$

et le fait que les accroissements relatifs soient égaux se traduit par la relation :

$$f(t+1)-f(t)=0,0595\ f(t)$$

Pourquoi 0,0595 ?

Ce nombre est en lien avec la définition de l'octave et sa division en douze demi-tons. La relation liant les fréquences pour une note à celle pour le demi-ton au dessus :

$$f(t+1)-f(t)=0,0595\ f(t)$$

s'écrit :

$$f(t+1)=1,0595\ f(t)$$

et donnerait de proche en proche :

$$f(t+12)=1,0595^{12}\ f(t)$$

Or, $1,0595^{12}$ vaut environ 2 (à une précision supérieure au millième).

Un second exemple est la désintégration radioactive. Si un échantillon contient 10 grammes d'iode 131, la mesure au fil des jours de la quantité subsistante donne des résultats qui rappellent nos gammes musicales :

Date	Masse restante	Accroissement	Accroissement relatif
0 jour	10		- 0,01
1 jour	9,2	- 0,8	- 0,01
2 jours	8,4	0,8	- 0,01
3 jours	7,7	- 0,7	- 0,01
4 jours	7,1	- 0,6	- 0,01
5 jours	6,5	- 0,6	- 0,01
6 jours	5,95	- 0,55	- 0,01
7 jours	5,45	- 0,50	- 0,01
8 jours	5,00	- 0,45	- 0,01
9 jours	4,60	- 0,40	- 0,01
10 jours	4,20	- 0,40	

Là encore, la masse $m(j)$ restant après j jours vérifie la relation :

$$m(j+1) - m(j) = -0{,}01\ m(j)$$

Une formule générale

D'une façon générale, une suite exponentielle est une fonction f qui associe à tout entier une valeur $f(n)$ en sorte que les accroissements relatifs soient tous égaux à un même nombre k.

$$f(n+1) - f(n) = kf(n)$$

Le taux d'accroissement peut être positif, comme dans notre premier exemple, et on parlera de croissance exponentielle ; il peut être négatif, comme dans le second, et on parlera plutôt de décroissance exponentielle.

Dans les deux cas, il est immédiat d'obtenir, de proche en proche, une formule permettant de calculer un terme de la suite sans avoir à calculer successivement tous ceux qui le précèdent. On écrit la relation sous la forme :

$$f(n+1) = (1+k)\, f(n)$$

et on la décline en :

- $f(n+1)=(1+k)\,f(n)$
- $f(n)=(1+k)\,f(n-1)$
- …
- $f(2+1)=(1+k)\,f(2)$
- $f(1+1)=(1+k)\,f(1)$
- $f(1+0)=(1+k)\,f(0)$

d'où, en passant un peu vite sur le raisonnement sous-entendu de récurrence :

$$f(n)=(1+k)^n\,f(0)$$

Le nénuphar

Un nénuphar double sa surface en un jour. Si un nénuphar recouvre entièrement un étang en trente jours, en combien de temps deux nénuphars couvrent-ils cet écran ? (Rassurez-vous, même des « pas nuls » ont répondu en quinze jours.)

La relation :

$$f(n)=2f(n-1)$$

indique en particulier que :

$$f(30)=2\,f(29)$$

et donc la réponse est vingt-neuf jours.

Dès lors que k est positif, il s'agit d'une croissance : $f(n+1)$ est supérieur à $f(n)$. Mais ce qu'un lecteur non averti ne soupçonne pas, c'est la rapidité de cette croissance. Que préférez-vous ? Placer vos économies, disons 1 euro, à intérêts simples à 10 % l'an, ou à intérêts composés à 1 % l'an ? Après n années :

- à intérêts simples, votre capital est augmenté de $0{,}1n$;
- à intérêts composés, il est multiplié par 1,01 chaque année, donc multiplié en tout par $1{,}01^n$, et donc augmenté de $1{,}01^n-1$.

Les intérêts simples sont plus avantageux si :

$$1{,}01^n-1 < 0{,}1n$$

À l'aide d'une calculatrice, on voit que cette inégalité se produit tant que n est inférieur à 360 années. Au-delà, les intérêts composés sont plus avantageux et le rapport entre ce qu'ils donnent et ce qu'on obtient avec des intérêts simples augmente au-delà de toute borne qu'on aurait choisie. Le bon choix, et de loin, est celui des intérêts composés, même à un taux très inférieur, du moins à long terme. Mais comme disait l'économiste Keynes, à long terme, nous serons tous morts.

Temps de doublement

Une bonne façon de visualiser l'effet d'une croissance exponentielle, même de taux i modeste, est de calculer le temps de doublement t.

Il est défini très simplement par la relation :

$2 = (1 + i)^t$

Une bonne approximation, pour les petites valeurs de i, est de considérer que le produit it vaut environ 70.

Exemples :

- Au taux de 2 %, une grandeur double approximativement en trente-cinq ans.
- Au taux de 3,5 %, elle double approximativement en vingt ans.
- Au taux de 7 %, elle double approximativement en dix ans.

Sur une longue période, l'hypothèse d'une croissance exponentielle du nombre des personnes qui se consacrent à la recherche est étonnamment précise : le taux correspond à un doublement tous les quinze ans, soit un peu plus de 4 % par an. Ce taux observé explique de façon mathématique les affirmations habituelles sur l'actualité de la science universelle : sur huit savants dans l'histoire de l'humanité, sept sont encore en vie. S'il y a doublement en quinze ans du nombre des scientifiques, il y a autant de scientifiques actifs dans une période de quinze ans que dans toute l'histoire antérieure. Admettons une durée de carrière de quarante-cinq ans : pour tout savant né avant une période donnée de quinze ans, il y en a un né pendant cette période, deux nés pendant la suivante et quatre pendant celle d'après, soit sept savants vivants pour huit que la Terre ait jamais portés, ou enfin 87,5 %.

Les fonctions exponentielles

Au lieu d'observer une fonction pour une suite de valeurs :

$$t \qquad t+1 \qquad t+2 \qquad \ldots \qquad t+n$$

on peut généraliser et étudier les fonctions f telles que :

$$f(t+y)-f(t)=k\,f(t)$$

formule dans laquelle le nombre k ne dépend pas de t.

Cette relation s'écrit aussi :

$$f(t+y)=(1+k)\,f(t)$$

et, en y choisissant $t=0$, nous avons :

$$f(y)=(1+k)\,f(0)$$

Bien entendu, la valeur de $f(0)$ importe peu et on peut la choisir arbitrairement égale à 1 : cela signifie qu'on choisit pour unité la valeur que prend notre fonction en 0. Cela permet d'exprimer $1+k$ et donc de formuler de façon plus symétrique la relation fondamentale d'une fonction à croissance exponentielle :

$$f(x+y)=f(x)f(y)$$

Pour simplifier les écritures, on peut noter a le nombre $f(1)$, que nous supposerons strictement positif. La relation fonctionnelle ci-dessus permet de donner la valeur de $f(x)$ pour de nombreuses valeurs de x. Naturellement, derrière chaque série de points de suspension, se dissimule un raisonnement par récurrence qu'en toute rigueur il faudrait expliciter.

Valeurs entières de l'argument

- $f(2)=f(1+1)=f(1)\,f(1)=a \times a=a^2$
- $f(3)=f(2+1)=f(2)\,f(1)=a^2 \times a=a^3$
- …
- $f(n)=f(n-1+1)=f(n-1)\,f(1)=a^{n-1} \times a=a^n$

Valeurs de l'argument inverses de nombres entiers

La relation :

$$f(1)=f(\tfrac{1}{2}+\tfrac{1}{2})=f(\tfrac{1}{2})\,f(\tfrac{1}{2})=a$$

montre que $f(\frac{1}{2})$ est un nombre qui, multiplié par lui-même, donne a ; nous le notons d'ordinaire $\sqrt{a}$, mais aussi $a^{1/2}$.

La relation :

$$f(1)=f(\tfrac{1}{n}+\tfrac{1}{n}+\ \dots+\tfrac{1}{n})=f(\tfrac{1}{n}) \times f(\tfrac{1}{n}) \times \dots \times f(\tfrac{1}{n})=[f(\tfrac{1}{n})]^n$$

montre que $f\,(\frac{1}{u})$ est un nombre qui, multiplié n fois par lui-même, donne a. Nous le notons $\sqrt[n]{a}$ mais aussi $a^{1/n}$.

Valeurs de l'argument rationnelles

UN PEU DE TECHNIQUE

Lorsque l'argument est un nombre rationnel $\frac{p}{q}$, la combinaison des règles précédentes donne :

$$f(\frac{p}{q}) = \sqrt[q]{a^p}$$

qui se note encore $a^{p/q}$ (en toute rigueur, il faudrait avoir vérifié auparavant que, pour deux fractions telles que $\frac{p}{q} = \frac{p'}{q'}$, cela donne bien le même résultat, ce qui est exact).

Valeurs de l'argument négatives

Si m et n sont des nombres opposés, tels que $m+n=0$, la relation :

$$f(m+n) = f(m)\,f(n) = f(0) = 1$$

montre que les nombres $f(m)$ et $f(n)$ sont inverses l'un de l'autre. On notera donc a^{-s} le nombre $\frac{1}{a^s}$.

En définitive, pour de très nombreuses valeurs de l'argument (les valeurs rationnelles), nous connaissons les valeurs d'une fonction exponentielle. Plus généralement, pour tout nombre $a > 1$, on peut démontrer l'existence d'une fonction croissante f telle que :

- $f(1) = a$;
- pour tout couple (x, y), on a l'égalité $f(x+y) = f(x)f(y)$.

On l'appelle exponentielle de base a et on la note a^x. (Une démonstration analogue donne pour tout $a < 1$ une fonction décroissante.)

Les courbes représentatives de ces fonctions ont l'allure suivante :

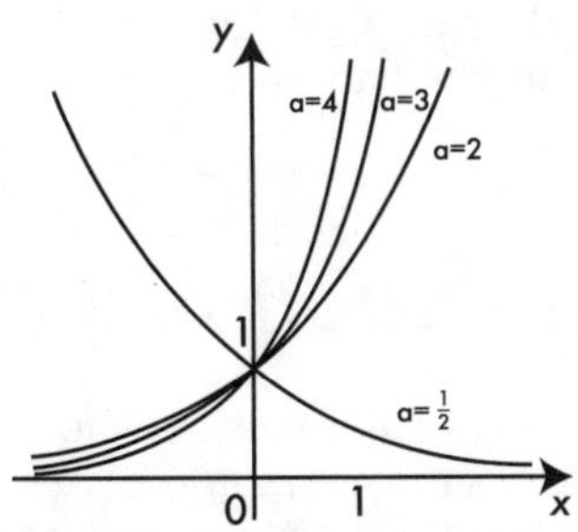

Figure 23.2 : Quelques exponentielles.

L'exponentielle naturelle

Parmi les fonctions exponentielles, il en est une qui joue un rôle capital dans plusieurs branches des mathématiques, qu'on appelle l'exponentielle naturelle et qui correspond à une valeur de a particulière qu'on note e. Ce nombre n'est pas rationnel, on en connaît des approximations. Une d'elles est la fraction $\frac{878}{323}$; une autre est :

$$2{,}71828182845904523536\ldots$$

La notation e est due à Euler ; en 1761, c'est le mathématicien français Lambert qui a prouvé que e n'est pas rationnel ; un siècle plus tard, Hermite prouvait qu'il n'est racine d'aucune équation algébrique. On connaît de nombreuses suites qui en donnent des valeurs approchées. En voici deux exemples. Le premier :

$$u_n = \left(1 + \frac{1}{n}\right)^n$$

exige de très longs calculs pour donner une approximation convenable :

$$u_{100} \approx 2{,}70$$
$$u_{500} \approx 2{,}716$$
$$u_{1000} \approx 2{,}717$$
$$u_{10000} \approx 2{,}71814593$$

Le deuxième :

$$v_n = 1 + \frac{1}{1!} + \frac{1}{2!} + \ldots + \frac{1}{n!}$$

(on se souvient que la notation $n!$ désigne le produit de tous les entiers de 1 à n) donne bien plus rapidement des approximations convenables. Par exemple :

$$u_{100} \approx 2{,}71828183$$

Une des raisons de la popularité de cette exponentielle est que la fonction e^x est sa propre dérivée. Cette propriété joue un rôle essentiel dans diverses branches des mathématiques.

L'invention du baron Neper

John Napier, connu en France sous le nom de Neper, vécut près d'un siècle avant Euler. Après plusieurs approches moins pratiques, il en vint à considérer ce que nous appellerions aujourd'hui des logarithmes décimaux.

Logarithmes décimaux

Lorsque des nombres sont tels que $10^y = x$, le nombre y est appelé le logarithme décimal de x et est noté $\log x$. C'est un simple jeu de traduction que de déduire des propriétés de l'exponentielle des propriétés du logarithme. Voici quelques exemples :

- puisque $10^0 = 1$, on a $\log 1 = 0$;
- puisque $10^1 = 10$, on a $\log 10 = 1$;
- puisque $10^2 = 100$, on a $\log 100 = 2$;
- puisque $10^u \, 10^v = 10^{u+v}$, on a $\log xy = \log x + \log y$.

C'est surtout la dernière relation qui a fait la fortune de l'idée de Napier. À une époque où une multiplication, dès lors que les facteurs comportaient beaucoup de chiffres, était une tâche ardue, on pouvait la remplacer par une simple addition, pourvu qu'on disposât d'une table de logarithmes. Pour calculer le produit de deux nombres x et y, il suffit :

- de chercher dans la table $\log x$ et $\log y$;
- d'additionner ces deux nombres ;
- de lire dans la table le nombre dont cette somme est le logarithme.

Bien entendu, ces calculs sont tous approximatifs, avec une précision qui dépend de la table de logarithmes utilisée : les tables courantes donnaient les logarithmes avec cinq décimales.

Des tables Louis XVI

La première table calculée par Napier était une table de logarithmes de sinus, utiles aux calculs astronomiques. Il avait même imaginé des réglettes qui, mises bout à bout, matérialisaient l'addition à faire, ancêtres directs des règles à calcul du siècle dernier.

Et de fait, pendant plus de trois siècles, professionnels et lycéens utilisaient des tables de logarithmes. C'est là que se situe l'anecdote qui a donné son titre à notre sous-chapitre.

Le contrôle des dépenses publiques alimente souvent la presse, même humoristique. Gigantesques gaspillages ici, contrôles paralysants là. Un jour des années soixante, un laboratoire universitaire s'est trouvé avoir besoin d'une table de logarithmes. On l'achète à la librairie voisine et on envoie la facture, quelques dizaines de francs de l'époque, à l'agent comptable. La facture revient, impérieusement annotée : « Veuillez préciser le numéro d'inventaire de ce mobilier. » Et *Le Canard enchaîné*, qui avait rapporté l'incident, ironisait sur le style de ces pièces de mobilier.

Avec la banalisation des moyens électroniques de calcul, les logarithmes décimaux ont perdu tout intérêt. Le nombre 10 n'est qu'un choix possible parmi une infinité de nombres strictement positifs et différents de 1.

Logarithmes à base *b*

Si des nombres sont tels que $b^y = x$, le nombre y est appelé le logarithme à base b de x et est noté $\log_b x$. Il est inutile de retraduire les propriétés des exponentielles à base b pour trouver celles des logarithmes de même base, car on démontre assez simplement que toutes les fonctions logarithmes sont proportionnelles. Cette proportionnalité est reflétée par la formule :

$$\log_b x = \frac{\log_{10} x}{\log_{10} b}$$

Logarithmes naturels

Il existe cependant une base qui joue un rôle très important, c'est la base e. Les logarithmes à base e sont appelés logarithmes naturels, ou logarithmes népériens, en hommage au baron Neper. On utilise la notation « ln » (c'est celle qui est gravée sur la touche des calculatrices donnant le logarithme naturel d'un nombre x). Par définition, les deux écritures :

$$y = e^x$$
$$x = \ln y$$

sont parfaitement équivalentes. Sur un même graphique, les courbes représentatives des fonctions exponentielle et logarithme sont symétriques par rapport à la bissectrice des axes de coordonnées.

Si la fonction ln joue un si grand rôle, c'est aussi parce que sa dérivée est étonnamment simple ; c'est tout simplement $\frac{1}{x}$.

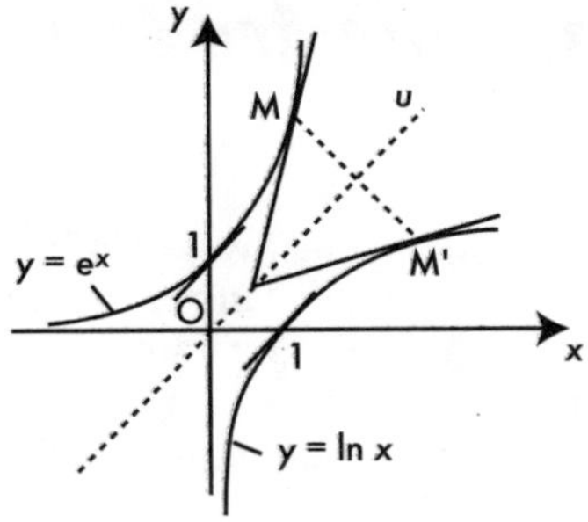

Figure 23.3 : Exponentielle et logarithme.

La loi de Fechner

Entre certaines mesures physiques et les sensations que nous éprouvons, il existe une relation, formulée pour la première fois au XIXe siècle par Gustav Theodor Fechner (1801-1887), qui s'énonce, de façon très grossière :

La sensation varie comme le logarithme de l'excitation.

Les observations sont multiples, et pour certaines, fort anciennes.

À fond, la sono

Fechner prenait l'exemple de violons. Entre 1 et 10 violons jouant à l'unisson, l'oreille ressent le même accroissement de niveau sonore qu'entre 10 et 100 violons, ou entre 100 et 1 000. Cet accroissement est appelé le bel. On utilise plus volontiers le décibel, ou dixième de bel.

Excitation	1	10	100	1 000	10 000
Sensation (en bels)	0	1	2	3	4

Les nombres de la seconde ligne sont les logarithmes décimaux des nombres de la première. Ainsi, entre 1 et 100 violons, on gagne 2 bels. Entre 1 et 20 violons, on gagne $\log 20 = 1{,}301$ bel, ou environ 13 décibels.

La magnitude des étoiles

Dès l'Antiquité, les astronomes, notamment Hipparque puis Ptolémée, classaient les étoiles visibles à l'œil nu en fonction de leur éclat. Au IIe siècle avant notre ère, Hipparque avait catalogué plus de 1 000 étoiles. Les 20 plus brillantes étaient classées dans la catégorie « étoiles de première grandeur », les autres se répartissaient ensuite en cinq catégories, jusqu'aux « étoiles de sixième grandeur » qui étaient les plus faibles visibles à l'œil nu. Après avoir construit sa lunette astronomique, Galilée fut conduit à définir une septième catégorie pour désigner les étoiles invisibles à l'œil nu mais révélées par son instrument. Jusqu'au milieu du XIXe siècle, les astronomes ajoutèrent peu à peu de nouveaux échelons, mais toujours de façon empirique.

L'utilisation des télescopes, qui conduit à observer des astres encore moins lumineux, le recours à la photographie, puis, au XXe siècle, à des détecteurs électroniques de plus en plus sensibles, a fait abandonner cet ancien système.

Le système actuel dérive du précédent. Il utilise la notion de magnitude, dont la définition permet de donner un sens plus objectif à l'impression produite.

Le premier qui formalisa le passage d'une magnitude à une autre fut l'astronome anglais Norman Pogson. En 1856, il proposa de considérer qu'une différence de cinq magnitudes était associée à une différence d'éclats de 100 fois. Le rapport entre deux échelons successifs de magnitude était alors égal à la racine cinquième de 100 soit 2,512. D'une façon précise, on définit la différence de magnitude entre deux étoiles en fonction du rapport de leurs éclats :

$$m - m' = -2,512 \times \log \frac{E}{E'}$$

où E et E' représentent les éclats de deux étoiles à comparer, et *m* et *m'* leurs magnitudes respectives.

Le signe « - » permet d'assurer, conformément à l'usage séculaire, que la magnitude est d'autant plus grande que l'éclat est faible.

Deux remarques à propos de cette formule :

- elle ne donne que les différences de magnitude, il a donc fallu choisir arbitrairement une étoile à laquelle on attribue la magnitude 1 : c'est Aldébaran de la constellation du Taureau qui a été choisie ;
- la constante, ici (- 2,512) dépend de la base de logarithmes choisie, ici la base 10, et du choix de l'unité de magnitude, déduit de la proposition de Pogson.

L'échelle des magnitudes débutant initialement à l'unité, les astres plus brillants furent dotés de magnitudes plus petites, voire négatives. Aujourd'hui, l'échelle de magnitudes s'étend de -26,74 pour le Soleil à +30 pour certains astres photographiés par le télescope spatial Hubble en 18 heures de pose, en passant par la Lune à -12.

Chapitre 24

Les petits ruisseaux font les grandes rivières

Dans ce chapitre :

- Il y aura de la tarte pour tout le monde
- Calculer des aires
- Usage des dérivées
- Volumes

À plusieurs reprises, nous avons calculé des grandeurs, par exemple des aires ou des volumes, en découpant par la pensée la figure à évaluer en « tranches » extrêmement fines dont nous additionnions les approximations. C'est la méthode d'exhaustion, déjà connue des mathématiciens grecs. En fait, les occasions sont multiples d'utiliser cette idée simple qu'on puisse malgré tout calculer une somme d'un nombre de termes illimités.

Il y aura de la tarte pour tout le monde

C'est la fête au village : la mairie a prévu une immense tarte et veut en donner une part à toute personne qui se présente à la fête. Impossible de la partager en trente, car s'il se présente une trente et unième personne, elle n'aura plus rien.

Une règle simple, même si elle n'est pas très égalitaire, consiste à donner à toute personne qui se présente au buffet la moitié de ce qui reste dans le plat. Quel que soit le nombre de personnes qui se présentent, il restera toujours de la tarte, puisque le dernier servi n'aura reçu que la moitié de ce qui restait. La fraction de tarte consommée par les n premières personnes est dans ces conditions :

$$S_n = \frac{1}{2} + \frac{1}{4} + \ldots + \left(\frac{1}{2}\right)^n$$

Nous disposons d'une formule (voir page 156) pour exprimer cette somme plus simplement :

$$S_n = \frac{1}{2}\frac{1-\left(\frac{1}{2}\right)^{n+1}}{1-\frac{1}{2}} = 1-\left(\frac{1}{2}\right)^{n+1}$$

On voit bien alors ce qui se produit : plus n est grand, plus $(\frac{1}{2})^{n+1}$ se rapproche de 0, mais n'est jamais nul : la fraction consommée de la tarte n'est donc jamais égale à 1, même si elle s'en rapproche de plus en plus lorsque n augmente.

La rente perpétuelle

Nos arrière-grands-parents se sont ruinés en souscrivant auprès de l'État des titres de rente perpétuelle : moyennant l'abandon d'un capital, le souscripteur se voyait promettre une rente perpétuelle de 3 % du capital versé. Cela veut-il dire que l'épargnant fait une affaire extraordinaire, puisque la somme qu'il espérait recevoir dépasse toute limite concevable ? Veut-il deux fois son capital, il les aura en soixante-sept ans. Le veut-il dix fois ? Il n'a qu'à attendre trois cent trente ans !

Oublions l'inflation. De toute façon, un franc demain (c'était la monnaie de l'époque) vaut moins qu'un franc disponible aujourd'hui puisque nul n'accepterait l'échange sans une compensation, pas plus que nul n'achèterait pour 30 francs une rente de 1 franc par an pendant trente ans : cette promesse ne vaut certainement pas 30 francs. Il faut tenir compte en quelque sorte du prix du temps. C'est ce qu'on appelle le taux d'actualisation.

En fait, avec un taux d'actualisation i, 1 franc disponible dans un an vaut :

$$a = \frac{1}{1+i}$$

Par conséquent, et en supposant i fixe :

- 1 franc disponible dans deux ans vaut a^2;
- 1 franc disponible dans trois ans vaut a^3;
- …
- 1 franc disponible dans n ans vaut a^n.

La valeur actuelle d'une rente de 1 franc sur n années est donc:

$$a + a^2 + a^3 + \ldots + a^n$$

Somme que nous savons écrire:

$$a = \frac{1 - a^{n+1}}{1 - a}$$

Comme dans l'exemple précédent, a est strictement inférieur à 1, si bien que plus n est grand, plus a^{n+1} se rapproche de 0. Loin d'être infinie, la valeur actuelle d'une rente perpétuelle est égale à:

$$\frac{a}{1 - a}$$

Ceci peut même s'exprimer en revenant à i. On divise le numérateur et le dénominateur de cette fraction par a. Le numérateur devient 1. Le dénominateur devient:

$$\frac{1}{a} - 1 = 1 + i - 1 = i$$

La valeur actuelle d'une rente perpétuelle de 1 franc est donc simplement $\frac{1}{i}$.

Par exemple:

- au taux $i = 2{,}5$ % ou $\frac{2{,}5}{100}$, $\frac{1}{i} = 40$;
- au taux $i = 3$ % ou $\frac{3}{100}$, $\frac{1}{i} = 33{,}3$;
- au taux $i = 4$ % ou $\frac{4}{100}$, $\frac{1}{i} = 25$.

Ne soyons pas trop gourmand

Il faut se garder de croire que, si on ajoute des termes positifs de plus en plus petits, qui finissent par être inférieurs à 0,001 ou à 0,00001 ou à tout nombre qu'on voudra, on obtiendra toujours une somme finie, en d'autres termes, qu'en donnant une part de plus en plus petite, il y aura nécessairement de la tarte pour tout le monde.

Par exemple, si la consigne donnée est d'attribuer une part égale à $\frac{1}{n}$ tarte à la énième personne qui se présente, une tarte n'y suffira pas, ni même 2 puisque, en toute logique, la première personne a droit à une tarte entière. La deuxième tarte ne suffit d'ailleurs même pas à satisfaire les personnes de rangs 2, 3, 4 puisque $\frac{1}{2}+\frac{1}{3}+\frac{1}{4}$ dépasse 1.

Combien faudra-t-il de tartes ? Il s'agit d'étudier la somme :

$$1+\frac{1}{2}+\frac{1}{3}+\ \dots+\frac{1}{n}$$

pour des valeurs de n aussi grandes qu'on voudra.

À cette fin, observons que pour servir les n personnes dont le rang est entre $n+1$ et $2n$, il faut une fraction de tarte égale à :

$$\frac{1}{n}+\frac{1}{n+1}+\dots+\frac{1}{2n}$$

Chacune doit avoir au moins la part $\frac{1}{2n}$ (c'est la plus petite part dans ce groupe) et, comme elles sont n, il faut plus d'une demi-tarte pour les satisfaire. Nous sommes faits :

- il faut plus d'une demi-tarte pour satisfaire les personnes de rang entre n et $2n$;
- il faut plus d'une demi-tarte pour satisfaire les personnes de rang entre $2n$ et $4n$;
- il faut plus d'une demi-tarte pour satisfaire les personnes de rang entre $4n$ et $8n$;
- etc.

La conclusion est claire : il n'y en aura jamais assez pour tout le monde.

Calculer des aires

Nous allons commencer par un exemple exagérément simple et pour lequel il existe d'autres méthodes plus rapides ; mais il s'agit pour nous de comprendre la méthode de calcul par exhaustion, qui remonte au moins à Euclide.

Aire du triangle rectangle

Nous nous proposons de calculer l'aire du triangle OAB à l'aide de la formule classique donnant l'aire d'un rectangle.

L'utilisation du repère marqué sur la figure facilite les écritures, l'hypoténuse apparaissant comme la représentation graphique d'une fonction linéaire, de la forme $f(x) = sx$.

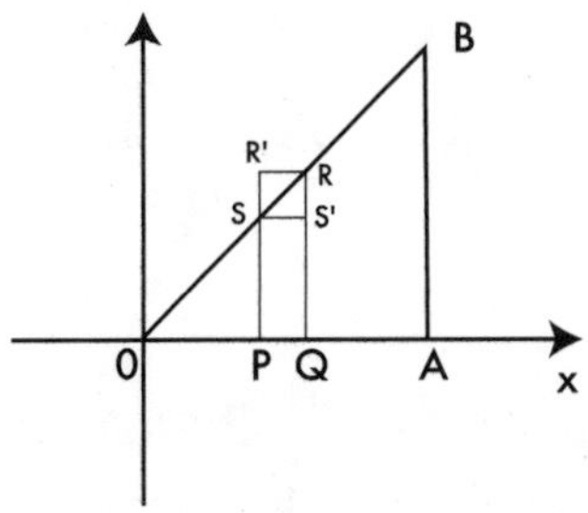

Figure 24.1 : Calcul de l'aire OAB.

L'idée est de découper le segment [OA] en n « petits » segments de même longueur $\frac{a}{n}$. Concentrons l'attention sur le k^e segment, limité aux points $\frac{ka}{n}$ et $(k+1)\ \frac{a}{n}$. L'aire A du trapèze PQRS se trouve encadrée par les aires des deux rectangles :

- PQS'S : largeur $\frac{a}{n}$, longueur $\frac{ska}{n}$, aire $\frac{ska^2}{n^2}$;
- PQRR' : largeur $\frac{a}{n}$, longueur $s(k+1)\frac{a}{n}$, aire $s(k+1)\ \frac{a^2}{n^2}$.
- Par addition, l'aire du triangle se trouve encadrée par :

$$\sum_{1}^{n-1} sk\frac{a^2}{n^2}¥¥ \quad \text{et} \quad \sum_{0}^{n-1} s(k+1)\frac{a^2}{n^2}¥$$

Or, il se trouve que nous savons exprimer ces sommes (voir page 357). Ne parlons pas du coefficient $\frac{sa^2}{n^2}$, qui est commun à tous les termes :

$$\sum_{1}^{n-1} k = \frac{1}{2}n(n-1) \qquad \sum_{0}^{n-1}(k+1) = \frac{1}{2}n(n+1)$$

L'aire du triangle est ainsi encadrée entre :

$$\frac{1}{2}sa^2(1 - \frac{1}{n}) \quad \text{et} \quad \frac{1}{2}sa^2(1+\frac{1}{n})$$

Un seul nombre se trouve ainsi encadré pour toutes les valeurs de n, c'est $\frac{1}{2}sa^2$. On retrouve sans étonnement l'expression de l'aire d'un triangle du demi-produit de la base a par la hauteur sa.

Retour sur la parabole

Appliquons la même technique à l'aire limitée par un arc de parabole.

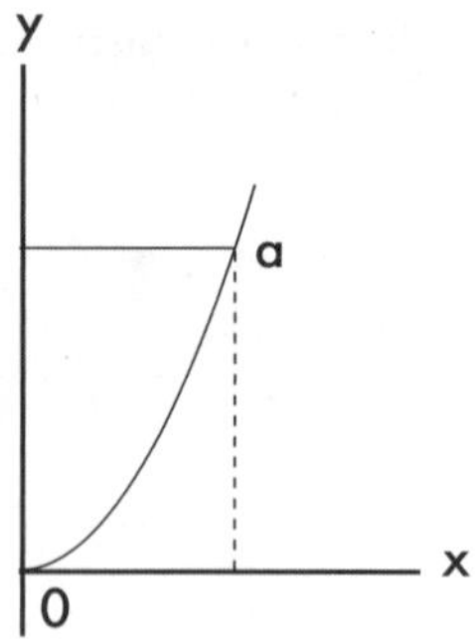

Figure 24.2: Aire limitée par la parabole.

UN PEU DE TECHNIQUE

L'idée est encore de découper le segment [OA] en n « petits » segments de même longueur $\frac{a}{n}$. Concentrons notre attention sur le k^e segment, limité aux points $\frac{ka}{n}$ et $(k+1)\,\frac{a}{n}$. L'aire A limitée par l'arc de parabole, l'axe des abscisses et les deux droites tracées se trouve encadrée par les aires des deux rectangles :

- PQS'S : largeur $\frac{a}{n}$, longueur $(\frac{ka}{n})^2$, aire $\frac{k^2a^3}{n^3}$;
- PQRR' : largeur $\frac{a}{n}$, longueur $[(k+1)\,\frac{a}{n}]^2$, aire $(k+1)^2\ \frac{a^3}{n^3}$.
- Par addition, l'aire cherchée se trouve encadrée par :

$$\frac{\sum k^2a^3}{n^3}$$

$$\frac{\sum (k+1)^2 a^3}{n^3}$$

Or, il se trouve que nous savons exprimer ces sommes. Ne parlons pas du coefficient $\frac{a^3}{n^3}$, qui est commun à tous les termes :

$$\sum_{1}^{n-1} k^2 = \frac{n(n-1)(2n-1)}{6}$$

$$\sum_{0}^{n-1} (k+1)^2 = \frac{n(n+1)(2n+1)}{6}$$

L'aire cherchée est ainsi encadrée entre :

$$\frac{a^3}{3(1-\frac{1}{n})\,(1-\frac{2}{n})}$$

et

$$\frac{a^3}{3(1+\frac{1}{n})\,(1+\frac{2}{n})}$$

Un seul nombre se trouve ainsi encadré pour toutes les valeurs de n, c'est $\frac{a^3}{3}$. L'aire située sous l'arc de parabole est égale au tiers de l'aire du rectangle tracé.

On retrouve ainsi le résultat d'Archimède.

Calcul de la somme des carrés des *n* premiers entiers

On connaît le développement de $(a+b)^3$, cas particulier de la formule du binôme de Newton (ou simplement en développant ce produit) :

$(a+b)^3 = a^3 + 3a^2b + 3ab^2 + b^3$

En particulier, on en déduit les égalités :

$(1+1)^3 = 1^3 + 3.1^2.1 + 3.1.1^2 + 1^3$

$(2+1)^3 = 2^3 + 3.2^2.1 + 3.2.1^2 + 1^3$

$(3+1)^3 = 3^3 + 3.3^2.1 + 3.3.1^2 + 1^3$

...

$(n+1)^3 = n^3 + 3.n^2.1 + 3.n.1^2 + 1^3$

Additionnons soigneusement en colonnes ces égalités. On obtient :

$$(n+1)^3 = 1 + 3\sum_{k=1}^{n} k^2 + 3\sum_{k=1}^{n} k + n$$

Nous connaissons déjà la somme des n premiers entiers, égale à $\frac{1}{2}n(n+1)$. La formule précédente permet alors de calculer la somme des carrés des entiers de 1 à n, qui s'écrit, après simplifications :

$$\sum k^2 = \frac{n(n+1)(2n+1)}{6}$$

Par un procédé analogue utilisant les développements :

$(a+b)^4 = a^4 + 4a^3b + 6a^2b^2 + 4ab^3 + b^4$

on établit que la somme des cubes des n premiers entiers naturels est :

$$1^3 + 2^3 + ... + n^3 = \frac{n^2(n+1)^2}{4}$$

Usage des dérivées

Prenons maintenant une fonction *f*, moins banale que la fonction linéaire. Pour éviter des difficultés d'écriture, nous supposons $f(x)$ positif pour les valeurs de x en cause. Nous allons définir graphiquement une nouvelle fonction F comme l'aire limitée par :

- l'axe des abscisses ;
- une droite fixe parallèle à l'axe des ordonnées, $x = a$;
- une droite variable, elle aussi parallèle à l'axe des ordonnées, $x = t$;
- la courbe représentative des variations de *f*.

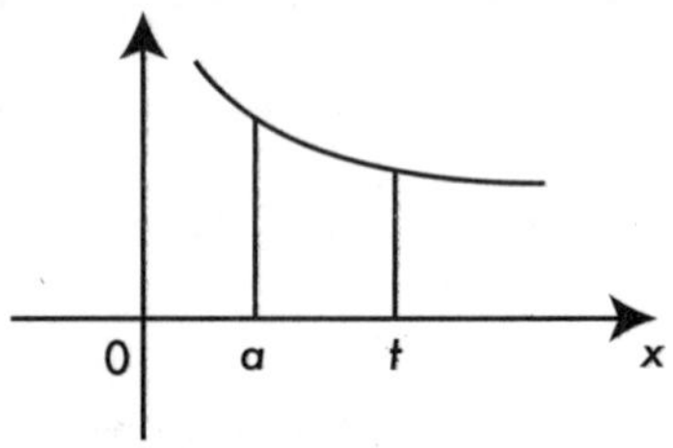

Figure 24.3 : Définition de F.

Quel est l'accroissement de F lorsque x passe de t à t' ? C'est la différence :

$$f(t') - f(t)$$

Cet accroissement est figuré par la bande hachurée sur la figure. Quel est maintenant l'accroissement relatif ?

$$\frac{f(t') - f(t)}{t' - t}$$

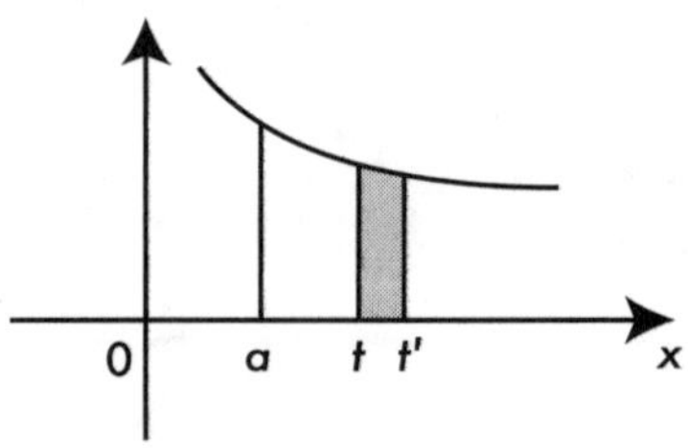

Figure 24.4 : Accroissement de F.

ATTENTION !

Observons cette fraction. Le numérateur f(*t'*)-f(*t*) est l'aire de notre bande, presque un rectangle. Le dénominateur *t'*-*t* est la largeur de ce rectangle. Le quotient est donc approximativement la longueur du rectangle, *f(t)*.

On peut donner une démonstration rigoureuse de cette propriété : la fonction F a pour dérivée la fonction *f*.

Comme on sait trouver, pour beaucoup de fonctions, des fonctions dont elles sont dérivées, cela fournit un moyen très simple de calculer des aires.

C'est l'occasion de faire un retour sur la quadrature d'Archimède. La technique précédente permet d'écrire bien plus rapidement l'aire limitée par l'arc de parabole sur la figure 24.2 de la page 356.

La fonction qui a pour dérivée x^2 est $\frac{x^3}{3}$, et l'aire demandée est simplement $\frac{a^3}{3}$.

Volumes

La méthode de découpage s'applique tout aussi simplement aux volumes. Montrons-le sur l'exemple simple d'un cône (il n'y a pratiquement rien à changer pour une pyramide).

Observons le cône ci-dessous et imaginons la hauteur [SH] découpée en n « petits » segments de longueur $\frac{h}{n}$.

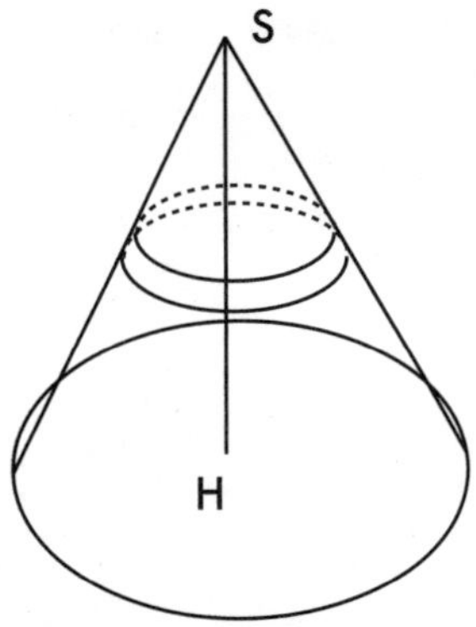

Figure 24.5: Les « tranches de cône ».

Chacun d'eux nous permet de découper une fine tranche de notre solide, dont l'épaisseur est $\frac{h}{n}$. La face supérieure de la tranche numérotée k est une réduction dans le rapport $\frac{k}{n}$ de la base du cône et son aire est donc $\frac{k^2}{n^2}$ B, si on note B l'aire de la base du cône. On observe de même la face inférieure, d'aire :

$$\frac{(k+1)^2}{n^2}\mathrm{B}$$

Le volume de cette tranche se trouve ainsi encadré entre :

$$\frac{hk^2}{n^3}\mathrm{B} \quad \text{et} \quad \frac{h(k+1)^2}{n^3}\mathrm{B}$$

et le volume du cône entre :

$$\frac{h\mathrm{B}}{n^3}\sum_{1}^{n-1} k^2 \quad \text{et} \quad \frac{h\mathrm{B}}{n^3}\sum_{0}^{n-1} (k+1)^2$$

et ces sommes ont déjà été calculées plus haut. Le calcul se termine exactement de la même manière et donne la formule connue :

$$\mathrm{V} = \frac{h\mathrm{B}}{3}$$

Sixième partie

La partie des dix

Dans cette partie...

Spécialité de la collection « Pour les Nuls », « La partie des dix » permet d'aborder des aspects méconnus, anecdotiques ou amusants. Cette partie vous réserve donc un certains nombre de surprises, une sorte de *top ten* des mathématiques qui reste néanmoins, autant le dire tout de suite, totalement subjectif.

Chapitre 25

Les dix énigmes de l'arithmétique

Dans ce chapitre :

- Les nombres premiers jumeaux
- La conjecture de Goldbach
- Les nombres premiers de formes particulières
- Les intervalles contenant au moins un nombre premier
- Perfection et amitié
- Le problème de Syracuse
- Les nombres de Fibonacci
- Distances de points
- Le problème des quatre couleurs
- Le dernier théorème de Fermat

Beaucoup de résultats concernant les nombres entiers, bien que leur énoncé soit simple et intelligible, ne sont pas à ce jour résolus, même s'ils ont, pour certains d'entre eux, été énoncés il y a de nombreux siècles.

Les nombres premiers jumeaux

On se souvient qu'il s'agit de couples de nombres premiers dont la différence est égale à 2.

Exemples :

- 3 et 5 ;
- 5 et 7 ;
- 11 et 13 ;
- 17 et 19 ;
- 29 et 31.

En 2004, la plus grande paire connue était :

$$332\,494\,785 \cdot 2^{51111} - 1$$
$$332\,494\,785 \cdot 2^{51111} + 1$$

des nombres qui s'écrivent avec 15 395 chiffres.

On pense qu'il existe une infinité de nombres premiers jumeaux, mais nul n'a pu en fournir la preuve.

Rappelons aussi le théorème de Wilson, dépourvu d'intérêt pratique : le couple $(n, n+2)$ est formé de nombres premiers jumeaux si et seulement si :

$$4[(n-1)\,! + 1] + n$$

est un multiple de $n(n+2)$.

La conjecture de Goldbach

Écrite en 1742 par Christian Goldbach dans une lettre à Euler, elle s'énonce ainsi :

> *Tout nombre impair strictement supérieur à 5 peut s'écrire comme somme de trois nombres premiers.*

Euler lui répondit avec une légère variante :

> *Tout nombre pair strictement supérieur à 2 peut s'écrire comme la somme de deux nombres premiers.*

Exemples :

- $4 = 2 + 2$
- $6 = 3 + 3$
- $8 = 5 + 3$
- $10 = 7 + 3 = 5 + 5$
- $11 = 7 + 2 + 2$
- etc.

Quelques résultats partiels ont été démontrés depuis :

- en 1937, Vinogradov démontra que tout nombre pair strictement supérieur à 2 peut s'écrire comme la somme de trois nombres premiers ;
- en 1966, Chen Jing Run prouva que tout entier suffisamment grand peut s'écrire comme la somme d'un nombre premier et d'un nombre qui a au plus deux facteurs premiers.

Cette conjecture a fait l'objet de recherches par plusieurs théoriciens des nombres et a été vérifiée informatiquement pour tous les nombres pairs jusqu'à 2×10^{16}.

Afin de faire de la publicité pour le livre paru en 2000, *Oncle Petros ou La Conjecture de Goldbach* d'Apostolos Doxiadis, l'éditeur britannique Tony Faber offrit un prix de 1 000 000 de dollars pour une démonstration à publier avant avril 2002. En vain.

Les nombres premiers de formes particulières

Il existe quelques conjectures assez simples dont on n'a pas de preuve, ni bien sûr de contre-exemple prouvant leur inexactitude. En voici quelques-unes.

Nombres premiers de la forme $n^2 + 1$

La liste des nombres de la forme $n^2 + 1$ contient :

- des nombres non premiers :

$$3^2+1=10$$
$$5^2+1=26$$
$$7^2+1=50$$
$$8^2+1=65$$
$$\dots$$

- des nombres premiers :

$$1^2+1=2$$
$$2^2+1=5$$
$$4^2+1=17$$
$$6^2+1=37$$
$$\dots$$

Existe-t-il une infinité de nombres premiers de cette forme ? À ce jour, nul n'a pu le prouver, ni prouver le contraire.

Nombres de Fermat

Un nombre de Fermat est un nombre de la forme :

$$F_n = 2^{2^n} + 1$$

Exemples :

n	2^n	F_n
0	1	3
1	2	5
2	4	17
3	8	257
4	16	65 537

Fermat conjectura que tous ces nombres sont premiers. En 1844, Eisenstein émit la conjecture plus faible : il existe une infinité de nombres de Fermat premiers. En fait, on n'a, à ce jour, trouvé aucun nombre de Fermat premier au-delà des cinq exemples ci-dessus, de sorte que la conjecture pendante est : existe-t-il ne serait-ce qu'un sixième nombre de Fermat premier ?

Nombres écrits à l'aide de factorielles

Rappelons qu'on note $n!$ le produit des entiers de 1 à n. Nous introduisons une seconde notation, $n\#$ pour désigner le produit des nombres premiers au plus égaux à n. Par exemple :

$$6\# = 2 \times 3 \times 5$$
$$8\# = 2 \times 3 \times 5 \times 7$$

Là encore, les questions ouvertes sont nombreuses. En voici quelques-unes :

- Existe-il une infinité de nombres premiers de la forme $n! + 1$?
- Existe-il une infinité de nombres premiers de la forme $n! - 1$?
- Existe-il une infinité de nombres premiers de la forme $n\# + 1$?
- Existe-il une infinité de nombres premiers de la forme $n\# - 1$?

Nombres écrits à l'aide d'un polynôme

Euler avait déjà note que $n^2 - n + 41$ est un nombre premier pour les valeurs entières de n de 0 jusqu'à 40. Certes, pour $n = 41$, cette expression devient simplement 41^2 et n'est pas un nombre premier.

Mais à la question : « Existe-t-il une infinité de nombres premiers de la forme $n^2 - n + 41$? », nul ne connaît de réponse.

La même remarque et la même question valent pour $n^2 - 79n + 1\,601$.

Les intervalles contenant au moins un nombre premier

En 1845, le Français Joseph Bertrand émit la conjecture suivante : entre un nombre quelconque et son double, il existe toujours au moins un nombre premier.

Exemples :

- entre 3 et 6 se trouve le nombre premier 5 ;
- entre 4 et 8 se trouve le nombre premier 5 (et aussi 7, mais ce n'est pas la question) ;
- entre 10 et 20 se trouve le nombre premier 11 (et quelques autres) ;
- etc.

Et c'est le mathématicien russe Tchebychev qui réussit à la démontrer en 1854. Ce n'est donc plus une énigme.

En revanche, on ne sait toujours pas si, entre un carré n^2 et le suivant $(n + 1)^2$, il existe toujours un nombre premier. Certes, entre :

- 1 et 4, il existe bien un nombre premier : 3 ;
- 4 et 9, il existe bien un nombre premier : 7 ;
- 9 et 16, il existe bien un nombre premier : 13 ;
- etc.

Mais on ignore si la règle est générale.

Perfection et amitié

Au chapitre 11 (voir p. 153), nous avons présenté les nombres parfaits :

On appelle nombre parfait un entier qui est égal à la somme de ses diviseurs.

Dans cette définition, on inclut le nombre 1 parmi les diviseurs, mais pas l'entier lui-même.

Exemples :

- $6 = 1 + 2 + 3$
- $28 = 1 + 2 + 4 + 7 + 14$
- $496 = 1 + 2 + 4 + 8 + 31 + 62 + 124 + 248$
- $8128 = 1 + 2 + 4 + 8 + 16 + 32 + 127 + 254 + 508 + 1016 + 2032 + 4064$

Il subsiste encore quelques énigmes sur les nombres parfaits. Les deux plus anciennement formulées sont celles-ci :

- Existe-t-il une infinité de nombres parfaits ?
- Existe-il des nombres parfaits impairs ?

Quels sont les nombres « presque parfaits plus » (égaux à la somme de leurs diviseurs plus 1) comme 8 dont la somme des diviseurs vaut $1 + 2 + 4 = 7$? Il en est de même de 16, 32, 64… et plus généralement de toute puissance de 2.

Plus précisément, toutes les puissances de 2 sont presque parfaits plus, mais, à ce jour, on ignore encore :

- s'il existe d'autres nombres presque parfaits plus ;
- s'il existe un nombre presque parfait moins (égal à la somme de ses diviseurs moins 1).

Toujours au chapitre 11 (voir p. 157), nous avons défini des couples de nombres amicaux : chacun est la somme des diviseurs de l'autre. Mais on ne sait toujours pas :

- s'il en existe un nombre infini ;
- s'il en existe formés d'un nombre pair et d'un nombre impair ;
- s'il en existe formé de deux nombres premiers entre eux.

Le problème de Syracuse

Rien à voir avec Archimède. Le problème a été popularisé par l'université de Syracuse, aux États-Unis, au milieu du siècle dernier. Il s'agit de l'étude d'un programme de calcul fort simple :

- prendre un entier n ;
- si $n = 1$, le programme s'arrête ;
- si n est pair, le remplacer par $\frac{n}{2}$;
- s'il est impair (et au moins égal à 3), le remplacer par $3n + 1$;
- puis recommencer avec l'entier trouvé.

Par exemple, commençant avec $n = 22$, on écrit successivement :

22 11 34 17 52 26 13 40 20 10 5 16 8 4 2 1

La conjecture de Syracuse énonce que, quel que soit le nombre de départ, on parvient toujours à 1 en un nombre fini d'étapes. On a pu la vérifier pour de nombreuses valeurs du nombre de départ, notamment tous les entiers inférieurs à 1 000 000 mais on n'a jamais pu la prouver.

Les nombres de Fibonacci

La suite de Fibonacci est une suite d'entiers commençant par deux 1 et telle que, au-delà, chaque nombre soit la somme des deux précédents. Les premiers termes sont :

1, 1, 2, 3, 5, 8, 13, 21, 34, 55, 89, 144…

Elle tire son nom de Léonard de Pise, surnommé Fibonacci (fils de Bonacci) qui publia en 1202 un ouvrage, *Liber abaci*, livre qui marqua le réveil de l'Occident en mathématiques.

Les lapins de Fibonacci

On dispose d'un couple de lapins nés le 1er janvier. On fait deux hypothèses :

- les lapins deviennent féconds dès l'âge de 2 mois et dès lors donnent naissance à un couple de descendants chaque mois ;
- aucun lapin ne meurt.

La question est : combien de couples seront vivants après un an ?

Fibonacci résout la question de proche en proche :

- en janvier : 1 couple de bébés lapins ;
- en février : 1 couple productif ;
- en mars : 1 couple de bébés lapins + 1 couple productif = 2 couples
- en avril : 1 couple de bébés lapins + 2 couples productifs = 3 couples
- en mai : 2 couples de bébés lapins + 3 couples productifs = 5 couples
- en juin : 3 couples de bébés lapins + 5 couples productifs = 8 couples
- en juillet : 5 couples de bébés lapins + 8 couples productifs = 13 couples
- en août : 8 couples de bébés lapins + 13 couples productifs = 21 couples
- en septembre : 13 couples de bébés lapins + 21 couples productifs = 34 couples
- en octobre : 21 couples de bébés lapins + 34 couples productifs = 55 couples
- en novembre : 34 couples de bébés lapins + 55 couples productifs = 89 couples
- en décembre : 55 couples de bébés lapins + 89 couples productifs = 144 couples

La règle apparaît : chaque nombre de la suite est la somme des deux nombres qui le précèdent.

La suite de Fibonacci a donné naissance à une très abondante littérature, il existe même un journal, *The Fibonacci Quaterly*, qui lui est entièrement consacré. Parmi les problèmes non résolus à ce jour malgré d'importants efforts figure le suivant : existe-t-il une infinité de nombres premiers dans la suite de Fibonacci ?

On a pu trouver dans la suite certains nombres premiers, portant les numéros :

3, 4, 5, 7, 11, 13, 17, 23, 29, 43, 47, 83, 131, 137, 359, 431, 433, 449, 509, 569, 571, 2 971, 4 723, 5 387, 9 311, 9 677, 14 431, 25 561, 30 757, 35 999 et 81 839

mais ce n'est pas ce qui est demandé.

Distances de points

La brique d'Euler

Existe-il un parallélépipède rectangle dont les arêtes, les diagonales des faces, les diagonales soient tous des nombres entiers ?

En termes arithmétiques, le problème peut se formuler ainsi : existe-t-il des entiers positifs a, b, c tels que :

$$\sqrt{a^2+b^2}$$
$$\sqrt{b^2+C^2}$$
$$\sqrt{c^2+a^2}$$
$$\sqrt{a^2+b^2+c^2}$$

soient entiers ?

Distances aux sommets d'un carré

On donne un carré de côté 1. Existe-t-il un point du plan dont les distances aux quatre sommets du carré soient des nombres rationnels (quotients d'entiers) ?

Triangles entiers

Nous avons rencontré (voir p. 25) un triangle dont les côtés et l'aire sont des nombres entiers. Les côtés mesurent 5 cm, 5 cm et 6 cm et l'aire 12 cm^2. En géométrie, on démontre une formule permettant de calculer la longueur AA' de la médiane issue de A d'un triangle ABC. Avec les notations habituelles des longueurs des côtés, elle s'écrit :

$$AA'^2 = \frac{1}{2}(b^2 + c^2) - \frac{1}{4}a^2$$

Appliquée trois fois à notre triangle, elle donne pour carrés des longueurs des médianes :

$$\frac{1}{2}(5^2+5^2) - \frac{1}{4}6^2 = 16$$
$$\frac{1}{2}(5^2+6^2) - \frac{1}{4}5^2 = \frac{97}{4}$$

qui ne sont pas tous deux des carrés parfaits. D'où la question : existe-t-il un triangle dont les côtés, l'aire et les longueurs des médianes soient des nombres entiers ?

Nul ne le sait à ce jour.

Le problème des quatre couleurs

On se passait ce savoir au long des âges, de maître imprimeur à apprenti imprimeur : pour colorier une carte de géographie en sorte que deux départements ayant une frontière commune (et pas seulement un point) soient colorés de façons différentes, quatre couleurs sont toujours suffisantes.

La conjecture passa dans le milieu des mathématiciens en 1878, avec un article de Cayley. L'année suivante, Kempe donna une démonstration qui fut acceptée pendant une dizaine d'années, puis reconnue erronée. On a su rapidement prouver que six couleurs, puis cinq étaient suffisantes, mais jusqu'en 1977, nul n'avait pu prouver que quatre couleurs suffisaient ou n'avait su exhiber une carte qui aurait effectivement exigé cinq couleurs. C'est alors que Wolfgang Haken et Kenneth Appel, professeurs à l'université de l'Illinois, construisirent une démonstration qui exigeait de très longs calculs informatiques, ce qui a suscité une polémique chez les professionnels : peut-on être convaincu par une démonstration que nul ne peut reproduire par ses propres moyens ? En 1996, une autre démonstration a été proposée par Robertson, qui fut confirmée en décembre 2004 par un chercheur du laboratoire Microsoft de Cambridge.

Plusieurs autres démonstrations, très complexes mais reproductibles, ont été proposées, de sorte que le problème est aujourd'hui considéré comme résolu.

Le dernier théorème de Fermat

En 1621, Claude Bachet avait publié une traduction en latin d'un traité de calcul de Diophante, qui évoquait notamment les triplets de Pythagore, triplets d'entiers non nuls tels que :

$$a^2 = b^2 + c^2$$

Lisant ce livre vers 1637, Pierre de Fermat posa la question plus générale des triplets d'entiers tels que, avec $n > 2$:

$$a^n = b^n + c^n$$

avec l'intuition qu'il n'en existait pas. C'est ce résultat qui est appelé le dernier théorème de Fermat. Il annota l'exemplaire qu'il avait en main, expliquant qu'il avait trouvé une démonstration très admirable, mais que la marge est trop étroite pour l'écrire ici.

Il n'était pas inhabituel à l'époque d'énoncer un théorème sans en donner immédiatement la démonstration, soit par défi adressé à des confrères, soit simplement par jeu. Dans les documents laissés par Fermat, on retrouva une démonstration pour $n = 4$, mais il fallut attendre un siècle de plus pour qu'Euler donnât une démonstration pour $n = 3$. En 1825, Dirichlet donna une démonstration pour $n = 5$, puis, en 1839, Lamé résolut le cas $n = 7$.

Le « saut » de la valeur $n = 6$ n'est pas une distraction ; s'il existait un triplet tel que :

$$a^6 = b^6 + c^6$$

les entiers a^2, b^2 et c^2 constitueraient une solution au cas $n = 3$, ce qui a été prouvé impossible. Plus généralement, il suffit d'établir le théorème pour n premier. De démonstrations partielles en vaines tentatives de généralisation, on atteignit l'âge de l'informatique et on parvint à vérifier le théorème pour de très nombreuses valeurs de n. Mais toujours pas de démonstration générale. Et c'est seulement en 1995, après des mois d'espoirs un à un déçus, qu'un mathématicien britannique installé à l'université de Princeton, Andrew Wiles, publia un article de 130 pages dans le journal *Annals of Mathematics*. Le théorème de Fermat était démontré, plus de trois siècles et demi après avoir été énoncé. Wiles lui-même exprima l'espoir qu'une démonstration plus simple verrait ultérieurement le jour. Et c'est l'énigme dans l'énigme : peut-on trouver une démonstration simple (disons : avec les outils mathématiques dont Fermat pouvait disposer) de ce théorème ? Et Fermat l'avait-il trouvée ?

Chapitre 26

Les dix superstars des maths

Dans ce chapitre :

- Dix « champions » mondiaux des mathématiques
- Éléments biographiques
- Leurs apports aux mathématiques

Nous voici dans un espace encore plus subjectif qu'au chapitre précédent. Comment établir un tel classement, à supposer même qu'il ait un sens ?

Allons-nous favoriser les Archimède, ceux qui ont un jour eu « l'idée », ou les Euclide, ceux qui ont ordonné les connaissances de leur époque en un ensemble cohérent, déductif, influençant le travail des mathématiciens pour près de 2000 ans ? Allons-nous favoriser, parce qu'ils sont mieux connus du lecteur, les WDM (*white dead males* : mâles, blancs et défunts) si politiquement incorrects ? Il existe des dizaines de sites Internet dont les auteurs établissent leur classement personnel. Allons-nous en privilégier un ?

Voici nos réponses, toutes discutables.

Pythagore (-580 – -520)

Ces dates sont approximatives et controversées.

Pythagore de Samos est souvent décrit comme le premier mathématicien pur.

Il est difficile de séparer l'apport de Pythagore et celui de ses disciples. En effet, Pythagore a fondé une école philosophique et religieuse à Crotone, en Italie du Sud, qui a eu beaucoup d'adeptes. Pythagore était la tête de la société avec un premier cercle de disciples appelés *mathematikoi*. Le *mathematikoi* vivait de manière permanente au sein de la société, n'avait aucun bien personnel et était végétarien, obéissant à des règles quasi monacales. La doctrine se résume en quelques affirmations :

- tout est nombre;
- la philosophie permet la purification spirituelle;
- l'âme peut s'élever à l'union avec le divin;
- certains symboles ont une signification mystique.

Il y avait un deuxième cercle d'adeptes, qui n'étaient pas soumis à ces règles, mais qui ne pouvaient pas voir le maître, suivant son enseignement de derrière une tenture, d'où leur nom d'« akousmatiques ».

Son école, mi-confrérie, mi-secte, cultivait le goût du secret, si bien que nous n'avons aucun texte de Pythagore lui-même. Mais nous avons beaucoup de textes de seconde main, dont plusieurs très anciens. Certains nous exposent que Pythagore, adolescent, a rendu visite à Thalès, et que cela a déclenché sa vocation. On sait qu'il a voyagé en Égypte et à Babylone et appris tout ce qui s'y enseignait à l'époque en mathématiques.

Pythagore était intéressé par les principes des mathématiques, le concept du nombre, le concept de triangle ou de toute autre figure mathématique et l'idée abstraite d'une preuve.

La notion abstraite de nombre, comme propriété commune à certaines collections d'objets (voir p. 119) est certainement d'origine pythagoricienne.

Pythagore, bon musicien, joueur de lyre, a noté que les cordes vibrantes produisent des tonalités harmonieuses quand les rapports des longueurs des cordes sont des nombres entiers et que ces observations valent pour d'autres instruments. En fait, Pythagore a apporté des contributions remarquables à la théorie mathématique de musique. Pythagore a étudié des propriétés des nombres qui nous sont familières aujourd'hui, comme les nombres pairs et impairs, les nombres triangulaires, les nombres parfaits etc. Cependant, il attribuait aux nombres des personnalités que nous identifions à peine comme mathématiques aujourd'hui : masculine ou féminine, parfaite ou inachevée, belle ou laide.

Dix était selon lui le nombre le meilleur : il contient les quatre premiers entiers :

$$1+2+3+4=10$$

Naturellement, aujourd'hui, le nom de Pythagore évoque le théorème sur le carré de l'hypoténuse; il était pourtant connu des Babyloniens 1 000 ans plus tôt, mais Pythagore est sans doute le premier à en avoir donné une démonstration.

On attribue à Pythagore et à son école les théorèmes suivants :

- *la somme des angles d'un triangle est égale à deux angles droits* ;
- *la somme des angles extérieurs d'un polygone est égale à quatre angles droits* ;
- la démonstration du théorème sur le carré de l'hypoténuse ;
- la résolution géométrique d'équations que nous noterions aujourd'hui :

$$a(a-x)=x^2$$

- la découverte des irrationnels ;
- les cinq polyèdres réguliers.

En astronomie, Pythagore a enseigné que la Terre était une sphère au centre de l'univers. Il a également reconnu que l'orbite de la Lune était inclinée sur l'équateur de la Terre.

Euclide (-325 – -265)

On sait très peu de choses sûres à propos d'Euclide. Même les dates indiquées sont controversées. On le situe cependant assez clairement à Alexandrie, aujourd'hui en Égypte, sous le règne de Ptolémée Ier.

En revanche, son œuvre *Les Éléments* constituent une somme du savoir mathématique de l'époque, ce qui serait aujourd'hui un manuel scolaire ou universitaire. Mais ce manuel a servi pendant 20 siècles, recopié, puis réédité inlassablement. C'est qu'il introduisait un souci et une méthode, la démonstration. Euclide voulait déduire l'ensemble des résultats mathématiques à partir d'un petit nombre d'affirmations, clairement identifiées et admises sans démonstration. L'ouvrage est divisé en 13 Livres :

- le Livre I donne des définitions, des demandes ou postulats, des notions communes ;
- les Livres II, III, IV traitent de géométrie plane ;
- le Livre V traite des proportions ;
- le Livre VI est une application de la théorie des proportions à la géométrie (figures semblables, théorème de Thalès) ;
- le Livre VII traite d'arithmétique ;
- le Livre VIII traite des nombres entiers ou rationnels et de la divisibilité ;

- le Livre IX donne des compléments d'arithmétique ;
- le Livre X étudie la rationalité d'expressions où figurent des racines carrées ;
- les Livres XI et XII traitent de la géométrie dans l'espace ;
- le Livre XIII traite des polyèdres réguliers.

Archimède (-287 – -212)

Sur la vie d'Archimède, nous savons fort peu de choses : le texte le plus ancien est de Plutarque, trois siècles après la mort d'Archimède. Il serait né vers -287 à Syracuse, alors cité grecque. Il est vraisemblablement mort au siège de Syracuse, en -212, tué par un soldat romain qui ignorait son identité, mais qui fut irrité, raconte-t-on, par les figures de géométrie qu'Archimède traçait sur le sable. Il a sans doute étudié à Alexandrie, à la suite d'Euclide.

On lui attribue des machines de guerre, une sorte de pompe (la vis d'Archimède) et des miroirs paraboliques pour concentrer les rayons solaires. Ces récits sont controversés.

En revanche, on lui attribue sans hésiter de nombreuses découvertes sur la quadrature de la parabole, la sphère et le cylindre, sur le cercle ainsi que de nombreux problèmes de mécanique.

La découverte dont il était le plus fier était le rapport entre le volume d'une sphère et celui du cylindre qui l'enferme exactement : la preuve est qu'il demanda que cette figure fût gravée sur sa tombe.

Al-Khwarizmi (790 – 850)

Avec Al-Khwarizmi commence une série de mathématiciens arabes qui, vers le tournant du millénaire, ont été les précurseurs d'un grand renouveau mathématique : Thâbit ibn Qura, Alhazen, Al-Karaji, Omar Al-Khayyam.

C'est lui qui a fait connaître les mathématiques de l'Inde, notamment le système décimal indien, les méthodes de calcul (addition, soustraction, multiplication…), les fractions, les racines carrées, etc.

Al-Khwarizmi est aussi l'auteur du premier livre systématique sur les équations du second degré, dont il offre les résolutions sous forme de constructions géométriques.

Fibonacci (1170 – 1250)

Fibonacci est né en Italie, à Pise (il est aussi appelé Léonard de Pise), mais fut éduqué en Algérie, près de Bougie, où son père représentait les marchands de Pise.

C'est là qu'il découvrit ce qui était devenu les mathématiques arabes, Al-Khwarizmi et ses successeurs, et notamment le système de numération décimale (avec le zéro).

Il revint à Pise vers l'an 1200 et écrivit alors ses œuvres les plus importantes :

- *Liber abaci* (1202) : un livre d'arithmétique et son plaidoyer pour la numération décimale ;
- *Practica geometriae* (1220) : un manuel de géométrie ;
- *Liber quadratorum* (1225) : un traité des équations.

Fermat (1601 – 1665)

Fermat, fils d'une riche famille toulousaine fut d'abord conseiller à la chambre des requêtes du Parlement de Toulouse. En amateur, au sens le plus noble du terme, il s'intéresse vivement aux mathématiques. Il correspond beaucoup avec ses contemporains, pas toujours très cordialement.

Il est le fondateur, avec Blaise Pascal, du calcul des probabilités.

En arithmétique, il a beaucoup travaillé les écrits de Diophante, sur lesquels il appuie ses propres travaux. C'est d'ailleurs en annotant son exemplaire qu'il inscrivit son théorème (l'équation en nombres entiers non nuls :

$$x^n + y^n = z^n$$

n'a aucune solution pour n supérieur à 2) et la fameuse mention marginale : « J'ai une démonstration véritablement merveilleuse de cette proposition, que cette marge est trop étroite pour contenir. » Son théorème ne sera connu qu'en 1670, cinq ans après sa mort, lorsque son fils publie une version spéciale de l'*Arithmétique* de Diophante contenant les notes de son père.

Euler (1707 – 1783)

Fils d'un pasteur suisse, Leonhard Euler fait ses études à la faculté de philosophie de Bâle mais se tourne rapidement vers la science. Une fois diplômé, il part en 1727 à Saint-Pétersbourg, auprès de Catherine Ier. Il est élu membre de l'Académie des sciences, professeur de physique en 1730 puis de mathématiques en 1733. Malgré un long séjour (de 1744 à 1766) à Berlin, près de Frédéric II, il reviendra finir sa carrière et sa vie à Saint-Pétersbourg.

Dans *Introduction à l'analyse infinitésimale* (1748), Euler traite de l'étude générale des fonctions et met en évidence pour la première fois les liens entre fonctions exponentielles et fonctions trigonométriques. Il est l'auteur du premier traité rationnel de mécanique. En 1755, déjà aveugle, il établit les équations générales de l'hydrodynamique. Dans le domaine de l'optique, il pressent la théorie ondulatoire de la lumière.

Il a accompli une œuvre considérable, tant en analyse, où il a approfondi les travaux de Newton et Leibniz, qu'en arithmétique, où il a prolongé le travail de Fermat.

Il s'intéresse aussi à la géométrie, notamment la géométrie analytique, la géométrie différentielle, la topologie, dont il fut le fondateur. La topologie est une sorte de géométrie de figures tracées sur une surface déformable, comme une feuille de caoutchouc.

Gauss (1777 – 1855)

Les talents de Gauss pour les mathématiques se sont révélés très tôt. Écolier puis étudiant brillant, il publia, à 22 ans, l'une de ses découvertes majeures, expliquant comment construire à la règle et au compas un polygone régulier de 17 côtés, problème resté sans solution depuis vingt siècles. Il trouva aussi tous les nombres *n* pour lesquels cette construction était possible.

Dès les années 1800, Gauss s'intéressa aux géométries non euclidiennes. En arithmétique, en analyse, en géométrie, il a ouvert la voie aux théories modernes. On lui doit aussi d'importants travaux en astronomie et en géodésie.

En statistique, on lui doit la méthode des moindres carrés et l'étude de la loi de Gauss, dont chacun connaît la forme de « courbe en cloche ».

Abel (1802 – 1829)

La très courte vie de Niels Abel, mathématicien norvégien, est marquée par la pauvreté et l'incompréhension. Cauchy perd ses lettres, Gauss ne s'y intéresse pas. Sans emploi, atteint de tuberculose, il ne fut reconnu que bien plus tard par Jacobi.

Abel avait notamment démontré, à l'âge de 19 ans, l'impossibilité de résoudre par radicaux les équations algébriques de degré 5, ce que Galois généralisera à tout degré supérieur. C'était la réponse à un problème qui tourmentait les mathématiciens depuis que Ferrari avait résolu l'équation de degré 4 en 1545.

Lorsqu'il quitte l'école en 1821, son professeur note : « Au génie le plus remarquable, il allie une passion et un intérêt insatiables pour les mathématiques, de telle sorte que si Dieu lui prête vie, il deviendra un grand mathématicien. »

À Berlin, il rencontre August Leopold Crelle qui est sur le point de créer un nouveau journal de mathématiques. Abel devient alors son collaborateur et les premiers volumes du *Journal de Crelle* sont composés en partie par les articles d'Abel.

C'est en 1826 que Abel vient à Paris, où il rencontre les grands noms des mathématiques tels Cauchy, Legendre et Laplace. Quant à son travail le plus ambitieux, un long mémoire contenant son fameux théorème sur les équations, Abel le réserve pour l'Académie française des sciences. L'Académie égare le manuscrit, lequel ne devait être publié que longtemps après sa mort.

Le petit chef-d'œuvre qu'Abel a rédigé sur son lit de mort attire l'attention sur le mémoire de Paris et, après davantage de pressions, l'Académie entreprend finalement de retrouver le manuscrit. En 1830, Abel reçoit à titre à titre posthume le Grand Prix de l'Académie. La récompense, 1 500 francs, a été envoyée à sa mère.

Poincaré (1854 – 1912)

Certes, Poincaré a apporté des contributions importantes en mécanique céleste, en études des fonctions, en théorie des nombres et en topologie. Mais s'il est là, c'est pour deux autres raisons : avec David Hilbert, ils furent les derniers à maîtriser l'ensemble du savoir mathématique de leur époque. Au XXe siècle devait venir le morcellement des savoirs, au point que, aujourd'hui, il y a plus d'une centaine de spécialités mathématiques dont les tenants ne se comprennent qu'entre eux. La seconde raison est que, dans la lignée des Euclide, des Diophante, des Fibonacci, il a écrit plusieurs livres de philosophie des mathématiques et de la physique : *La Science et l'Hypothèse* (1901), *La Valeur de la science* (1905), *Sciences et Méthodes* (1908), régulièrement réédités jusqu'à nos jours.

Chapitre 27

Les dix constantes les plus célèbres

Dans ce chapitre :

- Dix constantes observées
- L'état actuel de leur étude

Certains nombres, simples ou compliqués à définir, jouent un rôle important dans de nombreuses branches des mathématiques ; beaucoup ont suscité une abondante littérature et tous n'ont pas livré tous leurs secrets.

Le nombre 1

Il fut longuement analysé par Platon, dans un mélange théologico-arithmétique. Lorsque la mode du formalisme excessif envahissait les mathématiques, ses détracteurs aimaient à la ridiculiser en disant : « Le nombre 1 sera défini au chapitre 4. »

La constante de Pythagore $\sqrt{2}$

Le nombre $\sqrt{2}$ mesure la diagonale d'un carré de côté unité. On attribue aux pythagoriciens la démonstration du théorème énonçant que ce nombre n'est pas rationnel, autrement dit qu'il n'existe pas d'entiers a et b tels que :

$$\sqrt{2} = \frac{a}{b}$$

En revanche, ce nombre est évidemment racine d'une équation algébrique dont les coefficients sont entiers :

$$x^2 - 2 = 0$$

La constante d'Archimède π

On savait depuis des siècles que le rapport de la longueur d'un cercle à son diamètre était indépendant du cercle choisi et on disposait d'approximations de ce rapport, que nous notons aujourd'hui π. On doit à Archimède les premières utilisations mathématiques de ce rapport, en particulier les résultats suivants :

- π est le rapport entre l'aire d'un disque et l'aire du carré construit sur un rayon ;
- π permet de calculer l'aire d'une sphère, égale à $4\pi R^2$;
- π permet de calculer le volume d'une boule, égal à $\frac{4}{3}\pi R^3$.

On sait depuis 1761 (Lambert) que ce nombre n'est pas rationnel.

On sait depuis 1882 (Lindemann) que ce nombre n'est pas racine d'une équation algébrique à coefficients entiers (il est « transcendant »).

Le nombre d'or

Un rectangle est considéré comme particulièrement harmonieux s'il a la même forme que le rectangle qui reste après qu'on y a découpé un carré le plus grand possible.

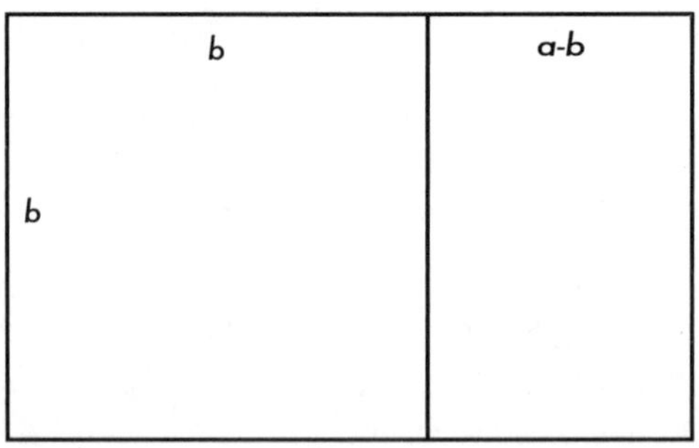

Figure 27.1 : Le rectangle d'or.

Cette similitude de forme se traduit par l'égalité des $\frac{a}{b}$ rapports et $\frac{b}{a-b}$ ou encore l'égalité des produits en croix :

$$b^2 = a(a - b)$$

Le rapport $x = \frac{a}{b}$ vérifie donc la relation :

$$1 = x(x - 1)$$

équation du second degré dont on sait calculer la racine positive $\frac{1}{2}(1 + \sqrt{5})$, qu'on appelle le nombre d'or.

C'est l'astronome Kepler qui a remarqué que le nombre d'or est aussi la limite du rapport de deux termes consécutifs de la suite de Fibonacci (voir p. 369)

1 1 2 3 5 8 13 21 34 55 89 144 233 377 ...

dans laquelle chaque terme est la somme des deux précédents.

Le nombre e

Ce nombre, que nous avons reconnu comme limite de la suite $(1 + \frac{1}{n})^n$ (voir p. 344) et dont nous connaissons des valeurs approchées :

2,7182818286

n'est pas rationnel. C'est seulement en 1873 que Charles Hermite démontra qu'il était transcendant.

La différence $\pi - e$

C'est la première combinaison des deux constantes précédentes qu'on ait tenté d'étudier. On ne sait toujours rien ni de la transcendance de ce nombre, ni même de son irrationalité.

Les mystères sont nombreux. On a prouvé qu'au moins un des deux nombres $\pi + e$ et πe est transcendant, mais on ignore lequel. On sait aussi que πe est irrationnel.

On ignore toujours la nature des nombres π^e, e^π, π^π.

La constante de Liouville

Ce nombre est le premier dont on ait su démontrer la transcendance ; proposé en 1844 par Joseph Liouville, il s'écrit :

$$L = 0{,}110001000000000000000001000\ldots$$

Son écriture comporte des uns en position :

- $1 = 1!$
- $2 = 2!$
- $6 = 3!$
- $24 = 4!$
- …
- $n!$
- …

et des zéros ailleurs.

La constante d'Euler

Nous savons que la suite définie par :

$$u_n = 1 + \frac{1}{1} + \frac{1}{2} + \ldots + \frac{1}{n}$$

prend des valeurs de plus en plus grandes, au-delà de toute limite (voir p. 354). Il en est de même pour le logarithme de n, $\ln n$. Mais, assez curieusement, la différence :

$$u_n - \ln n = 1 + \frac{1}{1} + \frac{1}{2} + \ldots + \frac{1}{n} - \ln n$$

a une limite finie. La remarque fut faite par Euler en 1735 ; longtemps après, il en calcula une valeur approchée avec 16 décimales exactes, puis Mascheroni en calcula 32. En 1810, Gauss en calcula 40, obtenant :

$$\gamma = 0{,}5772156649015328606065120900082402431042\ldots$$

En 1838, Dirichlet prouva une propriété inattendue : la différence entre u_n et le nombre moyen des diviseurs des entiers de 1 à n a pour limite $1 - \gamma$

Aujourd'hui, on a pu calculer une centaine de millions de décimales mais on ignore toujours la nature de ce nombre : est-il rationnel, c'est-à-dire quotient de deux entiers (on sait seulement qu'alors le dénominateur aurait plus de 240 000 chiffres), est-il algébrique (racine d'une équation de forme polynomiale) ou transcendant ? En 1900, Hilbert avait mentionné l'irrationalité de ce nombre comme l'un des grands problèmes ouverts pour le siècle à venir. Cent ans plus tard, aucun progrès significatif n'a été accompli.

La constante de Brun

En 1919, Brun montra que la somme des inverses des nombres premiers jumeaux :

$$\left(\frac{1}{3}+\frac{1}{5}\right)+\left(\frac{1}{5}+\frac{1}{7}\right)+\left(\frac{1}{11}+\frac{1}{13}\right)+\left(\frac{1}{17}+\frac{1}{19}\right)+\ldots$$

a une limite finie, qu'on appelle désormais la constante de Brun.

Bien entendu, si cette somme avait augmenté au-delà de toute limite, cela aurait prouvé qu'il existe une infinité de nombres premiers jumeaux, mais la découverte de Brun est compatible avec l'hypothèse d'un nombre fini de tels couples.

On ne sait rien sur la nature de ce nombre. Thomas Nicely a calculé, en utilisant les nombres premiers jumeaux ayant jusqu'à 16 chiffres, une valeur approchée de la constante de Brun :

$$1{,}9021605824\ldots$$

La constante d'Apéry

Les mathématiciens s'étaient depuis longtemps intéressés à une fonction donnée par une somme infinie, la somme des inverses des cubes parfaits :

$$1+\frac{1}{2^3}+\frac{1}{3^3}+\ldots+\frac{1}{n^3}+\ldots$$

valeurs particulières d'une fonction très connue, due à Riemann :

$$\zeta(s)=1+\frac{1}{2^s}+\frac{1}{3^s}+\ldots+\frac{1}{n^s}+\ \ldots$$

On en connaissait depuis longtemps une expression simple pour les valeurs paires de s, mais, pour les valeurs impaires, cela restait un mystère auquel beaucoup de mathématiciens se sont attaqué.

En 1978, le Français Roger Apéry démontra que ce nombre était irrationnel. Une valeur approchée en est 1,202056903…

Chapitre 28

Les dix symboles sans lesquels les maths seraient illisibles

Dans ce chapitre :

- Dix signes salvateurs
- Leur origine

Plus (+) et moins (-)

Le signe + est apparu dans un texte d'Oresme (1323-1382), mais est peut-être dû à un copiste, comme abréviation du mot « et » qui reste encore dans la langue parlée : on prononce « 5 et 4 ». Sous forme imprimée, on le trouve dans un livre de Widmann publié à Leipzig en 1489.

Le signe - serait plus tardif ; il serait apparu dans un livre de Giel van der Hoecke publié à Anvers en 1514.

Multiplié (X)

La croix de multiplication est apparue dans un ouvrage publié en 1631, *Les Clés de l'arithmétique*, de William Oughtred.

Elle est parfois remplacée par un simple point, suivant un usage introduit par Leibniz. Dans une lettre du 29 juillet 1698 à Bernoulli, il écrit : « Je n'aime pas X comme symbole de multiplication, car on le confond aisément avec x. »

Michael Stifel (1487-1567) utilisa la simple juxtaposition, ab par exemple, pour marquer un produit.

Divisé (:)

Malgré quelques témoignages antérieurs, c'est Leibniz qui, en 1684, introduisit les deux points comme symbole de la division. Les touches de nos calculatrices portent parfois le symbole (÷) qui remonte à Johann Rhonius en 1659.

Exposants (^{n})

En 1636 James Hume publia une nouvelle édition d'un livre de Viète, *L'Algèbre de Viète d'une méthode nouvelle, claire et facile,* dans laquelle il utilisait notre notation actuelle, mais avec des chiffres romains. Il écrivait A^{iii} pour A^3. Descartes reprit cet usage qui devint dès lors universel.

Racines (√)

C'est en 1220 dans un texte de Fibonacci, *Practica geometriae*, qu'un symbole spécial (℞) apparaît. En 1525 Christoff Rudolff utilise le signe √.

En 1637 Descartes utilisa $\sqrt{\ }$, ajoutant un surlignage.

En 1629 Albert Girard suggéra une notation voisine pour les racines cubiques : $^3\surd$.

Factorielle (n!)

La notation $n!$ fut introduite par Christian Kramp. Dans son livre *Éléments d'arithmétique universelle,* il écrit : « Je me sers de la notation très simple $n!$ pour désigner le produit de nombres décroissants depuis n jusqu'à l'unité, savoir $n(n-1)$ $(n-2)$...3.2.1. L'emploi continuel de l'analyse combinatoire que je fais dans la plupart de mes démonstrations a rendu cette notation indispensable ».

Sommation (Σ)

Le symbole Σ fut introduit en 1755 par Euler pour abréger l'écriture d'une somme.

Parenthèses ( )

Les parenthèses ( ) comme signe de regroupement sont apparues dans le livre publié en 1544, *Arithmetica integra* de Stifel.

Égalité (=)

Pendant longtemps, on utilisait un verbe latin, *aequales, aequantur, faciunt,* parfois abrégé en *aeq*. Le symbole = a été introduit en 1557 par Robert Recorde et s'est répandu au XVIIe siècle.

Inégalités (< et >)

Les symboles < et > sont apparus dans un ouvrage de Harriot publié en 1631 : *Artis analyticae praxis ad aequationes algebraicas resolvendas.*

C'est seulement en 1670 que John Wallis utilisa les signes ≤ et ≥ qui n'excluaient pas l'égalité.

Chapitre 29

Les dix plaisanteries que les matheux se racontent

Dans ce chapitre :

- Comment pratiquer l'autodérision
- Comment souligner gentiment quelques travers

Il a toujours existé une forme d'humour spécifique aux mathématiciens professionnels ou amateurs, à base d'allusions plus ou moins appuyées, à base aussi de connivences : le genre de plaisanterie qui ne fait rire que les initiés.

Naguère, on se les racontait dans les colloques et les congrès ; Internet a banalisé cette circulation. Tous les moteurs de recherche affichent des dizaines de milliers de sites où sont rassemblées des *jokes* consacrées aux mathématiques, souvent les mêmes. En voici une petite sélection.

Classification

Il y a trois sortes de lecteurs pour ce livre : ceux qui ne savent pas compter et ceux qui savent.

En base deux

Il y a 10 sortes de lecteurs pour ce livre : ceux qui connaissent la numération en base deux et les autres.

Pessimiste

John von Neumann, l'inventeur de la théorie des jeux, aimait dire à ses étudiants : « Jeunes gens, en mathématiques, vous ne comprenez pas les choses, vous en avez juste pris l'habitude. »

Le compte est bon

Les mathématiques sont constituées de 40 % de formules, 40 % de démonstrations et 40 % d'imagination.

L'amour fou

« J'ai peur que tu m'aimes moins que les maths…

– Absurde, je t'aime plus que tout.

– Prouve-le.

– OK. Soit A l'ensemble de tous les êtres aimables… »

Fractions

Cinq personnes sur quatre ont des difficultés à utiliser les fractions.

Statistique

87,163978 % des statistiques affichent une précision tout à fait illusoire.

$\frac{1}{2}+\frac{1}{3}+\frac{1}{6}$ égale...

Réponse du mathématicien : « 1. »

Réponse du physicien : « 0,999999999. »

Réponse du statisticien : « Vous préférez que ça fasse combien ? »

Ne pas se laisser démonter

« Votre démonstration contient sûrement une erreur. J'ai un contre-exemple.

– Aucune importance, j'ai une autre démonstration. »

L'enseignement des mathématiques

1950 : Un cultivateur vend 10 kilos de pommes de terre à 4 francs le kilo. Son coût de production est les $\frac{2}{3}$ du prix de vente et les frais de transports sont de 10 % du coût de production. Quel est son profit ?

1960 : Un cultivateur vend 10 kilos de pommes de terre à quatre francs le kilo. Son coût de production est la moitié du prix de vente. Quel est son profit ?

1970 : Un cultivateur dispose d'un ensemble P de sacs d'un kilo de pommes de terre et un client lui offre en échange un ensemble F de francs. Le cardinal de F est 40. Trace un diagramme de chacun de ces ensembles. On prendra le cardinal de P égal à 10.

1980 : Un cultivateur vend un lot de pommes de terre pour 40 francs. Son coût de revient est de 30 francs. Quel est son profit ?

1990 : Un cultivateur vend un lot de pommes de terre pour 40 francs. Son coût de revient est de 30 francs. Souligne le groupe nominal « pommes de terre » et discutes-en avec tes copains.

2000 : Un(e) cultivateur(-trice) vend un lot de pommes de terre pour 25 euros. Son coût de revient est de 20 euros. Utilise ta calculatrice pour déterminer son profit. En quelques lignes, explique pourquoi il faut se méfier des OGM.

Index

Q

R

S

T

V

Disponibles dans la collection Pour les Nuls

Pour être informé en permanence sur notre catalogue et sur les dernières nouveautés publiées dans cette collection, consultez notre site internet www.efirst.com

Pour les Nuls **Business**

ISBN	Code Article	Titre	Auteur
2-87691-644-4	65 3210 5	CV pour les Nuls (Le)	J.-L. Kennedy, A. Dumesnil
2-87691-652-5	65 3261 8	Lettres d'accompagnement pour les Nuls (Les)	J.-L. Kennedy, A. Dumesnil
2-87691-651-7	65 3260 0	Entretiens de Recrutement pour les Nuls (Les)	J.-L. Kennedy, A. Dumesnil
2-87691-670-3	65 3280 8	Vente pour les Nuls (La)	T. Hopkins
2-87691-712-2	65 3439 0	Business Plans pour les Nuls	P. Tifany
2-87691-729-7	65 3486 1	Management pour les Nuls (Le)	B. Nelson
2-87691-770-X	65 3583 5	Le Marketing pour les Nuls	A. Hiam

Pour les Nuls **Pratique**

ISBN	Code Article	Titre	Auteur
2-87691-597-9	65 3059 6	Astrologie pour les Nuls (L')	R. Orion
2-87691-610-X	65 3104 0	Maigrir pour les Nuls	J. Kirby
2-87691-604-5	65 3066 1	Asthme et allergies pour les Nuls	W. E. Berger
2-87691-615-0	65 3116 4	Sexe pour les Nuls (Le)	Dr Ruth
2-87691-616-9	65 3117 2	Relancez votre couple pour les Nuls	Dr Ruth
2-87691-617-7	65 3118 0	Santé au féminin pour les Nuls (La)	Dr P. Maraldo
2-87691-618-5	65 3119 8	Se soigner par les plantes pour les Nuls	C. Hobbs
2-87691-640-1	65 3188 3	Français correct pour les Nuls (Le)	J.-J. Julaud
2-87691-634-7	65 3180 0	Astronomie pour les Nuls (L')	S. Maran
2-87691-637-1	65 3185 9	Vin pour les Nuls (Le)	Y.-P. Cassetari
2-87691-641-X	65 3189 1	Rêves pour les Nuls (Les)	P. Pierce
2-87691-661-4	65 3279 0	Gérez votre stress pour les Nuls	Dr A. Elking
2-87691-657-6	65 3267 5	Zen ! La méditation pour les Nuls	S. Bodian
2-87691-646-0	65 3226 1	Anglais correct pour les Nuls (L')	C. Raimond
2-87691-681-9	65 3348 3	Jardinage pour les Nuls (Le)	M. MacCaskey
2-87691-683-5	65 3364 0	Cuisine pour les Nuls (La)	B. Miller, A. Le Courtois
2-87691-687-8	65 3367 3	Feng Shui pour les Nuls (Le)	D. Kennedy
2-87691-702-5	65 3428 3	Bricolage pour les Nuls (Le)	G. Hamilton
2-87691-705-X	65 3431 7	Tricot pour les Nuls (Le)	P. Allen
2-87691-769-6	65 3582 7	Sagesse et Spiritualité pour les Nuls	S. Janis

Disponibles dans la collection Pour les Nuls

Pour être informé en permanence sur notre catalogue et sur les dernières nouveautés publiées dans cette collection, consultez notre site internet www.efirst.com

Pour les Nuls **Pratique**

ISBN	Code Article	Titre	Auteur
2-87691-748-3	65 3534 8	Cuisine Minceur pour les Nuls (La)	L. Fischer, C. Bach
2-87691-752-1	65 3527 2	Yoga pour les Nuls (Le)	G. Feuerstein
2-87691-767-X	65 3580 1	Méthode Pilates pour les Nuls (La)	H. Herman
2-87691-768-8	65 3581 9	Chat pour les Nuls (Un)	G. Spadafori
2-87691-801-3	65 3682 5	Chien pour les Nuls (Un)	G. Spadafori
2-87691-824-2	65 3728 6	Échecs pour les Nuls (Les)	J. Eade
2-87691-823-4	65 3727 8	Guitare pour les Nuls (La)	M. Phillips, J. Chappell
2-87691-800-5	65 3681 7	Bible pour les Nuls (La)	E. Denimal
2-87691-868-4	65 3853 2	S'arrêter de fumer pour les Nuls	Dr Brizer, Pr Dautzenberg
2-87691-802-1	65 3684 1	Psychologie pour les Nuls (La)	Dr A. Cash
2-87691-869-2	65 3854 0	Diabète pour les Nuls (Le)	Dr A. Rubin, Dr M. André
2-87691-897-8	65 3870 6	Bien s'alimenter pour les Nuls	C. A. Rinzler, C. Bach
2-87691-893-5	65 3866 4	Guérir l'anxiété pour les Nuls	Dr Ch. Eliott, Dr M. André
2-87691-915-X	65 3876 3	Grossesse pour les Nuls (La)	Dr J. Stone
2-87691-943-5	65 3887 0	Vin pour les Nuls (Le)	Ed. Mcarthy, M. Ewing
2-87691-941-9	65 3885 4	Histoire de France pour les Nuls (L')	J.-J. Julaud
2-87691-984-2	65 0953 3	Généalogie pour les Nuls (La)	F. Christian
2-87691-983-4	65 0952 5	Guitare électrique pour les Nuls (La)	J. Chappell
2-87691-973-7	65 0943 4	Anglais pour les Nuls (L')	G. Brenner
2-87691-974-5	65 0944 2	Espagnol pour les Nuls (L')	S. Wald
2-75400-025-9	65 4151 0	Mythologie pour les Nuls (La)	Ch. et A. Blackwell
2-75400-037-2	65 4161 9	Léonard de Vinci pour les Nuls	J. Teisch, T. Barr
2-75400-060-7	65 4170 0	Massages pour les Nuls (Les)	S. Capellini, M. Van Welden
2-75400-059-3	65 4169 2	Voile pour les Nuls (La)	JJ et Peter Isler
2-75400-062-3	65 4172 6	Bouddhisme pour les Nuls (Le)	J. Landaw, S. Bodian
2-75400-061-5	65 4171 8	Littérature française pour les Nuls (La)	J.-J. Julaud

Achevé d'imprimer par Corlet, Imprimeur, S.A. - 14110 Condé-sur-Noireau
N° d'Imprimeur : 99394 - Dépôt légal : mars 2007 - *Imprimé en France*